Matching cut design principles
커트디자인 원리매칭

교수. 김남희

학 교 _
경기대학교 경영대학 경영학과
성균관대학교 최고경영자과정수료
이화여자대교 뷰티CEO최고경영자과정수료
숙명여자대학교 미용산업최고 경영자과정수료
한성전문학교 미용과 외래교수
한성디지털대학교 미용 CEO최고경영자과정 주임교수
원광대학교 박사과정 졸업

심 사 _
세계 헤어참피온쉽3,4,5회 심사위원장
전국 기능 올림픽 미용부분심사장(6회)
서울 기능 올림픽 미용부분 심사위원(4회)
대한미용사 중앙회 심사위원
대한민국 뷰티아트 페스티발 대회장 총재

수 상 _
블란서 MCB 세계대회
(컨슈머, 헤어바이나이트, 칼라수상) (세계챔피온 1위 수상)
대한미용사 중앙회 기술강사
미용기능장

이 수 _
일본 야마노 프로커트,크리닉 과정 수료
일본 꾸오레 경영연수
미국 레드겐 경영&크리닉 과정 수료
프랑스 프로 메이 컵 과정 수료
NO3 테크닉 커트,칼라연수
PIVOT POINT 디럭스 커트 과정 수료
파리 HCF 연수
웃음 치료 2급과정 수료 – 수토피아 스팟과정 수료
마인그스토밍 과정 수료
TONI&GUY 싸롱스페셜커트 과정 수료
PIVOT POINT CONSUMER & HAIR BY NIGHT
PIVOT POINT EUROPENAN FASHION HAIR CUT & STYLING WORKSHOP
PIVOT POINT SCULPTURE LADIES

출강경력
대한미용사중앙회 기술강사
대한 미용사 중앙회 국가대표
동아방송 전문강사
TV헤어 전속강사
서울 각지회 초청강사
전국레게파마 순회강연
한성전문학교 미용과 외래교수
서울문화예술대학 미용CEO 최고경영자과정 주임교수
서울문화예술대학교 미용과 겸임교수
미용서비스 제공시 헤어디자이너의 서비스 가치인식에 관한 연구 2011년 석사 논문
퍼머넌트 웨이브 시술시 프로폴리스의 처리에 따른 모발 특성 연구 2012년 박사 논문
2013년 국가공현대상
2013년 BEAUTY TV 미용 전문분야 전문교수 위촉
2013년 한국 미용장협회 감사장
2014년 한국 미용장협회 감사장

머리말

지금까지 미용계의 교육 방법과는 다른 혁신적인 기법으로 디자인을 한다.
이미지화 할 수 있는 센스와 이미지 디자인을 테크닉에 조합 할 수 있는 컨트롤,
과학적으로 손이 패널을 컨트롤 할 수 있는 컷의 기술력, 컷의 디자인력,
컷의 창의력 3가지 요소를 갖추어 월등한 컷을 할수있는 교육이 가능하게 되었습니다.
포리카 커트는 신체의 위치에 직선이 곡선으로 형성되어 포름감이 입체적으로
선이 달라지는 과학적인 커트입니다.

첫째, Cut의 Basic을 활용한 과학적 원리와 포지션 사용 테크닉입니다.
둘째, 커트 방법 적용으로 헤어스타일을 무한으로 변할 수 있는 테크닉입니다.
셋째, Cut의 Basic을 과학적인 3×3 법칙으로 쉽게 터득하여 활용 할 수 있습다.
넷째, 가위 잡는법, 콤 잡는법, 시술 각 위치와 각도 변화의 차이점을 활용합니다.
다섯째, 발의 힘 분배와 포지션 체중 이동이 커트 선에 미치는 원리를 터득 합니다.

10년 걸려 터득할 수 있는 원리를 짧은 시간에 가능하게 합니다.
하나의 판넬에 슬라이스와 시술각을 바꿔 쓸 수 있어 폭 넓은 테크닉을 구사 할 수 있으며,
디자인의 떨어진 단차와 포름을 눈으로 확인할 수 있으면 기술 원리 기본 동작이나 각도를 터득하면
모든 각도는 변하지 않으므로 규칙적으로 사용하면 레벨 향상을 빨리 터득할 수 있는 포리카 프로그램 입니다.

앞으로는 헤어 디자인으로 고객 만족을 이끌어 가야 합니다.
고객의 생각이나 요청 소재로써의 여러 가지 조건을 잘 관찰하고 분석하여 그것을 잘 활용함으로서
최상의 디자인으로 제안하여 최고의 만족도를 얻을수 있어야 합니다.
이는 단지 디자인 뿐만 아니라 손질에 대한 에프터 커버를 할 수 있어야 하고,
이를 통해 고객 만족을 시키는것이 헤어디자인의 정의라고 할수 있습니다.
미용은 단지 헤어 뿐만 아니라 사람을 디자인하는 숭고한 작업이면 디자인이 단지 헤어디자인 뿐 아니라
사람의 행복도 디자인하는 시대로 가야하면 그 역할과 책임있는 헤어디자이너가 되어야 한다고 생각합니다.
헤어디자이너의 사명은 기술력과 상상력으로 고객이 깨달지 못한 자신의 매력을 찾아주고
자신감을 갖게 해 준다면 얼마나 행복하고 건강하게 살아갈 수 있을까 생각합니다.
그러기 위해서는 헤어분야 모든것을 배워서 행복을 리드한 헤어디자이너가 되어야 합니다.

한국 포리카 대표 교수 김남희

김남희. 이력

목차

서문　　　　　_ 6

Chapter01　　_ 13 조형원리
Chapter02　　_ 23 얼굴윤곽보정 테크닉
Chapter03　　_ 31 두상곡면의 위치에 따른 디자인 부분

Chapter04　　_ 43 One Lengte 원리분석
Chapter05　　_ 47 Layer 원리분석
Chapter06　　_ 59 Gradation 원리분석

Chapter07　　_ 69 Same Layer 테크닉
Chapter08　　_ 75 시술각이 실루엣에 미치는 영향
Chapter09　　_ 93 두상구조

Chapter10　　_ 97 섹셔닝
Chapter11　　_ 109 사이드 테크닉
Chapter12　　_ 125 백부분 테크닉

Chapter13　　_ 133 네이프 테크닉
Chapter14　　_ 140 페이스 실루엣라인 테크닉

디자인 분석 설계 구조 그래픽

Chapter15	_ 156	One Lenght Design
Chapter16	_ 160	Round One Lenght Design
Chapter17	_ 164	Long One Lenght Design
Chapter18	_ 168	Long Layer Design
Chapter19	_ 172	Layer Design
Chapter20	_ 176	Long Layer Design
Chapter21	_ 180	Layer Discus Design
Chapter22	_ 184	Gradution on Same Layer Design
Chapter23	_ 188	Gradution Design
Chapter24	_ 192	Gradution Design
Chapter25	_ 196	Gradution Design
Chapter26	_ 200	BoB Gradution Design
Chapter27	_ 204	BoB / Horizontal Diagonal Design
Chapter28	_ 208	Round BoB Design
Chapter29	_ 212	Disconnection BOB Design1
Chapter30	_ 216	Disconnection BOB Design2
Chapter31	_ 220	BoB Design1
Chapter32	_ 224	BoB Design2
Chapter33	_ 228	Medium BOB Design1
Chapter34	_ 232	Medium BOB Design2
Chapter35	_ 236	BoB Short Design1
Chapter36	_ 240	BoB Short Design2
Chapter37	_ 244	Mushroom BOB Design
Chapter38	_ 248	BOB & Layer Discus Design
Chapter39	_ 252	Same Layer on HG Gradution Short Design
Chapter40	_ 256	Same Layer Short Design1
Chapter41	_ 260	Same Layer Short Design2
Chapter42	_ 264	Same Layer Short Design3
Chapter43	_ 268	Same Layer Short Design4

디자인 분석 설계 구조 그래픽

서문

현 시대는 디지털의 혁명 속에 급변하고 있으며 대한민국은 그 디지털 문화를 선도하는 국가가 되었습니다.
또한 전세계는 물질 문명 속에서 정신적 평화를 찾고 있는 웰빙의 기류를 맞고 있습니다.
급변하는 세태의 흐름속에 안정과 정신적 안위를 원하는 것이다. 그렇기 때문에 기술이 기본이 되는 미용에서도 고객과의 정적인 대화나 접촉을 원하고 있습니다. 이를 우리는 감성 서비스라 합니다. 고객의 감각에 충실하는
청각, 미각, 후각, 촉각, 청각등을 적극적으로 만족 시키는 밀접한 관계 시술이 필요합니다.

손님을 맞을 때는 친절한 인사가 아니라 다정함으로 대해야 합니다.
단지 기술의 서비스가 아니라 마음을 전해야 한다는 말 입니다. 음료를 서비스 할 때도 차만 드리는게 아니라 예쁜잔에 꽃잎하나 띄우는 감성이 필요합니다.
또한 일부에서는 고객에게 접촉하는 핸드마사지 아로마 등으로 감성을 자극하고 있습니다.
앞으로도 고객 감성 서비스는 진화를 거듭할 것 으로 보입니다. 끊임없이 접촉하고 눈빛을 주고 받으며 친밀도를 높여야 합니다.
이것들은 고객에 대한 마음이 전계가 되어야 합니다.
파마, 염색, 커트가 아닌 마음을 나누는 시술이 되어야 이길 수 있는 시대가 도래하였습니다.
마음으로 고객을 대하는 미용사가 앞으로의 새로운 미용사장이 될 것 입니다.
이제 고객을 행복하게 만드는것이 미용의 최고의 가치가 될 것 입니다.

고객을 팬으로 만드는 힌트

사람과의 대화는 상대의 중심에 서는 것이 중요하다. 고객의 입장에서 고객의 관점에서 이루어 져야 합니다.
디자이너는 모든 전문 지식을 갖고 있어도 고객의 의도를 정확하게 파악하지 못하면 아무것도 할 수 없습니다.
이것을 핫포인트라고 하는데 고객이 정말로 중요시하는 것 을 파악해야 합니다.

그러면 핫포인트는 어떻게 알수 있는가?
그것은 질문입니다. 질물을 통하여 많은 정보와 니즈를 파악해야 합니다.
그래서 고객과 편하게 대화 할수 있는 분위기를 만들어 주는 것이 중요합니다.
고객이 디자이너에게 이미지에 관한 고민을 이야기 하면, 디자이너 자신의 취향을 권하는 경우가 많음을 알 수 있습니다. 또 충분히 이해가 않되면 디자이너는 고객의 의사보다 자신의 의사대로 디자인 할 확률이 높아 집니다.
고객에게 인정받는 프로가 되기 위해서는 컷트의 설계도와 구조 그래픽 트레이닝, 모발과학, 디자인 지식, 트랜드 정보 퍼스널 칼라 등 이론적인 전문 지식을 가지고 정확하게 어드바이스를 해야 합니다.
카운슬링은 문진, 시진, 촉진을 함으로써 다양한 정보를 수집하고 고객의 니즈를 파악하여 문제의 근본에 접근하여 고객님에게 안심감과 신뢰감을 주어야 합니다.

원하는 사진을 가져온 고객의 경우

얼굴 벨런스, 이미지 벨런스, 시각적 문제점을 정확하게 체크하여야 합니다.

디자인의 소재 (모질, 모량, 모발컨디션, 골격, 모류등) 확인 하여야 합니다.
촉진 : 골격, 모질 모량, 디자인 포인트 머리카락 길이 소재 확인
문진 : 고객의 니즈 (잠재적 욕구) 문제점 듣고 디자인을 제안

1. 얼굴 균형감 체크
　　얼굴형의 장점 단점을 찾아내어 어떻게 장점 살리고 단점 커버 할수 있는지 디자인 요소를 조합한다.

2. 고객 원하는 스타일 찾기
　　고객이 좋아하는 디자인 길이와 볼륨감 벨런스등을 생각한다.

3. 이미지 분석
　　얼굴 윤곽과 신체 벨런스에 어떻게 적용 시키나 디자인 요소를 생각한다.

4. 모발 분석
　　모질, 모량, 컨디션 골격에서 소재의 문제점을 확인한다.

5. 고객 니즈 문제점 확인
　　니즈 파악하여 고객과 같은 그림을 공유해야 한다.

6. 고객의 문제 어드바이스
　　문제점 니즈를 확인하고 해결 할수 있는 어드바이스 제시 한다.

7. 완성된 디자인 설명
　　완성된 디자인을 사전에 고객에게 설명한다.
　　고객의 이미지에 헤어디자이너의 기술력과 아이디어를 결합하여 스타일을 만들고 디자이너의 상담력과
　　표현력으로 명품 기술을 고객에게 설명한다.

8. 시술 프로세스 설명
　　시작에서 마무리까지 사용할 제품과 시술 방법 및 소요 시간등을 설명한다.

9. 에프터 카운슬링
　　다음 방문 할 때까지 손질방법 상품사용법 설명을 하여 드린다.

헤어는 A/S센터가 따로 있지 않습니다.
A/S를 고객이 수리하라는 의미로 디자인 손질 방법을 가르쳐 주시면 고객은 만족하고 행복하게 생각합니다.
네가 할 수 있다는 행복감 살아가는 힘과 용기와 자신감을 길러주는 역할까지 합니다.
미용은 사람의 행복을 디자인하는 시대로 가고 있습니다.
역할은 책임있는 헤어디자인을 한다고 생각합니다.

지금은 기술보다 디자인을 판매하는 시대가 오고 있습니다.

그러나 감성의 시대와 여러 서비스 자세가 요구되는 시대입니다.
프로세스를 통해서 고객의 각각의 마음에 기술력이 아닌 헤어디자인을 판매하는 시대로 가고 있는 것 입니다.

고객에게 친화력, 영업력, 상담력, 이미지 관리를 생각해야 합니다.

이미지 – 디자인의 이미지는 중요합니다. 고객의 이미지를 생각하면서 디자인 아이디어를 활용하여 내 기술의
　　　　이미지를 명품으로 만드는 것 입니다.

친화력 – 고객과 커뮤니케이션으로 고객의 요구사항을 파악하여 고객의 마음을 이끌어 오는겁니다.

영향력 – 헤어 디자인을 구체적인 기술력으로 고객의 이미지에 맞게끔 그 상품을 제시 하는 것입니다.

상담력 – 고객의 문제점을 노리적으로 설명하여 이해와 해결을 해줌으로서 고객과의 신뢰성을 쌓아갑니다.
　　　　디자이너도 고객이 집에서 직접 할 수있는 홈케어 손질법을 설명해 줌으로서 내가 A/S하여 줄것을
　　　　고객이 직접 하게끔 만들어 주는 것입니다.

고객은 이런 사람과 만나고 싶어한다.
1. 고객은 열심히 하는 사람을 만나고 싶어한다.
2. 고객은 충실한 사람을 만나고 싶어 한다.
3. 고객은 둘도 없이 소중한 사람을 만나고 싶어한다.
4. 고객은 마음이 풍요로운 사람을 만나고 싶어한다.
5. 고객은 감성이 풍부한 사람을 만나고 싶어한다.
6. 고객은 매력 있는 사람을 만나고 싶어한다.

헤어스타일은 생활과 함께 가고 있습니다.

1. 고객의 만족도
고객의헤어 스타일을 만드는데는 고객의 생각이나 디자인의 스타일이지만 고객의 얼굴 윤곽 모발골격이나 체형을
내면의 이해 성격, 목소리 행동도 관찰하여 디자인하여야 만족도가 높아 집니다.

2. 라이프 스타일
사람의 이미지를 잠시 미용실에 오는 시간에 다 알수는 없지만 생활을 이해하는데는 취미의 상, 기호 장소 라이프
스타일을 파악 할 수 있는 친화력을 발휘 할 수 있어야 합니다.

3. 사람의 이해
헤어디자인은 여러 사람을 이해 할수 있는것은 여러경험으로 사람의 마음을 이해하는 것 입니다.
고객의 마음을 조금씩 이해 하는것은 헤어디자이 하는데 아주 중요한 일이다.

4. 디자인 제시력
고객의 이미지를 파악하여서 헤어디자인을 설계하여 어떤 디자인이든 제안 할 수 있는 기술력과 상담력을 폭넓게
길어두어야 합니다.
지금의 트랜드는 아트와 디자인을 융합시킬수 있는 생활 디자인이 필요한시대 입니다.

5. 트랜드 시대
아트와 디자인을 융합시키는 시대라하여도 디자이너의 자기 기술 표현이 아트가 되어버리면 유행 트랜드가 안됩니다.
새로운 기술 도입으로 고객의 개성을 연출 할수 있어야 합니다.

6. 감성만족
기술의 테크닉 향상 시켜도 (1~5)가지를 파악하지 못하여 고객이 원하는 디자인에 맞지 않으면 만족의 행복을 느끼지
못 할 것입니다. 반대로 사람의 감성을 만족시켰다면 조금 부족한 기술력도 이해 할 수 있습니다.

7. 이미지 감성
이미지 감성과 테크닉의 향상은 서로 연동성이 있고 디자인으로써 필요한 기술력 입니다.

헤어디자인은 고객이 살아가는 힘과 행복을 주는 훌륭한 직업입니다.

21세기는 가치 & 감성의 시대 마음의 시대로 가고 있기 때문에 디자이너는 점점 중요한 역할의 주인공입니다.

지금의 사람들은 풍요로움을 요구하는 시대에 살고 있습니다. 물질보다는 마음이 풍요함을 요구하는 시대
헤어디자이너는 고객의 표정없이 디자인을 만들수 없습니다.

인간의 표정은 희노애락으로 말하자면 기쁨에 의하여 얼굴이 변하게 됩니다.
헤어디자이너가 사람의 생활속에서 풍요롭고 행복하게 만들수 있는것은 고객의 니즈를 파악하여 이미지를 디자인하여
드리기 때문입니다.
학술분야에서도 헤어디자인들은 사람의 내면을 변화시키는데 큰힘이 된다고 의학분야 논문에서도 발표되고 있으며
암환자, 우울증, 정신질환자 에게도 재평가 되고 있습니다.
기분전환을 위해서 헤어, 메이크업을 바꾸어주면 뇌세포에서 피부와 마음까지 기쁨과 행복으로 만들어 사람의 병도
치유가 되게 합니다.

헤어디자이너는 행복의 치료사입니다.
고객의 겉 모습과 비쥬얼만 바꾸는것이 아니라 사람의 내면을 바꾸는 힘을 갖고 있는
대단한 직업입니다.

디자이너는 자부심을 가져야 합니다.

디자인 분석

기존의 커트 공부는 기술을 패턴으로 외우는 것에 불구 했으나 앞으로는 커트의 설계와 구조그래픽을 이해하는
트레이닝이 필요하합다.
커트의 원리를 이해하고 하나의 기술에서 무한대의 디자인을 창출하기 위해서는 커트 설계와 구조그래픽을 먼저
머릿속에 그려봄으로써 어느 부분에 어떤 판넬을 잘 조합할건지 분석하고, 시술을 통해 눈으로 확인하여야 합니다. 이를
반복적으로 연습함으로 인해 디자인분석력을 쌓아갈 수 있습니다.

디자인분석을 할 때에는 고객의 얼굴윤곽과 곡면의 원리에 의하여 슬라이스는 어떻게 취해야 하는지, 시술각은 어떻게
적용해야하며 어느 부분부터 커트를 시작하여야 하는지, 디자인의 형태감과 웨이트 라인의 섹션, 시술각, 판넬, 단차의
방향성, 변화의 흐름 등을 파악할 수 있어야 합니다.

구조그래픽을 그려봄으로써 섹션, 시술각, 판넬, 곡면에 대한 레이어와 그레쥬에이션의 대응을 파악할 수 있게 되면,
커트의 구조원리 이해와 응용력 증가로 인해 다양한 디자인의 형태 변화 차이를 스스로 파악할 수 있게 됩니다.

베이직 테크닉

커트 방법 중에는 단순히 기술을 패턴으로 익히는 방법과 커트의 원리를 배우는 두 가지 방법이 있습니다. 디자인에 따른 기술패턴만 익히는 방법은 커트의 형태가 조금만 바뀌어도 대응을 어떻게 하여야 되는지 알 수가 없게 됩니다. 그러나 커트의 원리를 이해하면 어떤 형태의 디자인이라도 응용할 수 있는 방법을 알게 되는 것이므로, 커트 시술 시 몸과 눈을 동시에 사용하여 활용 할 수 있게 됩니다.

디자인 프로 테크닉

디자인 프로 테크닉은 두 원리를 활용하여 떨어진 단차와 판넬의 세이프형태를 직선·곡선·라운드로 나타나게 하는 것으로, 중력 방향으로 떨어져 있을 때 단차와 층의 형대. 곡면의 구조, 판넬 세이프 원리를 활용하여 모든 디자인의 프로 테크닉을 발휘 할 수 있도록 하는 것 입니다.

1. 디자인 형태는 중력 방향에 영향을 받으므로 커트는 원리를 아는 프로만 할 수 있다.
2. 커트는 단순히 모발을 자르는 자체가 아니라 남겨서 떨어진 형태까지 생각하여야 프로라 할 수 있다.
3. 커트의 완성된 디자인 상태를 먼저 생각하지 않는다면 프로라고 할 수 없다.

디자인 설계

디자인을 보고 무엇을 어떤 식으로 대입 할 것 인지 예측 판단 할 수 있어야 커트 시술 순서를 정할 수 있습니다. 커트는 어느 부분부터 커트를 시작해야 완성된 디자인이 정확하게 표현될 수 있는지를 생각하고 시술을 시작하여야 합니다. 디자인에 어떤 슬라이스를 적용하고, 아웃라인 웨이트라인이 형성될건지 판단하여 시술에 들어가야 실수를 감소할 수 있으며, 커트의 순서는 디자인에 따라 두상의 어느 부분에서 시작하여서 어느 위치에서 마무리할지 생각하여 커트하면 디자인 연출이 쉬워집니다.

1. 커트의 디자인은 어느 부분부터 시작 할 것인가?
커트의 시작은 커트설계, 형태감, 웨이트라인 등에 따라 변할 수 있으며 기준점에서 직선이나 곡선으로 연결하여 커트를 시작할 수 있습니다. 베이직 원리를 이해한 다음에 반복적인 경험으로 인해 커트의 순서가 정립되면 시술을 거듭하여 설계도의 이해가 깊어지게 되고 그로인해 자신만의 노하우가 생기게 됩니다.

2. 어느 부분에 어떤 슬라이스를 적용 할 것인가?
슬라이스는 웨이트의 볼륨감은 형성할 수 없으나 디자인의 기본이므로 아웃라인 실루엣라인의 떨어진 단차와 모량을 생각하면서 섹션을 어느 위치에서 취하여 주느냐에 따라 웨이트 위치와 볼륨감이 달라지기도 합니다. 또한 얼굴윤곽과 이목구비를 고려하여 슬라이스를 적용시켜 주어야 디자인의 포인트를 잘 살릴 수 있습니다.

3. 디자인 부분에 시술각은 어떻게 적용 할 것인가?
디자인 커트를 반복적으로 시술할 때 G.L.S.L의 대입차이에 의한 웨이트라인과 형태에 미치는 영향을 이해하게 되면, 시술각 대입에 의하여 단차의 차이가 무한대로 디자인을 만들어 낼 수 있다는 것을 알 수 있게 됩니다. 리프팅 오버 다이렉션의 시술각 차이에 의하여 형태감, 아웃라인 실루엣라인의 변화를 느낄 수 있으며 웨이트라인의 밸런스를 만들어 낼 수 있습니다.

Note.

PORICA®

Chapter 01
조형원리

조형원리란

조형원리는 형태를 만드는 것이다.
두상은 평면이나 곡면, 울퉁불퉁한 곡면으로 구성된 구면체이다. 울퉁불퉁한 곡면의 각 부분의 특성을 고려하여 직선과 곡선의 세이프를 적용시킨다면 플랫형태, 라운드형태 등의 라인을 형성할 수 있다.
그러나 두상의 곡면을 고려하지 않고 디자인 라인의 길이만 생각하고 커트를 시술하면 떨어진 머리의 단차가 밑머리를 감싸 버리는 오류를 범할 수 있기 때문에 두상의 곡면을 이해하여야 정확한 형태를 형성할 수 있다.

곡면의 조형원리

세임 레이어 커트시 판넬을 위로 이동하면 레이어가 되고 아래로 이동하면 그레쥬에이션이 된다.
가로 슬라이스에 한 판넬 밑으로 당겨서 커트 했을때는 경쾌 한 그레쥬에이션이 형성된다.
한 판넬 중간으로 당겼을때 레이어에 가까운 그레쥬에이션이 된다.
세로 온베이스와 가로 온베이스는 세임 레이어가 되지만 가로는 가로쪽에 가까운 레이어가 된다.

그림1

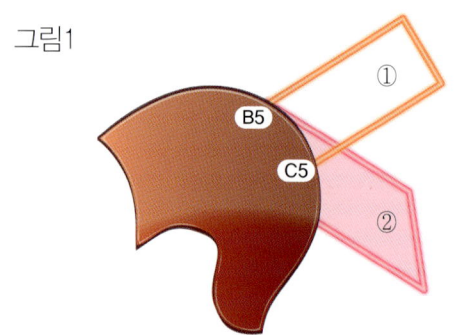 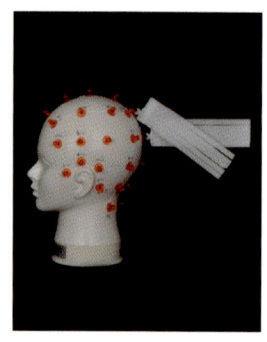 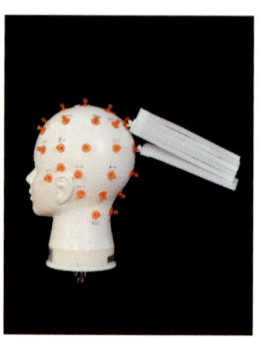

곡면의 90도 커트는 플렛하게 떨어진다.

그림2

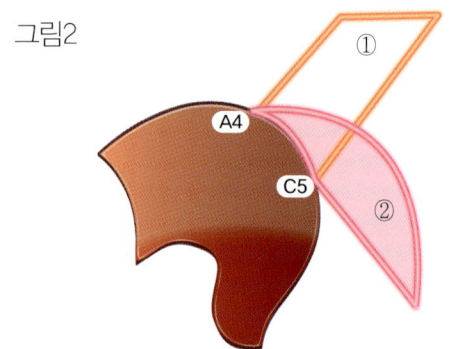 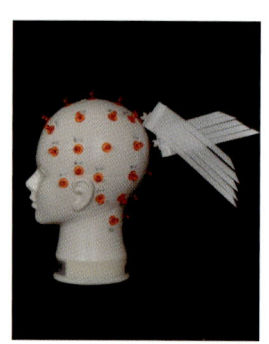 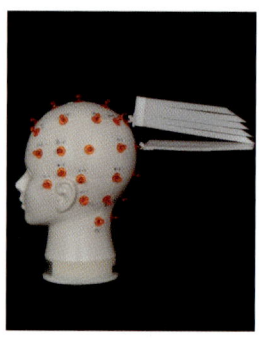

레이어로 커트 하는가 그레쥬에이션 커트로 하는가에
따라서 볼륨감은 틀려집니다.

그림3

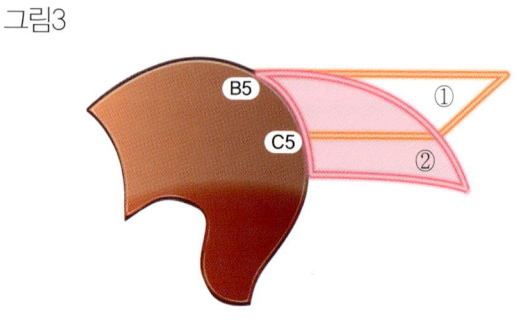  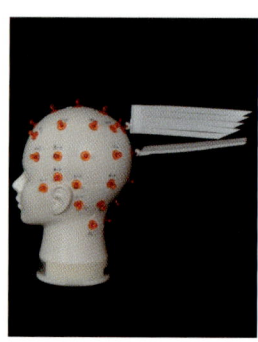

수평으로 떨어진다.

조형원리

모류의 성장패턴이란

커트하기전에 골격과 성장 패턴의 방향성을 확인하여야 한다.
성장패턴은 디자인의 길이와 방향성에 영향을 미치므로 모류의 흐름을 파악하여 커트 시술하여야 대칭 비대칭 디자인 라인을 표현 하는데 실수가 없습니다.

그림1

Top, G.P는 가마 부분과 골든 포인트는 좌우 상하로 갈아지거나 눌려버려 후두부의 볼륨감이 없어 보인다.

그림2

네이프의 모류는 위로 치켜있으면 좌우가 비틀어져 있어 모류 성향 파악이 중요

그림3

Side 옆선의 C컬 방향의 흐름과 귀 밑모류 들떠있으면 귀바퀴 방향으로 쏟아지는 성질이 강하다.

그림4

Front 모류는 위로 치켜 있거나 누워있는 경우 좌우로 갈라지고 있는 상태이다.

중력 방향 모류 교정의 원리

중력은 위에서 아래로 떨어지는 현상이 있습니다.
커트 시술시 두상의 골격면과 모류의 방향성을 먼저 체크하여 각 두상의 위치 부분에
떨어질수 있게 모류존을 보정하여 주므로 모류의 방향성이 디자인 라인에 영향이 미치지 않게 주위하여야 합니다.

모류교정

그림1

탑부분
탑부분의 카우릭 방향을 상, 하, 좌, 우로 펼쳐진 모류의 강한 힘과 방향성에 따라서 테크닉으로 정리하여야 한다.

그림2

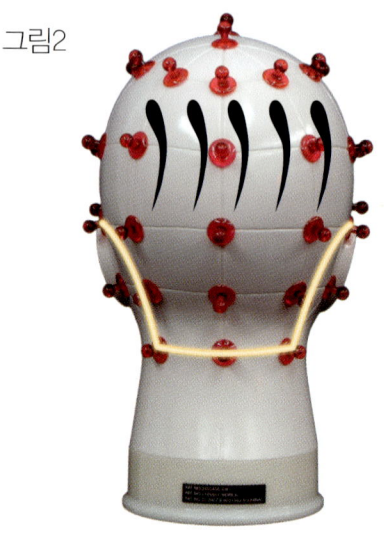

골덴 포인트부분
골든 포인트부분의 꺽어진 모류의 강한존을 교정하면 볼륨이 반대로 생길수 있으므로 따라서 존만 정리 하여야 한다.

그림3

네이프부분
네이프의 모류는 한쪽으로 치우치는 성질이 강한 부분으로 모류의 방향을 교정한 다음에 아웃라인의 길이를 결정한다.

그림4

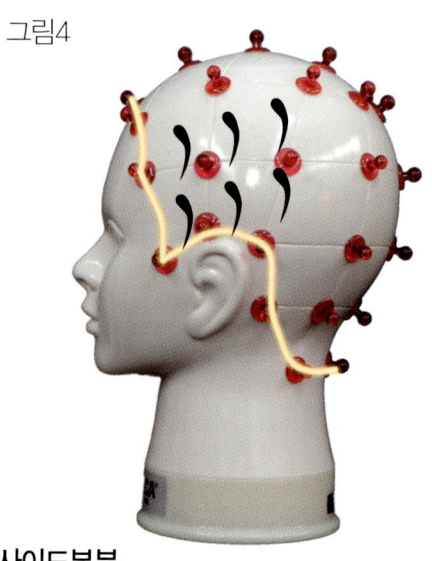

사이드부분
사이드부분의 모류는 뒤로 돌아가는 경향이 있으므로 수직으로 내려 오도록 교정 하여준다.

조형원리

포리카 (중력방향) 컷 이란

중력은 위에서 아래로 떨어진 현상입니다.
커트 시술전에 먼저 두상의 곡면과 모류의 방향성을 먼저 체크하지 않고 디자인만 방향으로 패널을 끌어야 시술을 하여도 떨어진 단차의 선은 다시 중력 방향으로 돌아갈 수밖에 없습니다.
그러므로 처음부터 디자인 중력에 흐르는 선의 방향으로 슬라이스 하여 몸의 중심을 이용으로 자연스럽게 형성된 손의 시술각으로 커트한 테크닉입니다.

포리카 (중력방향)의 테크닉

온베이스 컷은 두상의 튀어나오고 움푹 들어간 곡면대로 형태가 나타난다.
포리카 섹션은 두상의 튀어나온 곳은 짧게 움푹들어간곳은 조금 길게 커트하여 곡면의 단점을 커버하여 줌으로 떨어진 실루엣 라인이 입체감이 있는 디자인이 형성 된다.

섹션방법

그림1
중력방향의 피봇섹션

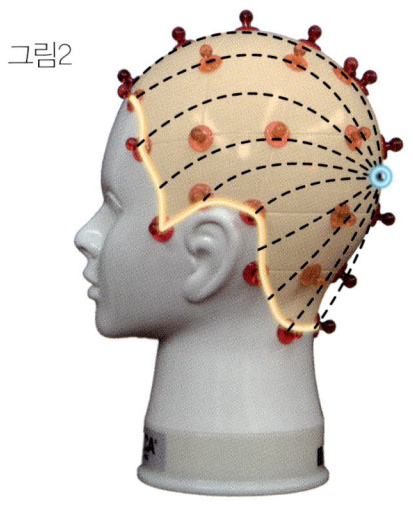

그림2
중력 방향의 피봇 백 섹션

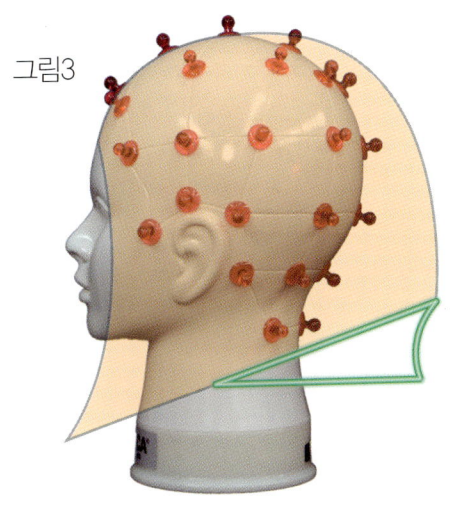

그림3
그림1과 그림2 처럼 커트하여도 단차가 나지않고 포름감 형태만 생깁니다.

골격의 명칭

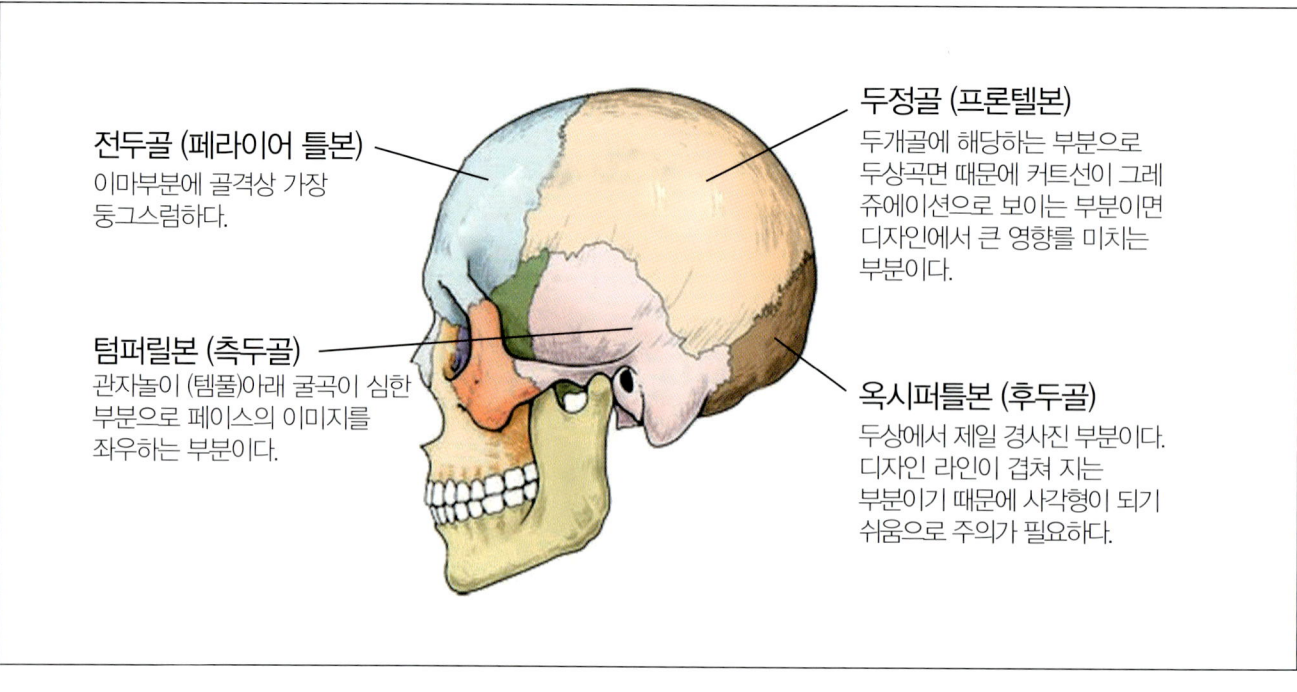

전두골 (페라이어 틀본)
이마부분에 골격상 가장 둥그스럼하다.

템퍼릴본 (측두골)
관자놀이 (템풀)아래 굴곡이 심한 부분으로 페이스의 이미지를 좌우하는 부분이다.

두정골 (프론텔본)
두개골에 해당하는 부분으로 두상곡면 때문에 커트선이 그레쥬에이션으로 보이는 부분이면 디자인에서 큰 영향을 미치는 부분이다.

옥시퍼틀본 (후두골)
두상에서 제일 경사진 부분이다. 디자인 라인이 겹쳐 지는 부분이기 때문에 사각형이 되기 쉬움으로 주의가 필요하다.

두상의 명칭

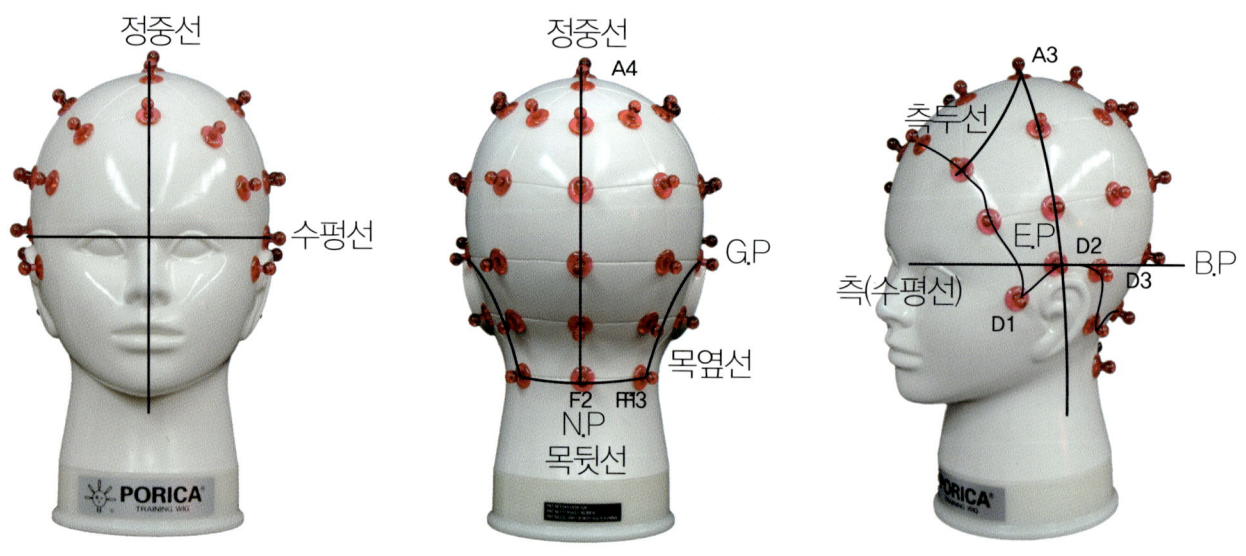

정중선 : 코를 중심으로 센타로 나눈선
측두선 : 눈끝을 수직 세워서 정중선 연결까지
측중선 (수직) : E.T.P에서 탑으로 수직선
측 (수평선) : E.T.E.P 까지 연결선
목 뒤선 : N.SP 후시 S.P 끝을 연결선
목 옆선 : E.T.P에서 N.S.P 연결선

조형원리

커트 구분 명칭

1. 페이스라인 : 좌우 사이드 포인트 까지 연결성
2. 리 섹션 : 양 사이드 들어간 부분
3. 탑 섹션 : 골든 포인트 주변보다 움푹들어간 부분
4. 골든 포인트 : 측중선과 교차 하는점
5. 옥시퍼 텔본 : 백 후두부에서 움푹 들어가 있는 곳
6. 이어투이어 : 좌우귀에서 수직으로 연결된선
7. 투섹션라인 : 관자놀이 까지 평행하게 연결하는 라인
8. 브로킹 (섹셔닝) : 커트할 때 크게 나누는 부분
9. 슬라이스 (파팅) : 디자인할 때 필요한 방향성의 선
10. 쉐이핑 (분배) : 패널을 정확하게 빗질하는 모량
11. 가이드 라인 : 커트 처음 시작할 때 패널을 자르는 라인입니다
12. 호리존탈 : 바닥에서 평행 수평선 (가로선)
13. 버티칼 : 바닥에서 수직라인 (세로선)
14. 버티칼 : 바닥에서 대각인 라인 (사선)

동양인과 서양인의 골격차이

트랜드 디자인의 그래픽은 서양의 골격에 맞는 디자인이기에 서양인의 골격과 동양인의 골격을 이해하지 않으면 안됩니다. 골격과 모류와 모질의 움직임을 이해하지 못하면 디자인을 적용하여도 조화가 이루워지기 어려움으로 두상의 곡면을 이해 하여야 합니다.

서양인의 두상은 달걀형인 특징을 가지고 있습니다.

사이드에서 보면 후두골이 튀어나와 있으면 네이프 부분은 움푹들어가 있어서 뒤부분은 입체감이 있습니다. 정면에서 보면 두개골 부분이 튀어 나와있지 않습니다.

동양인의 두상은 전체적으로 크면 깊이가 없이 입체적으로 보이지 않습니다.

사이드에서 보면 귀 뒤부분이 튀어나와있어 깊이가 없어 보이고 백부분이 들어가 있어서 입체감이 없게 보입니다. 정면에서 보면 두개골이 튀어나와 있어서 두상과 얼굴이 커보이며 동양인의 골격은 백인백색 이어서 골격 모류 모질의 보정이 필요합니다.

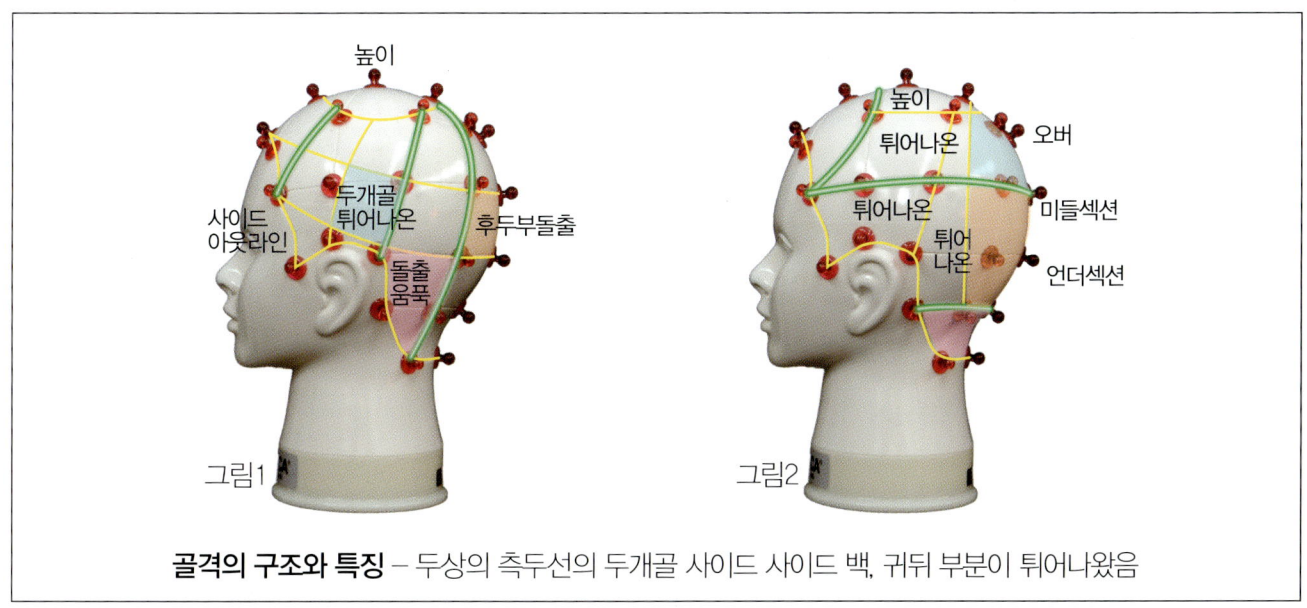

골격의 구조와 특징 – 두상의 측두선의 두개골 사이드 사이드 백, 귀뒤 부분이 튀어나왔음

두상곡면과 얼굴 윤곽의 위치

디자인 시술기준은 두상의 위치를 이용하면 편리하게 이해 할 수 있습니다. 얼굴의 이목구비와 두상골격은 수평 관계로 연계선이 되어있기 때문에 곡면의 위치를 이해하여야 얼굴 이미지를 보정하기가 쉬워진다.

얼굴 윤곽과 두상 골격의 비율에서 어떤 부분을 강조 할 것인지 밀착시킬지 결정하는데 기준은 얼굴 윤곽
에서 눈썹, 눈, 코, 입, 턱, 목의 수평선의 위치는 두상의 어느 위치와 연계선의 폭은 사람의 개성에
따라서 이목구비의 위치는 두상의 연결위치의 폭은 사람의 개성에 따라서 조금씩 다를수 있다.
그러므로 얼굴 윤곽에 대입시킬 헤어스타일의 보정은 좌우 사이드 부분을 수정하여야 얼굴 이미지의 벨런스가
맞게 된다.

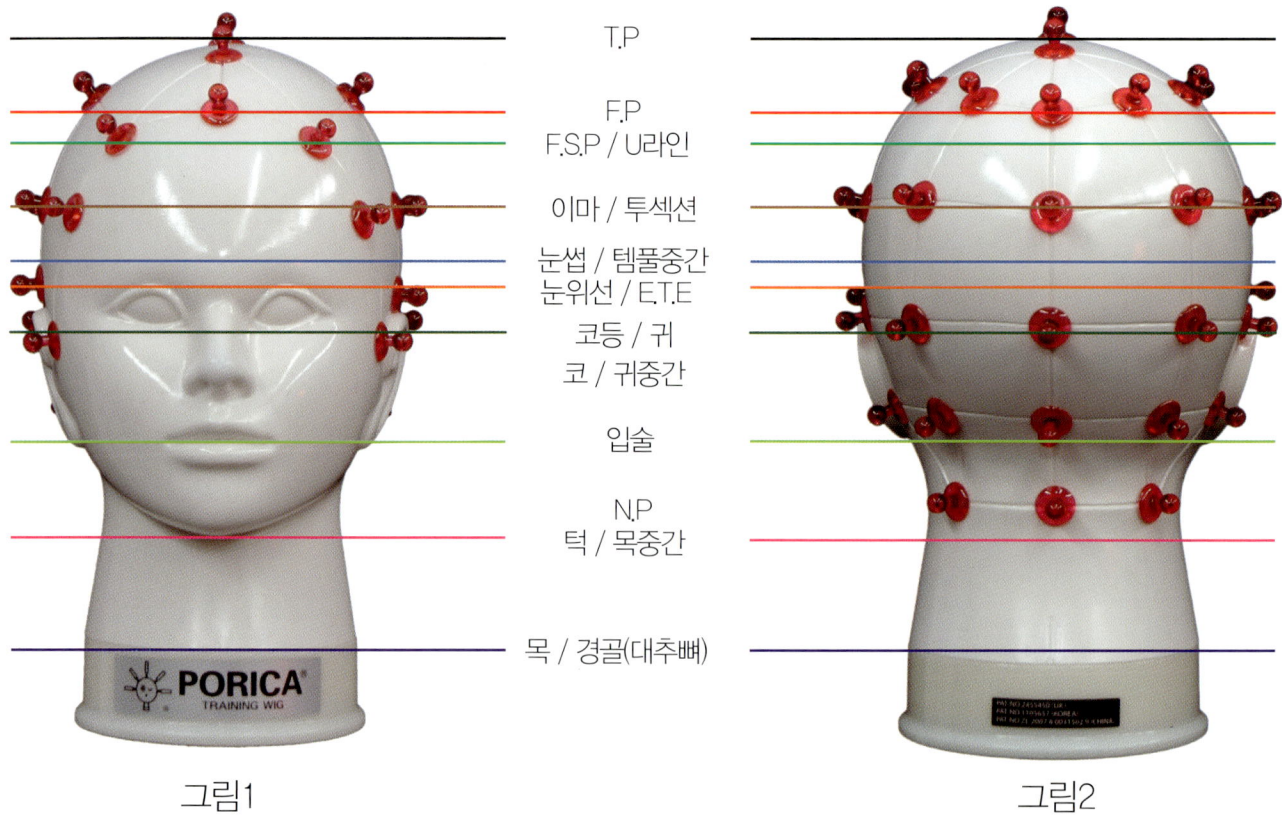

그림1   그림2

조형원리

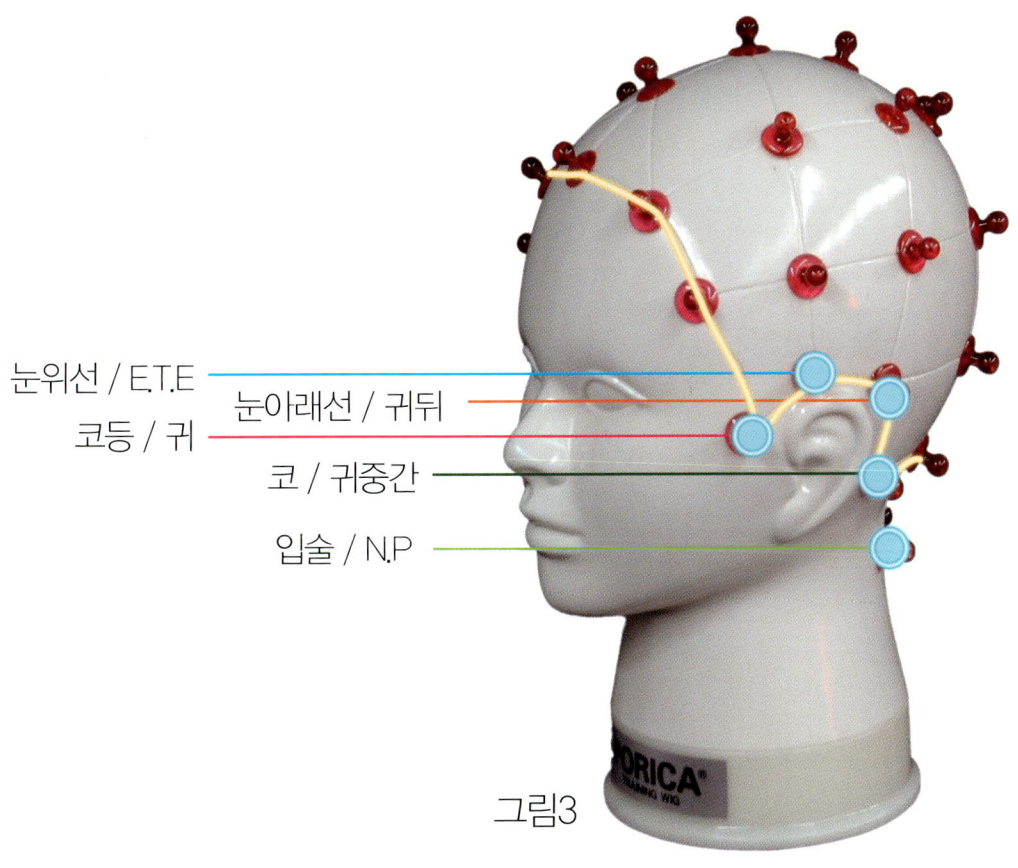

눈위선 / E.T.E
눈아래선 / 귀뒤
코등 / 귀
코 / 귀중간
입술 / N.P

그림3

Note.

Note.

PORICA

Chapter 02
얼굴 윤곽보정 테크닉

헤어디자인은

얼굴윤곽 두상의 형태 모류의 흐름과 모량의 양에 의해서 머리 형태 크기를 고려하여 헤어 스타일을 계란형이 되게끔 보정하는 기술이 있어야 합니다.
헤어디자이너는 얼굴윤곽에 맞게 헤어디자인을 보정하여 얼굴 윤곽을 축소 성형이 되게 하여야 고객들로 부터 헤어디자인을 잘한다는 소리를 듣게 됩니다.

Chapter 02

헤어디자이너는 고객을 통찰력있게 볼수있는 훈련이 필요합니다.

1. 신장체크
2. 얼굴형태의 윤곽
3. 목 크기의 두께가 굵은지, 가는지, 긴지, 짧은지
4. 어깨가 넓은지, 좁은지
5. 나의 직업 라이프 스타일
6. 체중이 뚱뚱한지, 날씬한지

I 신장체크

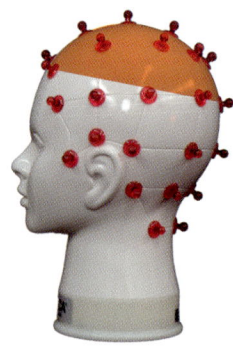

A - 키가 작은 사람
볼륨의 위치를 높게 한다.
머리를 크게 만들면 키가 작게 보인다.

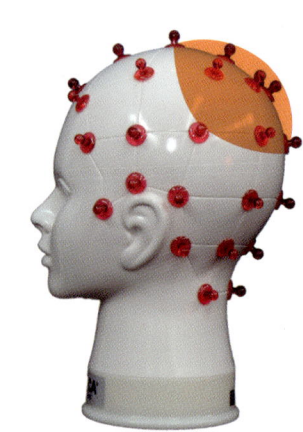

B - 키가 큰 사람
볼륨의 위치를 낮추면 키가 작게 보임.

II 얼굴형태 윤곽

90° 온베이스 S.L로 짜를때 그 사람의 얼굴형이 그대로 들어나므로 슬라이스를 적용하여 시술각 G.L 커트하여 실루엣을 보정하여야 합니다.

사각형	둥근형	삼각형	역삼각형
탑사이드 레이어 사이드는 그레쥬에이션	탑세임 레이어 사이드 레이어	탑사이드 레이어 사이드 그레쥬에이션	탑사이드 그레쥬에이션

얼굴 윤곽보정 테크닉

Ⅲ 목의 크기

목의 크기는 ⊔⊔⊔⊔ 수평으로 커트하면 목이 크게 보인다.

\\!/ 컨백스로 커트하면 목이 가늘게 보인다.

목의 길이는 ⊔⊔⊔⊔ 수평으로 커트하면 목이 짧게 보인다.

\\!/ 컨백스로 커트하면 목이 길게 보인다.

※ 롱머리는 목이 감춰짐으로 목컨트롤에 조심하지 않아도 됩니다.

Ⅳ 어깨넓이

A - 넓은어깨

머리 기장을 짧게 하면 남자처럼 보인다.

머리 기장을 길게 하면 부드럽게 보인다.

B - 좁은어깨

머리 기장을 짧게 부드럽게 보인다.

머리 기장을 길게 하면 가파르게 보인다.

V 나의 직업 라이프

고객과 커뮤니케이션으로 정보를 이용하여 헤어스타일을 만듭니다.

VI 체중은 눈으로 관찰하여 헤어스타일에 참고 하여야 한다.

뚱뚱한 사람은 긴머리를 하면 더 뚱뚱해버일수 있다. 그래서 짧은헤어스타일로 날씬해 보이게 할 수 있다.
마른사람은 r긴머리 스타일을 하면 더 마르게 보인다.

얼굴윤곽은 여러형태의 종류가있다.

얼굴윤곽에 직선과 곡선을 정면 뒷면의 부분에 G.L.S.L 을 대입하여 얼굴윤곽에 대비하여
포름감과 방향성을 보정하여 달걀형에 가까운 실루엣라인 을 만든것이 중요합니다.

얼굴윤곽 형태

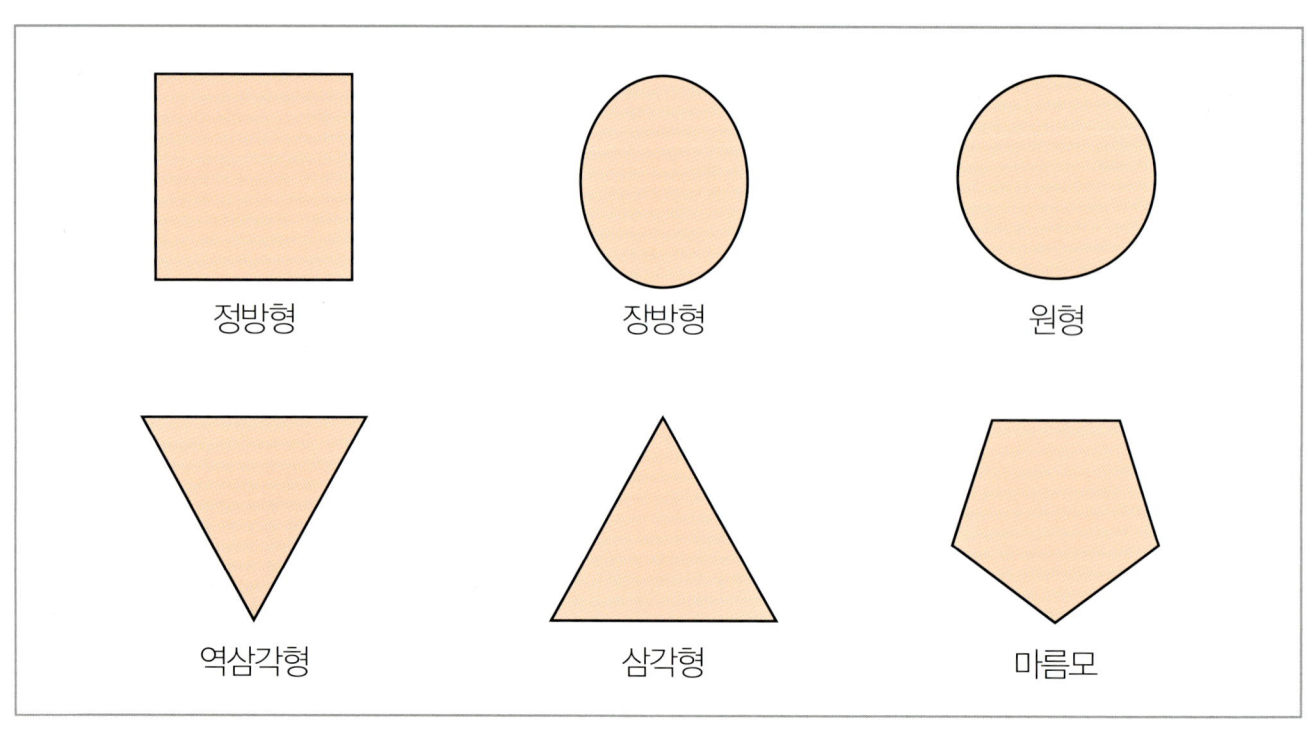

정방형   장방형   원형

역삼각형   삼각형   마름모

얼굴윤곽을 보정 테크닉

헤어스타일 형태의 이미지는 페이스 실루엣 라인의 길이와 관련 있으면 길이에 따라서 대입 시술각도 달라질 수 있으면 얼굴 이미지에도 영양을 줍니다.

포리카 (중력방향)의 테크닉

온베이스 컷은 두상의 튀어나오고 움푹 들어간 곡면대로 형태가 나타난다.
포리카 섹션은 두상의 튀어나온 곳은 짧게 움푹들어간곳은 조금 길게 커트하여 곡면의 단점을 커버하여
줌으로 떨어진 실루엣 라인이 입체감이 있는 디자인이 형성 된다.

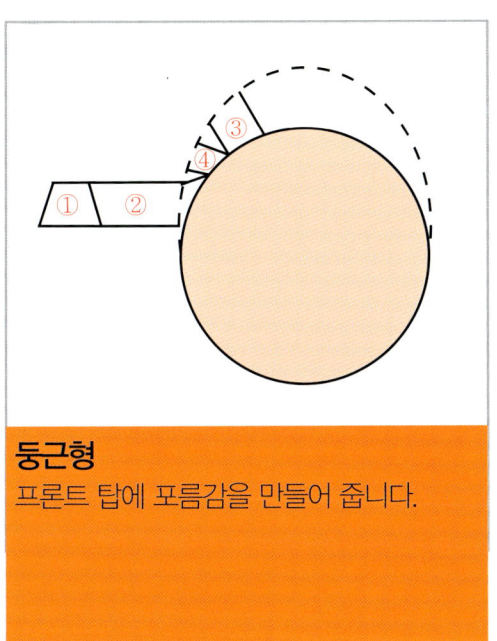

둥근형
프론트 탑에 포름감을 만들어 줍니다.

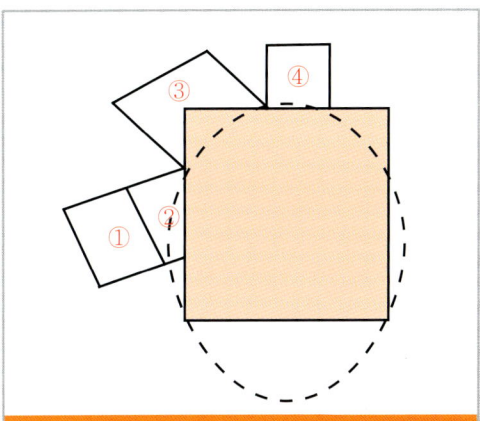

사각형
턱에서 사이드까지 볼륨감이 생기게 합니다.
실루엣은 계란형으로 만듭니다.
탑머리는 조금 길게 합니다.
턱이 긴경우는 L로 웨이브를 넣어서
부드럽게 합니다.

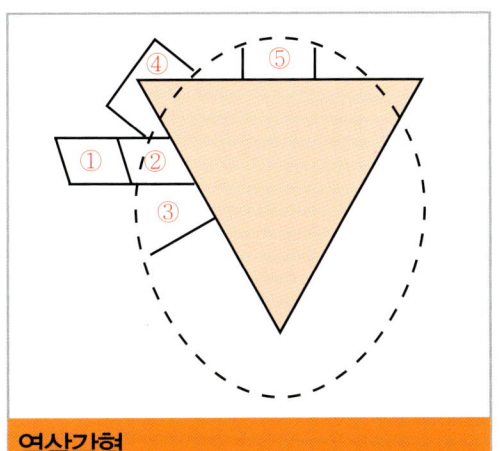

역삼각형
프론트와 탑사이드에 볼륨감을 만들어줍니다. 실루엣은 마름모꼴로 보정합니다.
탑의 길이가 길면 옆으로 머리가 크게 되어
탑에 볼륨감이 없어 보입니다.

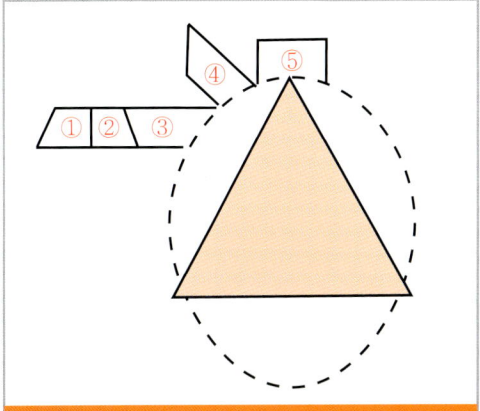

삼각형
탑과 사이드에 볼륨감을 내어줍니다.
턱부분에 볼륨감을 없게 합니다.
탑 머리 길이가 짧으면 턱이 강조 됩니다.

얼굴 윤곽보정 헴 라인 테크닉

그림1

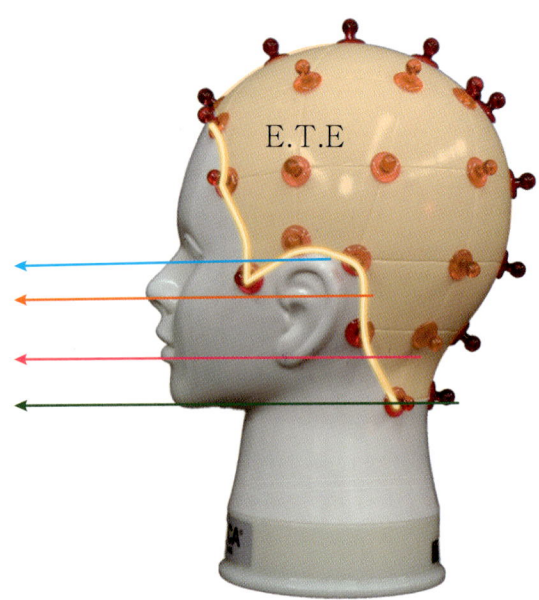

- 사이드 실루엣은 햄라인에 곡선의 흐름을 이목구비 포인트점에 맞추면 원하는 이미지 표현이 된다.
- 사이드 실루엣은 누구나 어울리는 자연스러운 형태 밸런스다.
- 표준라인이 얼굴 윤곽과 어울리는지 대입 하여야 합니다.
- 분위기를 바꾸고 싶으면 사이드 실루엣을 짧게 커트하면 된다.

그림2

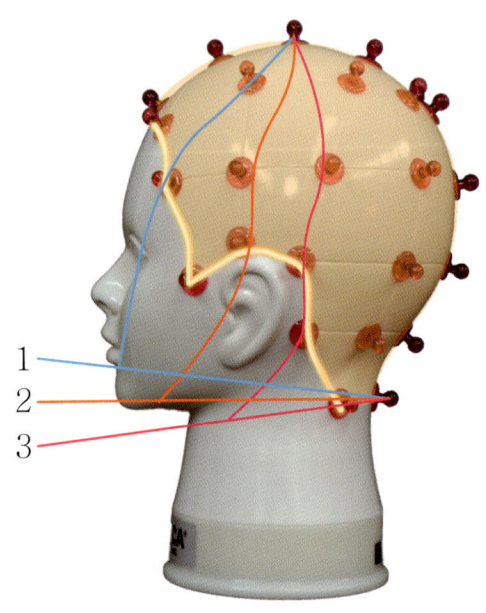

1. 네이프 실루엣 라인이 사이드 아웃라인의 턱위선으로 올라가는 연결 흐름은 앞 올림
2. (후대각) 턱밑으로 내려오면 앞내림
3. (전대각) 흐름이 형성됩니다.

얼굴 윤곽보정 테크닉

그림3

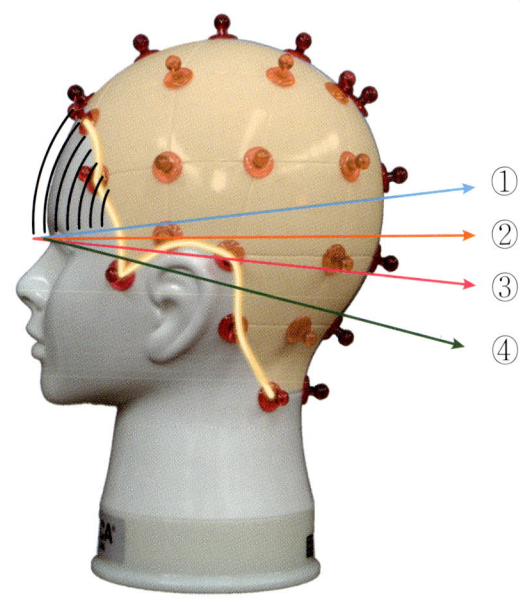

프론트 아웃라인
-프론트 라인 길이에 따라서 이미지가 바꾸어진다. (①~②)
-프론트 아웃라인이 눈에 가까울수록 포인트 강조 볼위에 오면 개성적. (③)
-프론트 라인은 눈의 기준으로 수평 (④) 전대각 후대각이 형성되면 개성적 아웃라인이 된다.

그림4

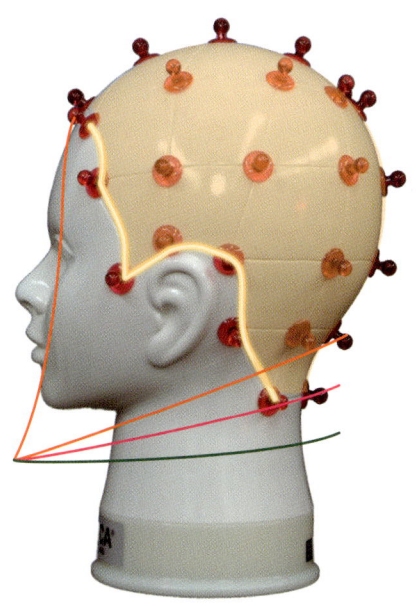

햄아웃라인
디자인 실루엣 라인이 턱끝보다 밑으로향 할 경우 얼굴 이미지가 좁고 길게 보인다.

Note.

PORICA®

Chapter 03
두상 곡면의 위치에 따른 디자인 부분

고객이 원하는 디자인은

모류 자체만 가지고 되는것이 아니고
두상의 원리와 모류의 변화에 의한 포롬 컨트롤이 중요하다.
모류가 컨트롤 변화에 지장을 초래할때는 곡면과 모류에 대응 할 수 있는
원리를 알고 적용해야 한다.

두상 곡면의 위치에 따른 디자인 부분

그림1

정면에서 봤을때 페이스 실루엣 라인

그림2

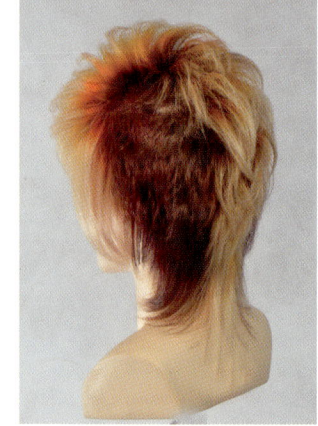

사이드에서 봤을때 백사이드가 페이스 실루엣 라인 보이는 부분

그림3

뒤에서 봤을때 백부분 보이는 부분 목의 굵기.

옆에서 봤을때 실루엣의 포름감

우측 사이드에서 봤을때 프론트에서 흘려 내려오는 라인이 백과 사이드에 미치는 부분입니다.

두상 곡면의 위치에 따른 디자인 부분

두상 곡면의 중요 포인트

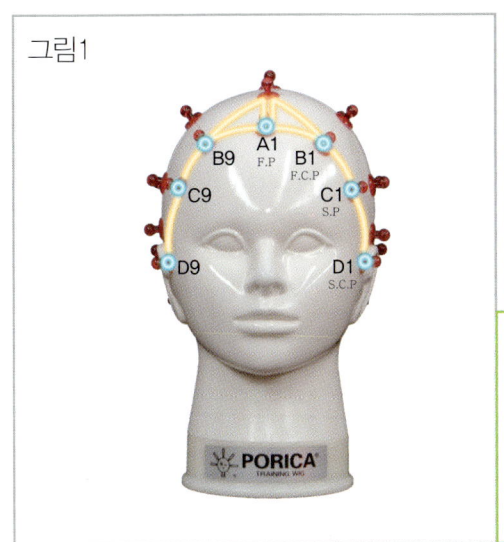

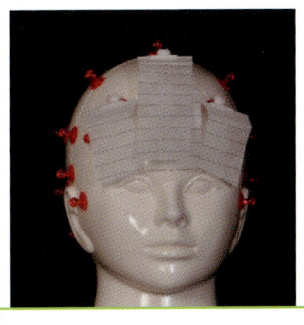 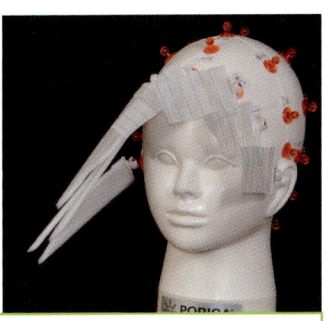

정면에서 본 헤어 라인 포인트 7군데가 있다.
F.D (A1) 프론트센터 정준선 중앙 위치
F.C.D (B1,B9) 프론트 사이드 정준선 센터 만나는 S.P
(C1,C9) 사이드 포인트 이마 위치 있으면 투섹션라인
S.C.P (D1~D9) 모든 위치

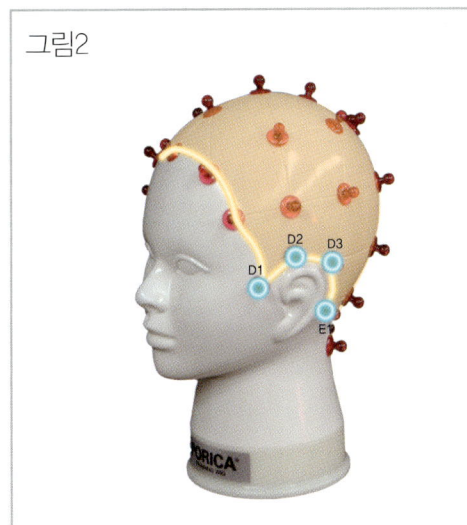

옆면에서본 햄라인 포인트 D1, D2, D3, E4 이다.
D1은 S.C.P 사이드 코너 포인트 코등과 수평위치
D2는 E.T.E 이어투이어 포인트 눈위선과 수평위치
D3는 E.B.P 귀뒤 포인트 눈밑선과 수평위치
E1는 E.P 귀중간 코 끝과 수평위치

행라인 포인트는 아웃라인의 실루엣 라인은 결정 하는 중요한 위치입니다.
네이프의 햄라인 포인트 3군데입니다.
A1, F1,F3는 네이프 코너 포인트 입술선과 수평 N.P F2 네이프 센터 포인트 입니다.

섹션에 따른 디자인

그림1

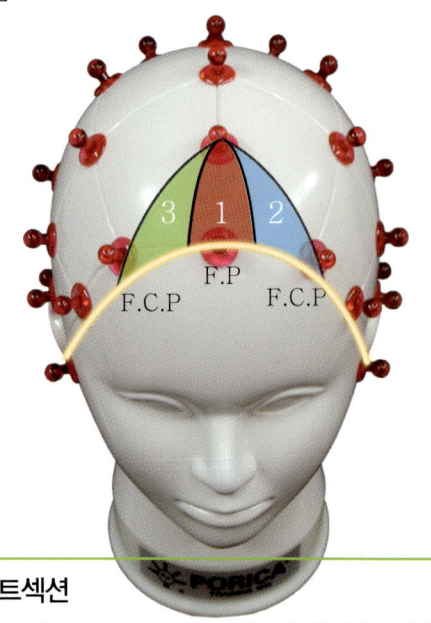

프론트섹션
프론트섹션 B1, D9, A2는 얼굴에 중요한 영향을 미치는곳

그림2

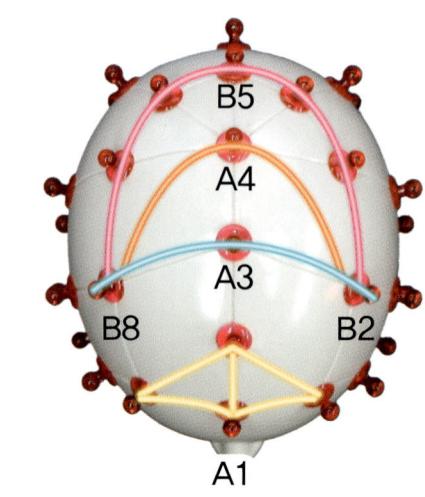

탑섹션과 페리이어틀 섹션
탑 포인트 주변이 움푹들어간곳 프론트, 사이드 백 디자인에 영향을 미치는곳.
스타일 표면에 질감, 율동감 포름의 높이에 영향 미치는곳

그림3

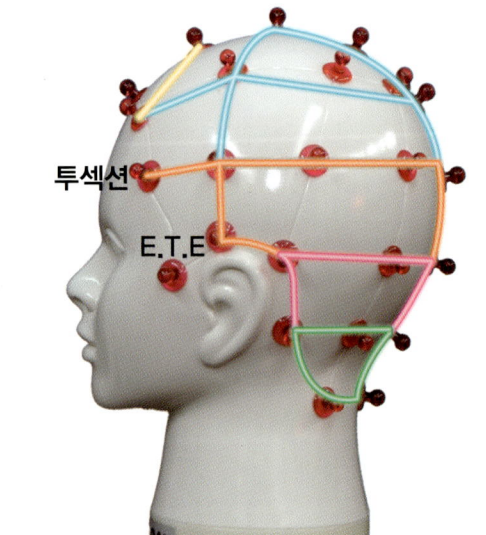

페이스 실루엣
사이드 백부분

그림4

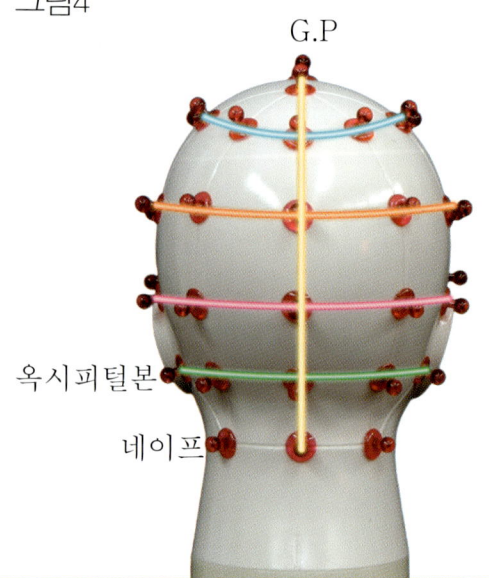

G.P 포인트 : 정중선 교차점
옥시피털본 : 후두부 돌출에 양감과 볼륨감이 나타나는곳.
네이프 백의 아웃라인 형태와 형태선 아웃라인 형성을 나타내는곳.

두상 곡면의 위치에 따른 디자인 부분

사이드 실루엣에 미치는 영향

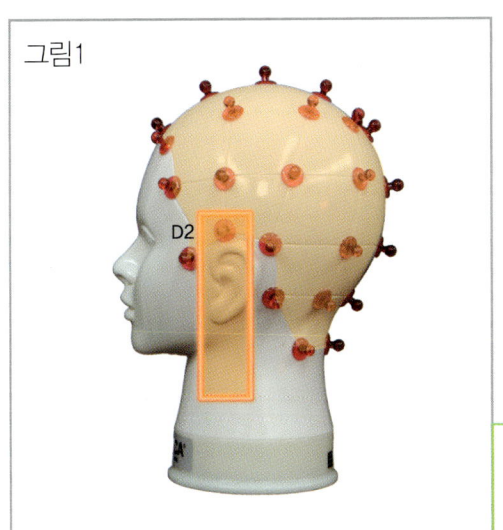
그림1

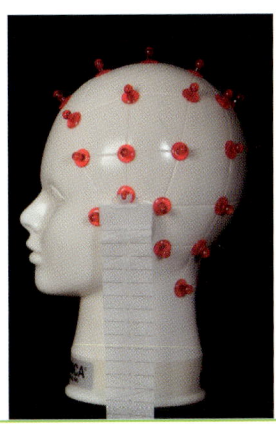

E.T.E주위는(D2) 모발이 들뜨기쉬운 부분이기 때문에 길이설정에 주요포인트가 된다.

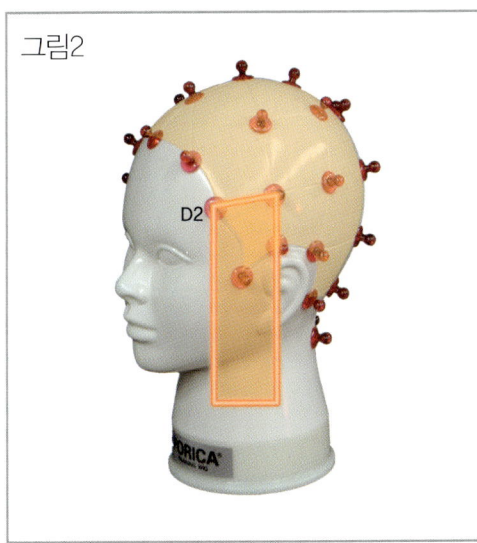
그림2

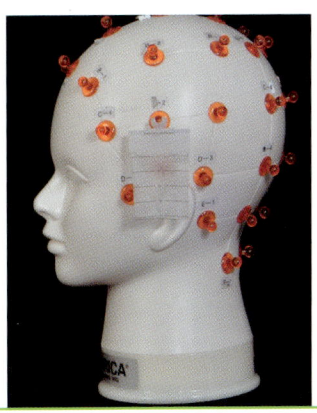

사이드 부분
템플지역에서 S.C.P에서 E.F.C.P부분이 페이스실루엣라인에 영향을 미치는 곳입니다.

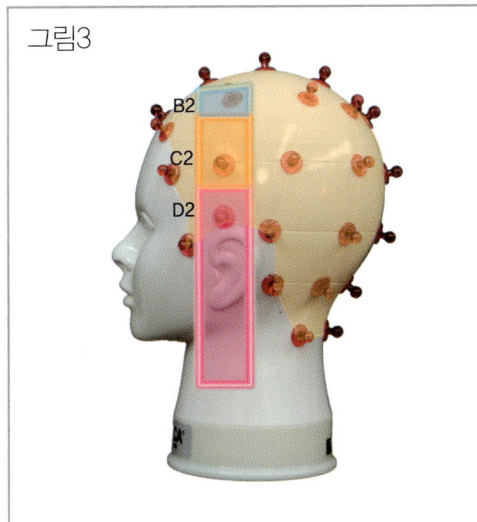
그림3

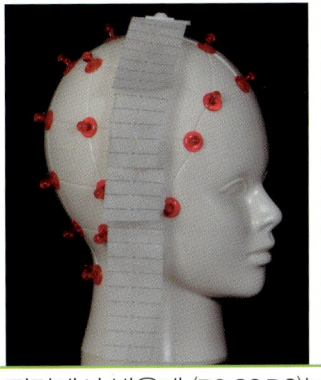
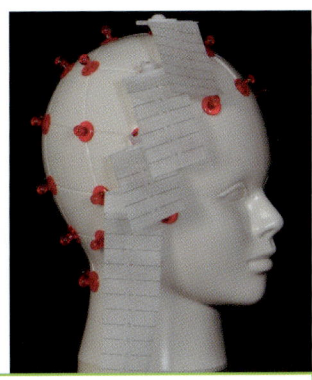

정면에서 봤을때 (B2,C2,D3)부분은 두개골이 튀어나와 있기 때문에 양감이 움직이는 부분이다.
그러므로 볼륨감에 의해서 얼굴을 크게, 또는 작게 하는 이미지를 좌우하는 곳으로 주의하여야 한다.

페이스 실루엣 라인의 디자인

프론트센터에서 백사이드에 미치는 페이스라인 선은 프론트 센터에서 사이드코너 포인트 까지 연결 부분을 컨트롤 할 수 있는 부분이다.

그림1

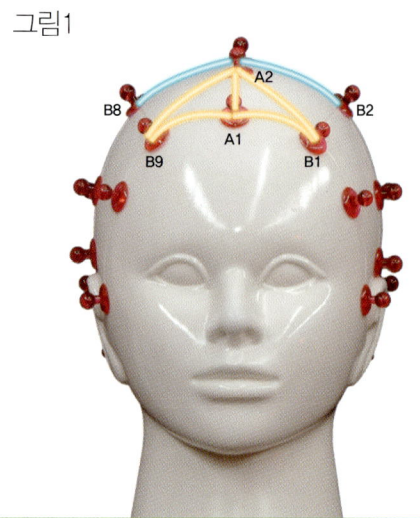

프론트 센터 프론트 사이드(A1, A2, B1, B9) 부분은 얼굴에 이미지를 좌우한다. 측두선(B2, B8) 부분의 두개골은 곡면이 튀어나온 부분으로 프론트라인 보다 짧은 층이 되면 볼륨감에 의해 각이질 수 있으므로 주의하여야 한다.

그림2

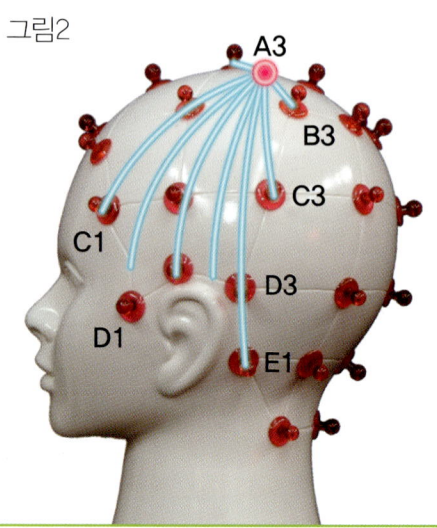

T.P S.C.P B.S.P 길이 라인과 포름은 웨이트 라인과 페이스 실루엣 라인에 영향을 미치는 부분이기 때문에 성장 패턴으로 분배하여 커트하여 주어야 한다.

그림3

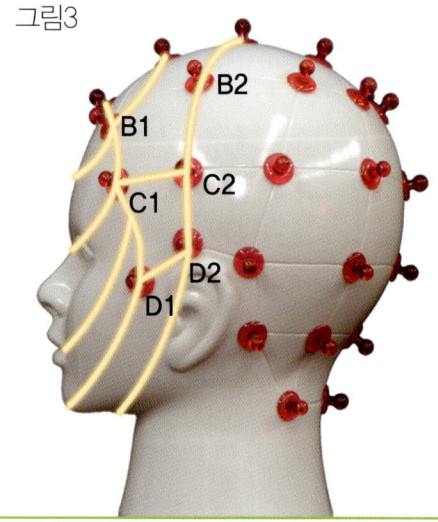

페이스 햄 라인은 곡선이므로 템풀지역과 사이드 코너 포인트 부분은 직선과 곡선의 연결로 얼굴을 크게 보이거나 작게 보이게 합니다.
얼굴 사이드의 평면을 사람의 곡선 라인으로 연결 시키면 부드럽게 보입니다.

그림4

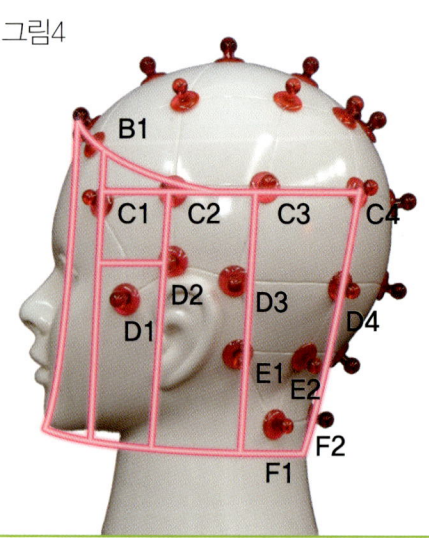

E.T.E.P는 백사이드로 넘어갈때는 중심의 가이드 라인을 확인하고 손위치를 정확하게 하여야 아웃라인 길이가 틀어지지 않습니다.

두상 곡면의 위치에 따른 디자인 부분

페이스 실루엣 라인에 영향을 미치는 사이드와 백 사이드

백 사이드 부분은 E.T.E.P 와 연결 라인으로 디자인의 전대각과 후대각 라인을 완만하고 가파름을 나타내는 부분이다. 측두선 E.T.E 부분은 두상곡면이 둥글기 때문에 떨어진 아웃라인의 단차가 생길수 있으므로 자연 시술각으로 빗질하여 손위치로 조절하면 자연스런 실루엣 라인이 형성 될수 있다.

그림1

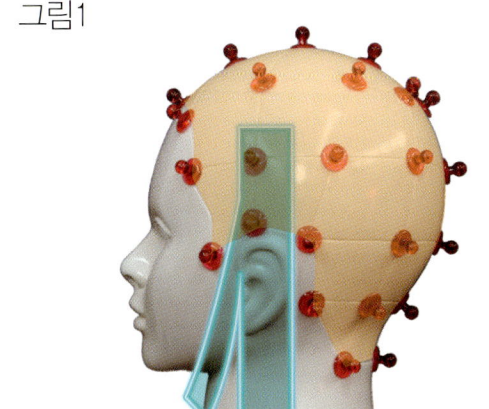

이 부분은 곡면이 둥글기 때문에 시술과 빗질이 조금이라도 어긋나면 층이 나타남으로 주의 하여야 한다.

그림2

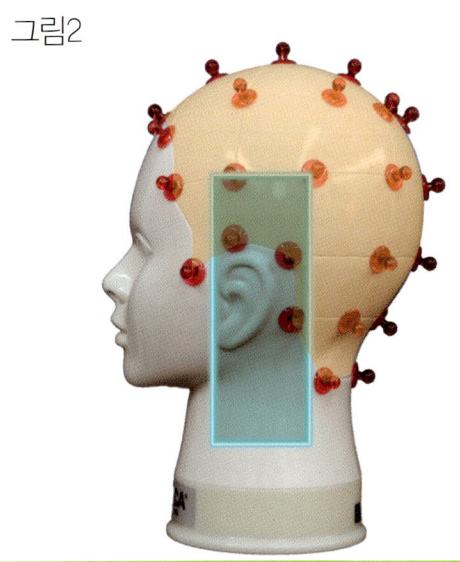

수평 두상곡면과 귀가 돌출되어 있으 므로 수평커트 할때는 특히 주의하여 커트 하여야 한다.

그림3

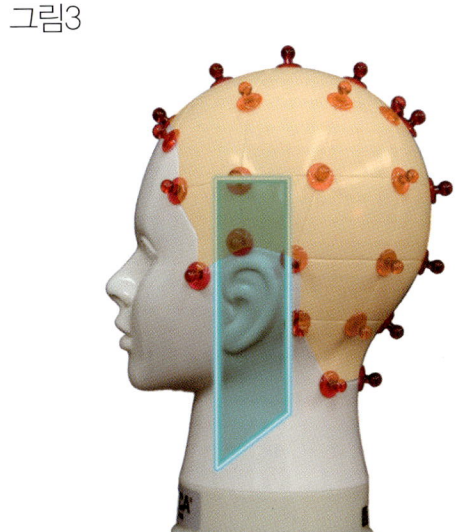

그림4

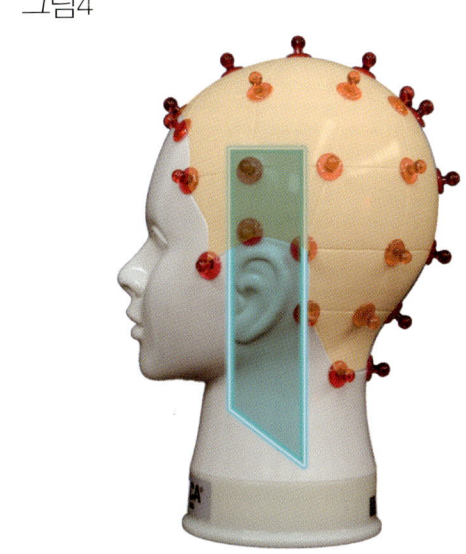

전대각 후대각 슬라이스를 취하여 라인을 만들때는 곡면과 돌출에 주의 하여야 한다.
자연스런 전대각과 후대각 가이드 라인을 만들때는 자연 시술각에 손위치로 가이드 설정은 완만하게 가이드가 나타난다.

페이스 실루엣 라인에 영향을 미치는 사이드와 백 사이드 2

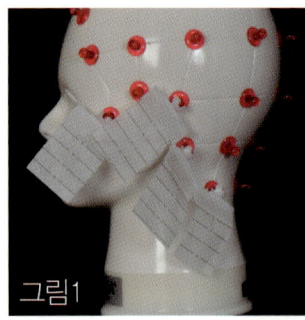
그림1

햄 라인이 곡선으로 흐르면 골격이 튀어나와 모발의 길이가 들떠 버리기 쉬운 부분이므로 후대각 슬라이스는 가파르지 않도록 주의하여야 한다.

그림2

앞으로 올라가는 후대각은 자연 시술각으로 손 위치로 취할 경우 라인은 자연스럽게 뒤쪽으로 흐르는 가이드 라인이 나타난다.

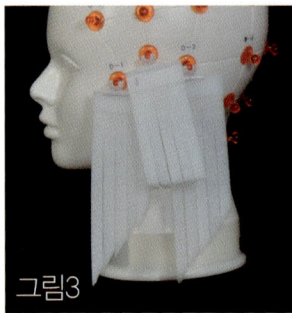
그림3

사이드와 백 사이드는 골격이 튀어나온 면과 귀의 돌출로 상단의 길이가 들뜨기 쉬움으로 E.T.E의 기준점으로 사이드의 전대각과 백 사이드의 전대각 흐름은 입체적이면서도 딱딱한 실루엣 라인이 나타난다.

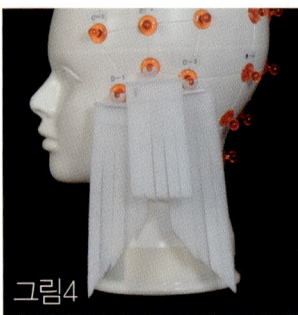
그림4

E.T.E의 기준점으로 사이드의 전대각과 백 사이드의 후대각 라인은 귀 부분과 귀뒤 곡면의 돌출 부분에 주의하여야 후대각 라인이 가파르지 않는다

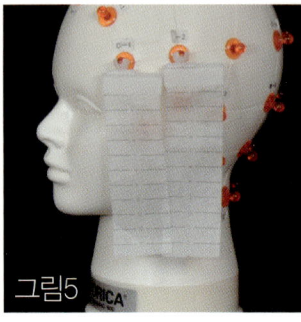
그림5

수평의 사이드는 햄라인이 둥글게 흐르기 때문에 주의 하여야 수평라인이 나타난다.

두상 곡면의 위치에 따른 디자인 부분

페이스 실루엣 라인에 영향을 미치는 사이드와 백 사이드 3

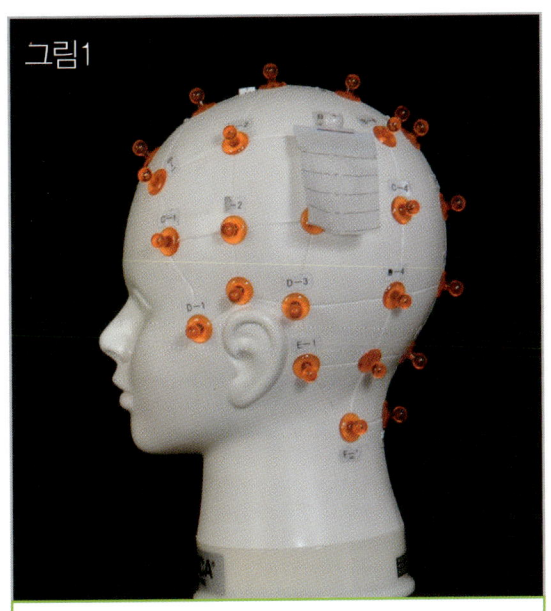

그림1

백 사이드 두개골 B3 부분은 튀어 나온 부분이다.

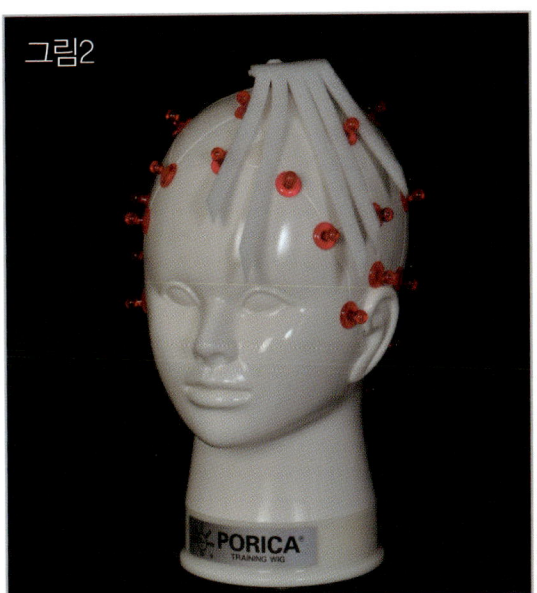

그림2

곡면의 두개골이 튀어나와 있으면 모류의 짧은 층 단차의 방향성으로 흐르면 페이스와 백 사이드에 율동감을 나타 낸다.

그림3

탑부분은 두상곡면의 영향으로 단차와 포름은 페이스 부분으로 흐름으로 얼굴을 작게 보이거나 크게 보이게 한 부분이다.

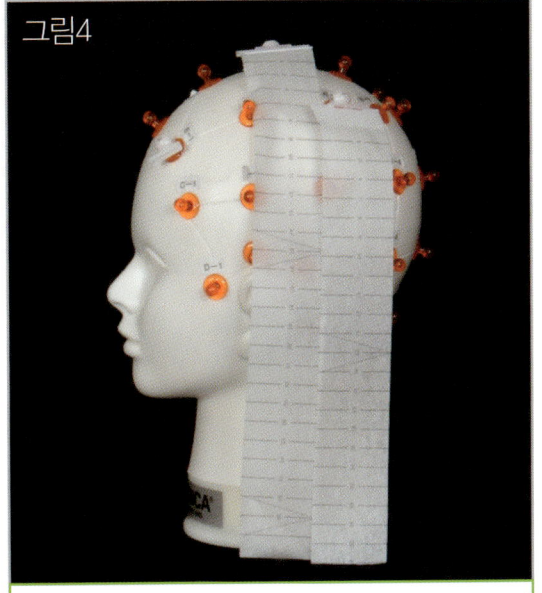

그림4

원랭스 스타일에서는 두개골 부분이 튀어나와 있으므로 아래 단차와 어긋나지 않게 빗질과 시술각을 주의 하여야 합니다.

Chapter 03

페이스 실루엣 라인에 영향을 미치는 사이드와 백 사이드4

그림1

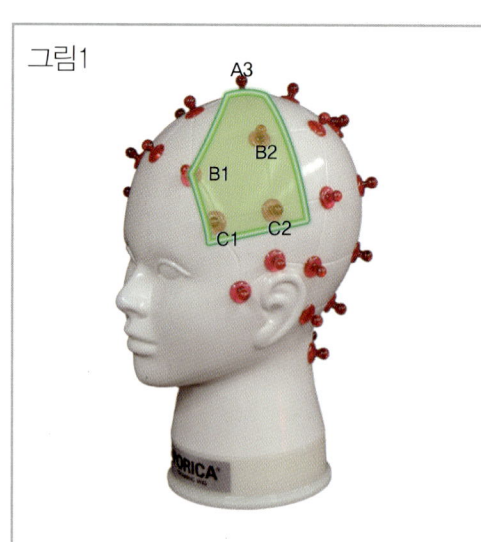

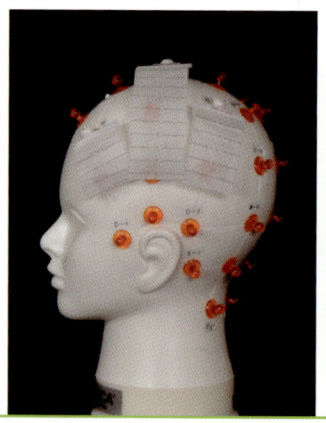 

두개골 부분
탑 (A3)에서 (B1,B2) (C1,C2) 부분의 층의 단차는 프론트 부분에 영향을 미치는 부분이다.

그림2

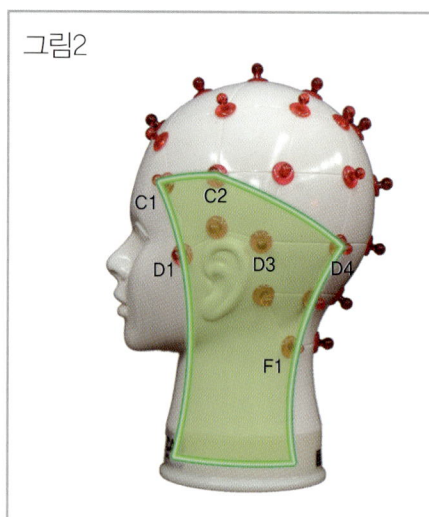

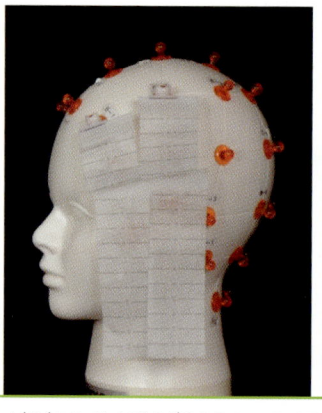 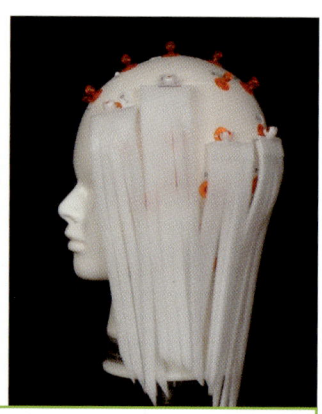

사이드부분에서(C1,D1~D4,F1)까지의 부분은 골격이 울퉁불퉁함이 심한부분 때문에 아웃라인 길이의 오차가 생기기 쉬움으로 주의하여야 한다.

그림3

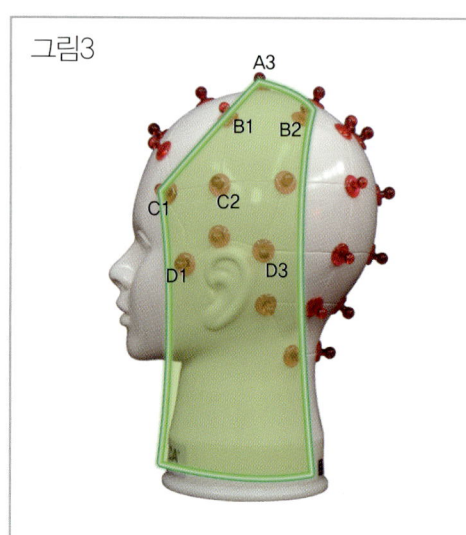

 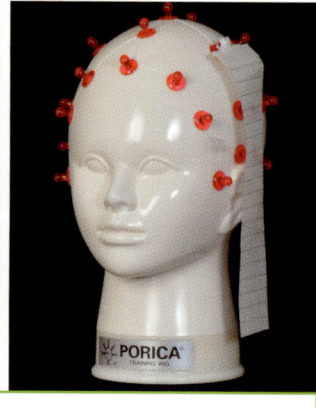

페이스실루엣라인에 얼굴을 크게 작게 좌우한 영향을 미치는 부분입니다.

두상 곡면의 위치에 따른 디자인 부분

두상곡면의 수치화

두상곡면의 수직과 곡선의 변화된 형태를 확인하면 떨어진 단차의 길이를 과학적 수치로 계산하면서 시술 합니다.

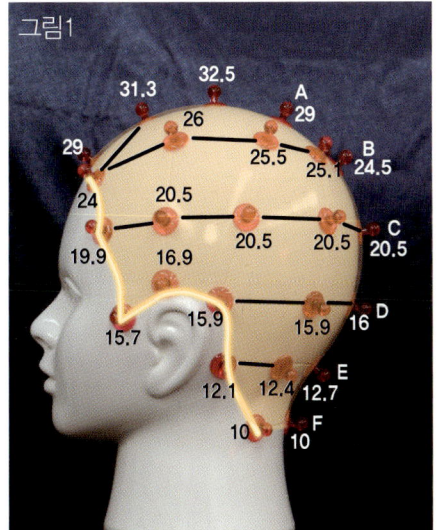

그림1

두상곡면의 cm 는 원랭스로 커트 하였을때 곡면에 의하여 떨어진 단차를 보정할수 있는 cm 변화의 수치 입니다.

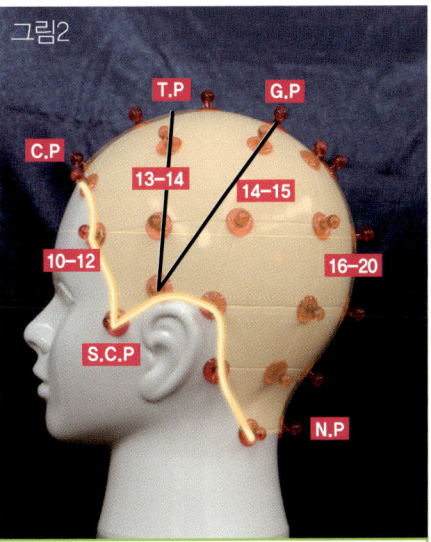

그림2

햄라인의 cm 는 두상의 왼쪽 숫자는 평면과 오른쪽 숫자는 곡면의 수치 입니다.

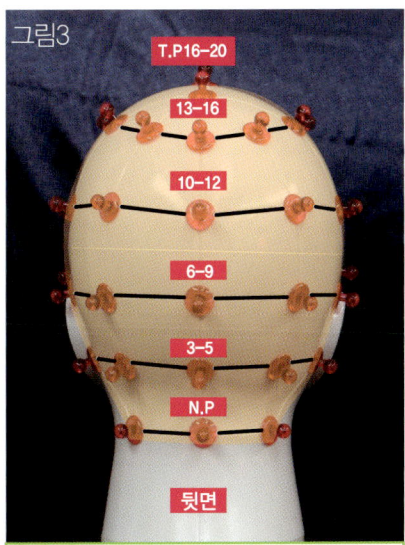

그림3

백부분의 cm 는 백부분의 왼쪽숫자는 평면과 오른쪽 숫자는 곡면의 차이에 대한 수치입니다.

백 부분의 원랭스 길이 표현

네이프 부분

육안으로 볼때는 탑 부분과 네이프의 길이는 탑부분 보다 네이프 부분이 길게 보이지만 커트 시술시 필요한 부분은 두상곡면 때문에 탑 부분이 네이프보다 1cm 길이가 더 필요합니다.

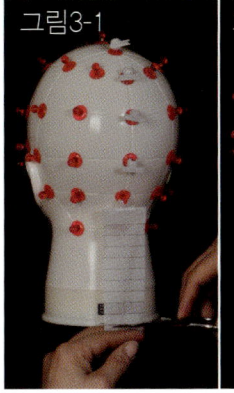
그림3-1

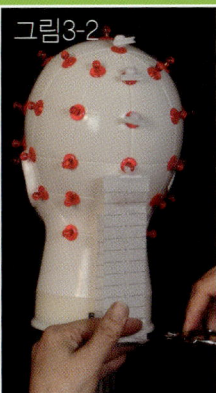
그림3-2

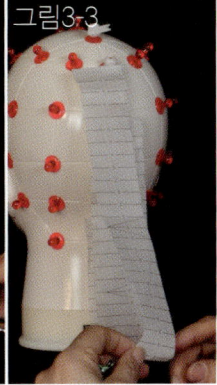
그림3-3

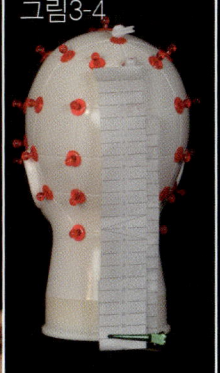
그림3-4

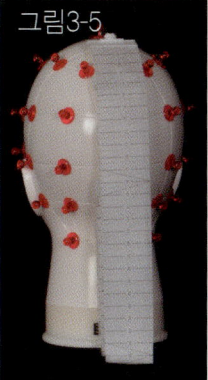
그림3-5

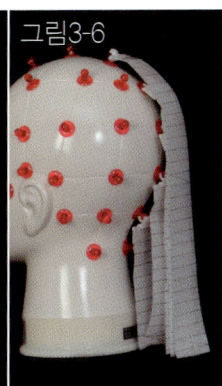
그림3-6

Note.

PORICA

Chapter 04
One Lenght
원리분석

원랭스는

자연시술각 0도에서 두상곡면으로 떨어진 각도로 커트한다.
자연시술각은 중력으로 떨어진 상태이다.
원랭스는 일반적으로 사용한 디자인의 실루엣라인은 수평, 대각이 있으며
자연시술각 상태에 직선으로 빗질하여 일정한 단차로 커트하는 것 이다.

원랭스 커트 할 때의 주의점은 자연시술각 상태에서 두상곡면대로 안쪽으로
눌러서 커트하면 단차가 생기로 주의 하여야 한다.
네이프를 빗질할때 골격곡면에 붙여서 빗을 눌러주지 않아야
안으로 들어간 속마름효과가 있는 아웃라인이 나타납니다.

슬라이스에 따른 실루엣 라인 테크닉

-원랭스는 전체 모발의 동일선상으로 컷된 스타일 입니다.
-헤어스타일중에 모량의 율동감이 가장적인 스타일입니다.
-가이드 라인과 동일선상으로 내려서 커트합니다.
-앞올림, 앞내림등 여러 가지 스타일이 있다.
-헤어라인 디자인은 수평라인, 전대각라인, 후대각라인이 있습니다.

그림1

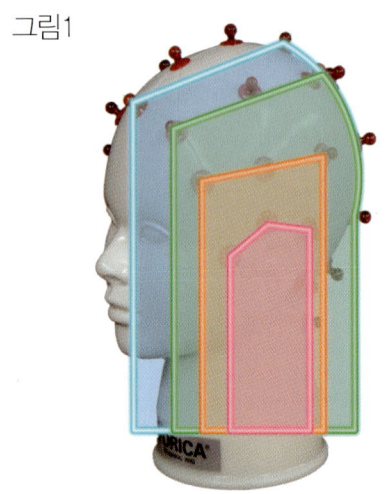

디자인은 전개도를 상상하여 슬라이스 방향성을 결정합니다.
판넬을 끌어내는 방향과 컷의 아웃라인이 정확하는지 확인합니다.

그림2

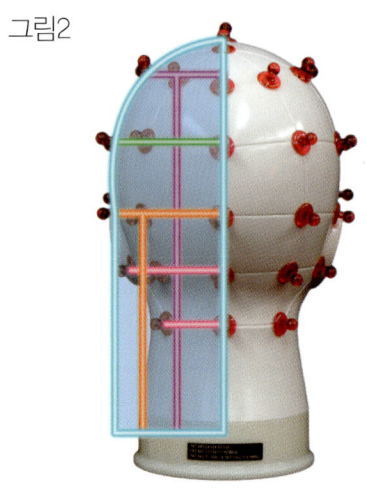

원랭스는 모든 판넬 동일 선상에서 방향 위치 표시한다.

그림3

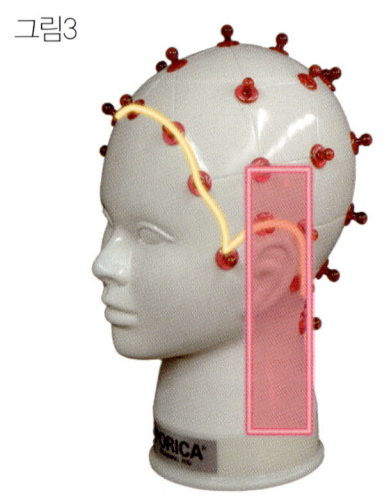

귀뒷머리는 머리카락이 없어도 있는 것과 같은 시술각으로 시술한다.

그림4

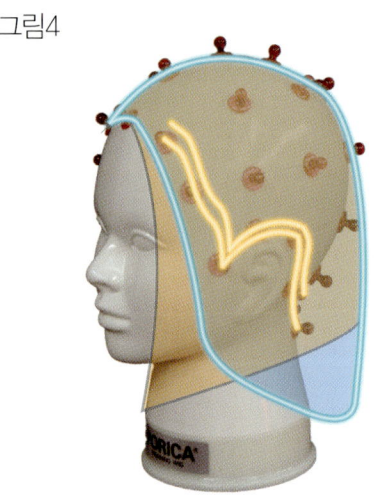

원랭스실루엣은 자연 시술각에 손위치에 따라서 전대각 후대각이 될수 있습니다.
전대각, 후대각 파팅에 자연시술각 분배로 아웃라인을 만들 수 있습니다.

One Lenght 원리분석

One Lenght 주의점

그림1

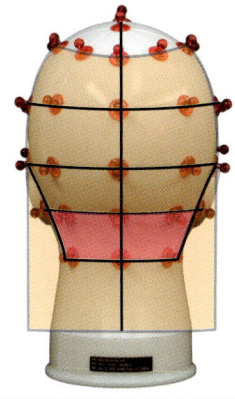

어깨 좁은 사람은 완만한 라인이 되게 합니다.
어깨 좁은 사람은 가파르게 컨백스 라인을
되게 합니다.
첫 슬라이스 (파팅)과 두 번째 파팅이 넓을수록
완만 하게 됩니다.

그림2

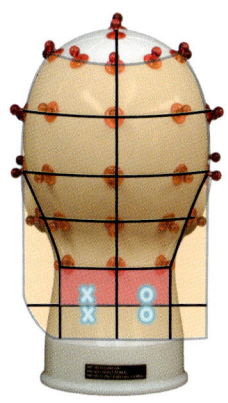

둥글게 먼저 컷하면 더 둥그러짐으로 첫단은
자연 시술각 수평으로 컷하고 둘째단부터
수평으로 내려온 라인을 손위치만 비틀어주면
자연스러운 컨백스라인이 형성됩니다.
컷하는 순서에 따라서 G가 될수 있으니 주의.

그림3

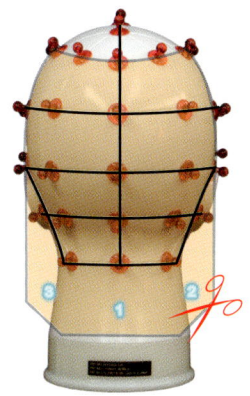

사이드 먼저 커트하지 말고 먼저 수평 컷하고
대각 컷하면 뒷 아웃라인이 가파르지 않아 집니다.
수평이 넓을수록 완만한 아웃라인이 되고
좁을수록 가파른 아웃라인이 됩니다.

그림4

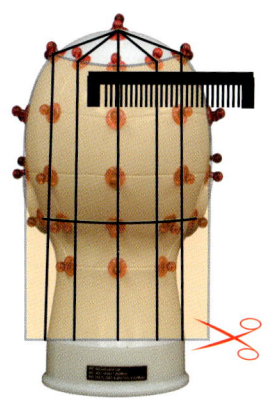

탑에서 골든 포인트 까지는 성장 패턴으로 얼레살
빗으로 빗질하여 줍니다. 골든부분에서
슬라이스를 뜨지말고 골든 부분 밑에서 수직으로
빗질하여 커트하여 줍니다. 원랭스는 손가락
위치에 따라서 머리 단면이 달라집니다.

그림5

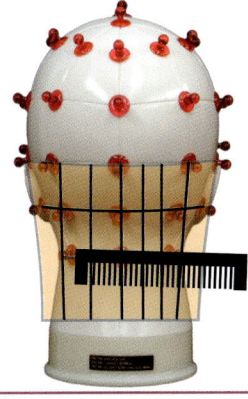

네이프에서 빗으로 누르면서 커트하면 두상의
곡면때문에 길이 변화가 생긴다.

그림6

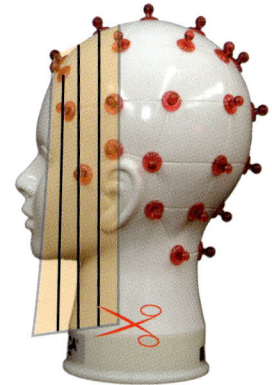

수평라인
웨이트라인이 입체감이 없다.
안전감있고 섬세한 이미지가 있으며
임팩트 합니다.

Note.

Chapter 05
Layer 원리분석

레이어 형태는

레이어 스타일은 위부분의 인테리어 짧고 아래 부분의 엑스테리어가
길기 때문에 경쾌한 스타일 입니다.
레이어의 탑의 위부분은 시술각에 의해서 위가 짧고 아래가 길기 때문에 햄라인,
가마, 곱슬의 영향을 받기 쉽습니다.

Layer

Layer 라인은 둥근 얼굴에 잘 어울리면서 활동적인 인상을 표현 한다.

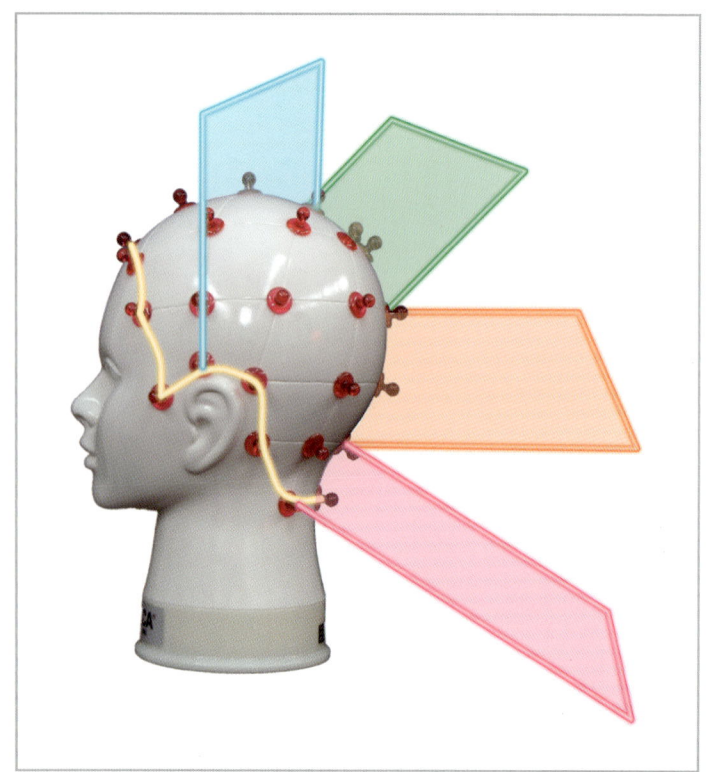

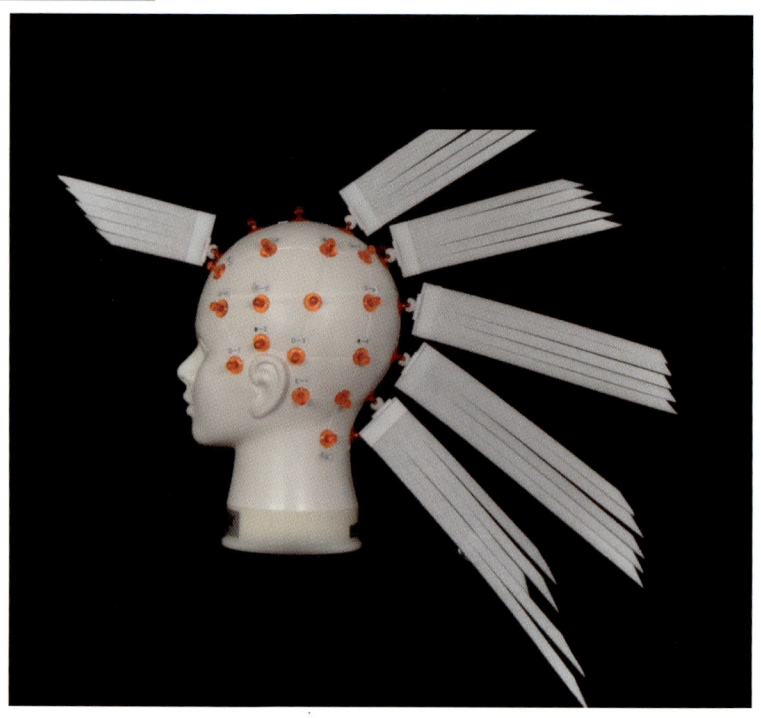

시술각의 변화

시술각이 높을수록 윗 부분은 짧아지고 아랫 부분은 길어질수록 무게감은 감소되고 율동감은 증가 됩니다.
Layer은 시술각에 따라서 입체적으로 모류의 율동자체를 형성하고 시술각에 따라서
실루엣에 영향을 미치면 율동감을 바꾸는 힘을 가지고 있습니다.

Layer 원리분석

Layer 탑성장 패턴 주의 테크닉

그림1

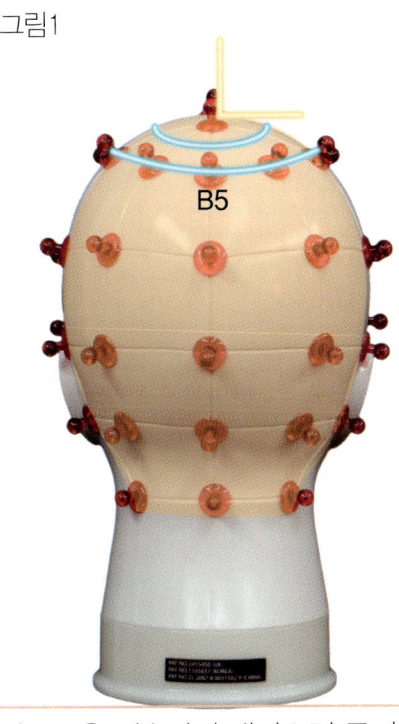

탑부분은 시술각이 내려오면 무거움이 형성된다.
나칭을 어떻게 넣었나에 따라서 무겁고 가볍게 보이고, Graduation이 Layer 처럼 보입니다.

그림2

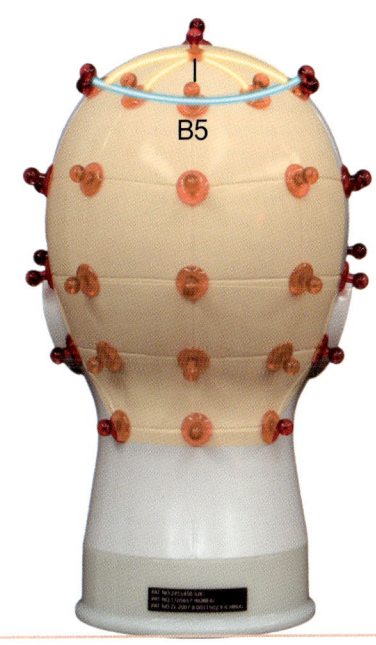

탑부분의 피풋점에서 두상대로 컷하면 앞이 짧아진 둥근 컨백스 라인이 나온다. 그래서 성장 패턴으로 빗질하여 골든포인트 까지 형태선을 그대로두고 2cm 밑에서 컷하면 모양은 같으나 길이와 질감은 다르게 형성된다.

그림3

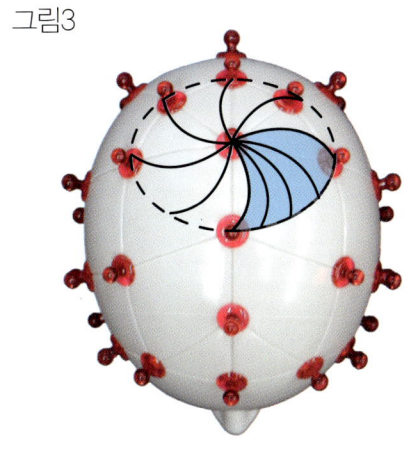

탑부분의 피풋점은 꼭지점에서 시작하여 두상곡면의 성장 패턴으로 빗질하여준다.

그림4

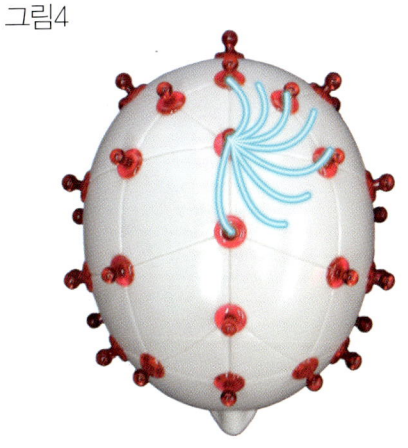

탑부분의 피풋에서 측두선 부분으로 돌아갈때는 곡면 때문에 앞으로 갈수록 곡면의 폭은 점점 좁해져 있으므로 둥글게 갈수록 길이가 짧아질 수 있으므로 주의 하여야 합니다.

두상곡면의 보정 테크닉

그림1
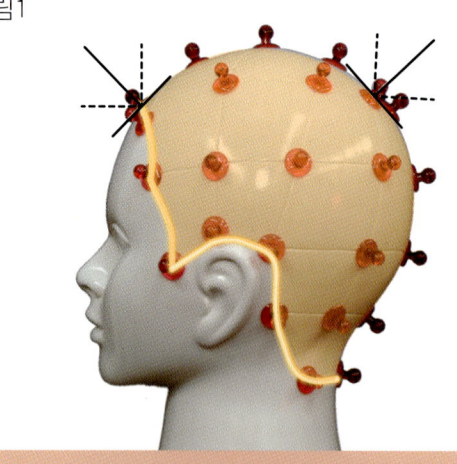

그림2
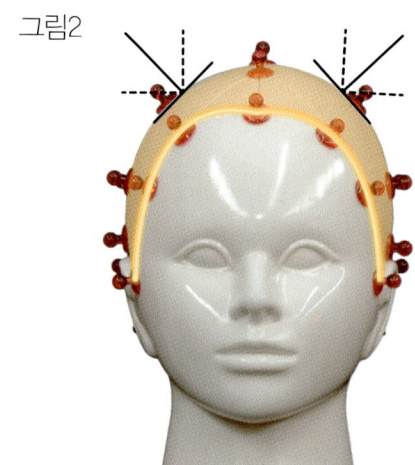

· 제일 실수하기 쉬운 두상곡면의 시술각 입니다.
· 시술각이 곡면에서 조금만 낮아져도 G가 형성되어서 떨어지고 조금만 시술각이 올라가도 레이어로 단차가 형성되어서 떨어집니다.

그림3

탑 사이드는 두상이 둥근 곡면으로 되어 있으므로 잘못된 빗질에서 좌, 우 길이가 틀려질 수 있으니 주의하여야 합니다. 두상곡면의 둥근 부분과 커트시 좌우가 가위의 반대로 시술을 되기 때문에 시술각이 틀리게 형성되므로 주의하여 커트하여야 합니다. 컷 시술시 두개골이 돌출되어있어 앞에서 뒤쪽으로 빗질을 잘못하면 사이드베이스로 모발 길이가 길어 집니다. 그래서 뒤쪽에서 정면을 바라보며 빗질하여 컷하면 포름감이 형성되어 실루엣라인이 자연스럽게 떨어집니다.

그림4
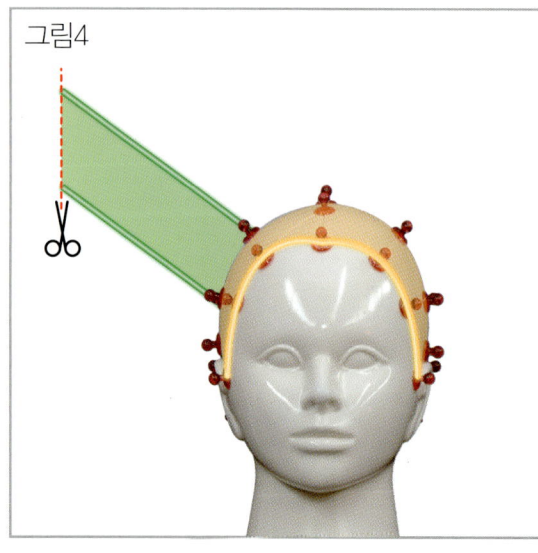

탑 사이드 오른쪽부분의 시술할때는 밑에서 가위가 들어가므로 G가 형성된다. 그 부분은 다시 체크 할때는 수정 할 부분만 컷해야 한다.

두상곡면의 보정 테크닉 1

그림1

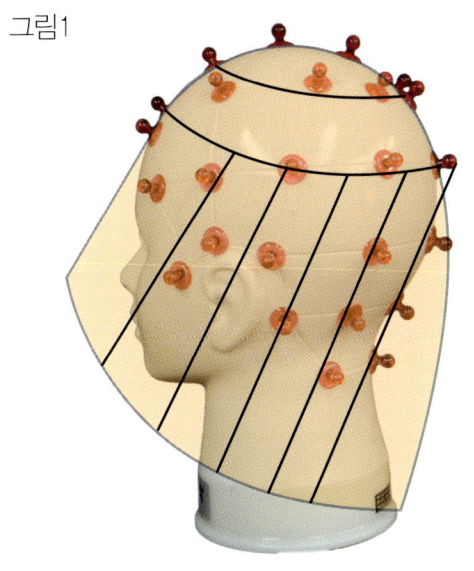

후대각 슬라이스에 수직 분배는 조금 딱딱하고 사이드 분배는 조금 자연스러운 실루엣 라인이 형성된다.

그림2

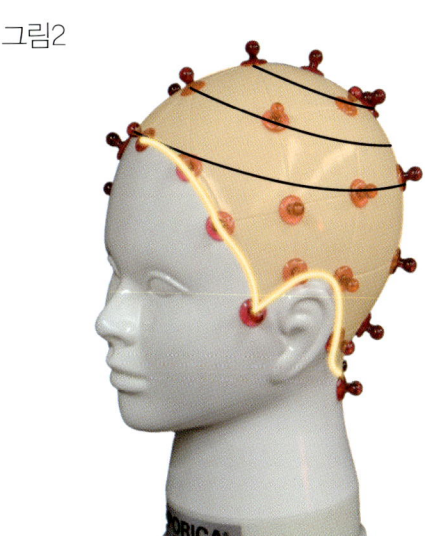

탑이 높을수록 후대각처럼 보인다.
두상곡면이 둥글기 때문에 수평슬라이스도 앞으로 갈수록 둥글어지기 때문에 후대각으로 보입니다.

그림3

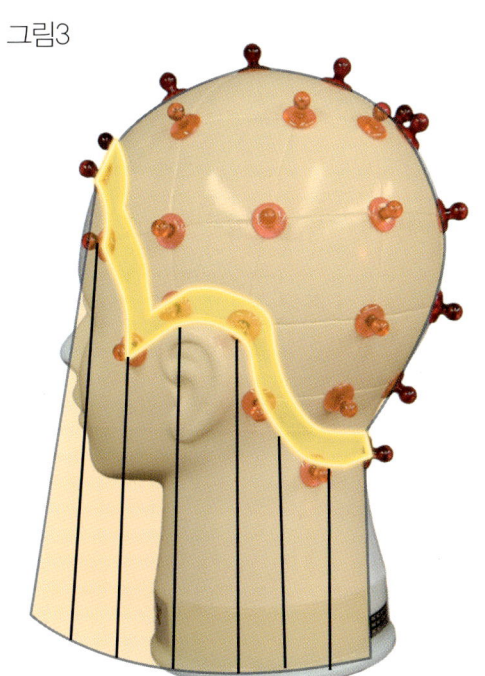

햄라인
- 햄라인은 두상곡면에 따라서 각도 슬라이스가 달라진다.
- 햄라인 형태는 아웃라인에 영향을 준다.
- 햄라인 튀어나오면 아웃라인도 튀어나오고 햄라인 들어가면 아웃라인도 들어가기 때문에 두상곡면을 이해하면 오버다이렉션등 가로 컨트롤이 필요하다.
- 무겁게 슬라이스 했을 때 무겁고 가볍게 슬라이스 했을 때 부드럽고 귀뒤선과 사이드 연결과 백가이드 연결선에 따라서 디자인이 달라진다.

Layer 방향에 따른 실루엣 라인 변화

그림1

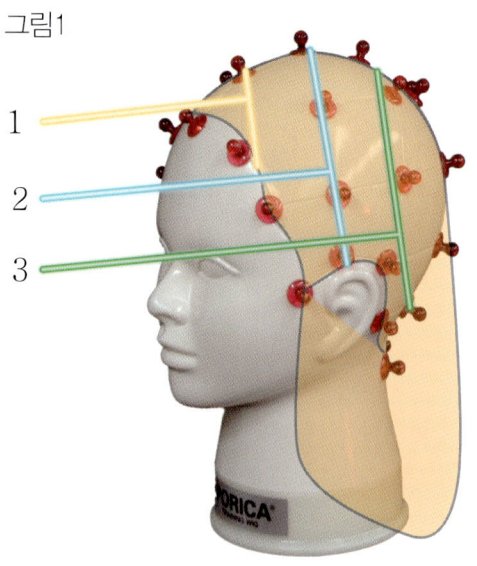

앞으로 똑바로 당겨 커트하면 율동감 방향감을 나타냅니다.

그림2

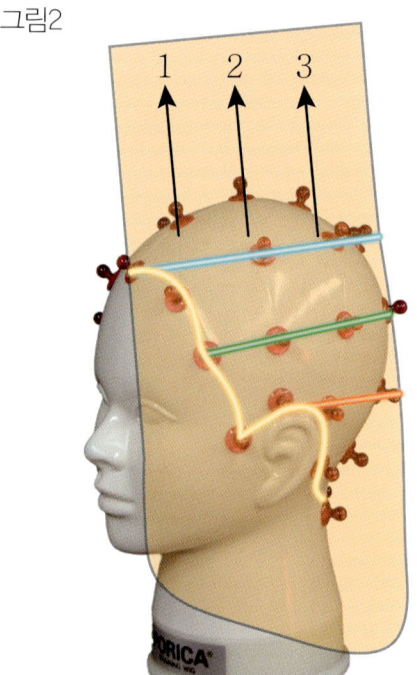

수평 슬라이스를 위로 똑바로 올려 커트하여도 떨어진라인이 층은 균일하게 생기면 후대각슬라이스가 아니어도 두상원리 때문에 무거운 후대각 레이어 실루엣이 형성 됩니다.

그림3

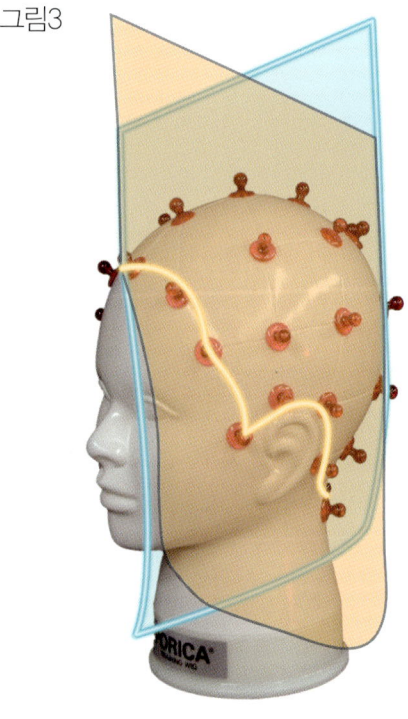

위로 똑바로 손위치에 따라서 떨어진 실루엣라인은 전대각, 후대각이 형성됩니다.

Layer 원리분석

Layer 두상곡면의 슬라이스 보정 테크닉

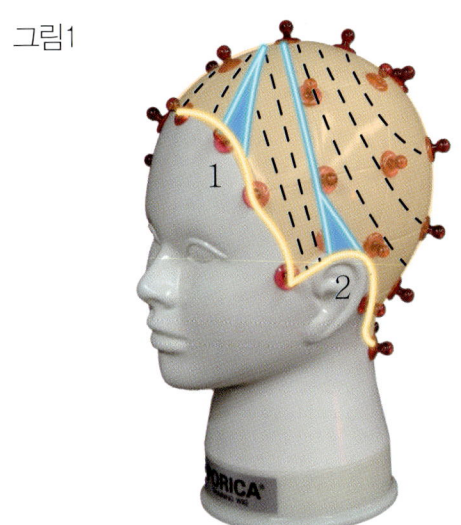

그림1

슬라이스(파팅) 테크닉
프론트 사이드 부분은 세로 슬라이스 백은 라운드 사선 슬라이스 햄아웃라인 두상곡면 때문에 올라가 쉬운 1, 2 실루엣라인 커버법

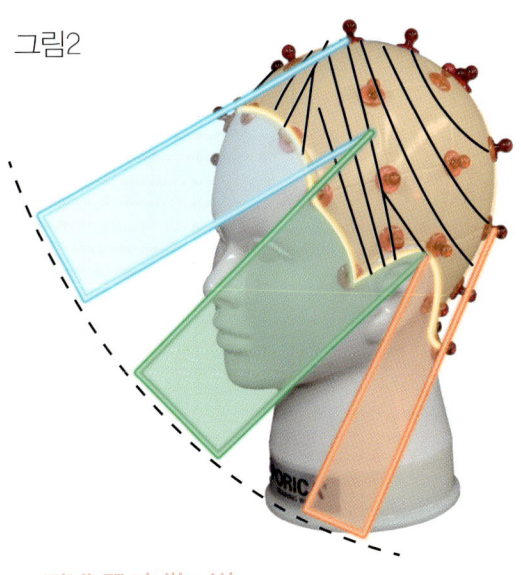

그림2

판넬 끌어내는 법
불규칙한 행라인 삼각 파팅을 프론트 부분과 함께 판넬로 연결하여 커트하면 커버됩니다. E.T.E 라인 부분은 삼각 지점 끝에서 판넬을 취해서 45° 시술각으로 커트 합니다.

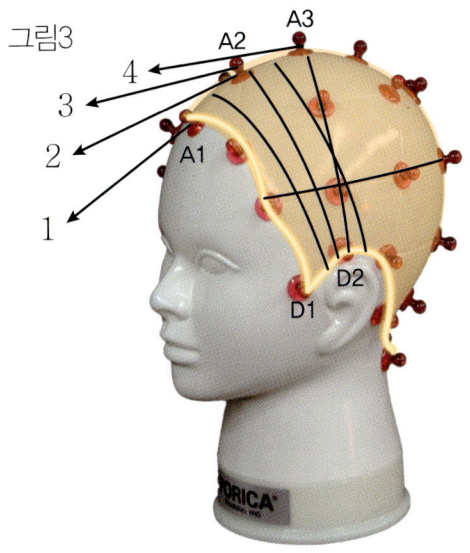

그림3

시술각 테크닉
(A1~A3) 판넬은 두피에서 시술각이 0°가 되게 빗질 합니다.

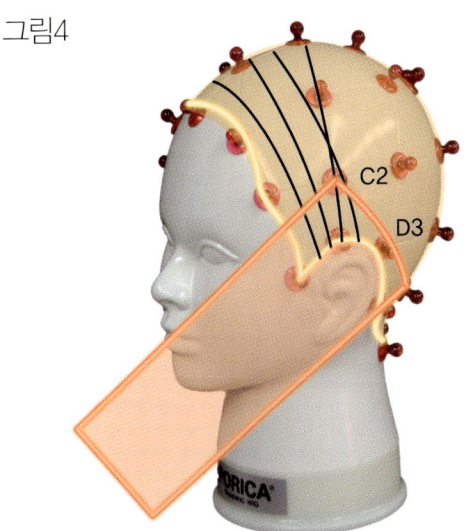

그림4

슬라이스연결성
사이드에서 백 사이로 넘어갈때는 E.T.E 뒤 부분의 라인을 체크 하면서 판넬을 당겨와야 합니다.

시술각에 차이와 실루엣 라인의 변화

그림1

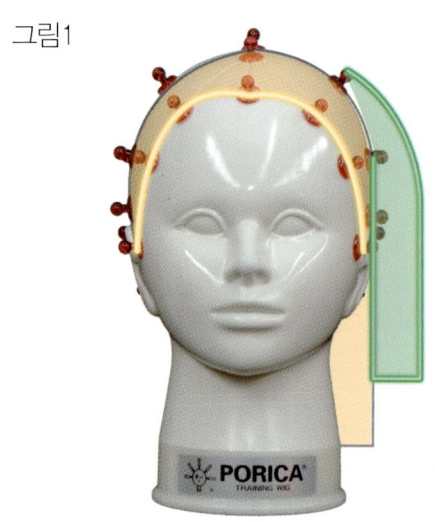

시술각 0°는 층이 없기 때문에 원랭스가 직선적으로 각있는 실루엣 라인이 형성됩니다.

그림2

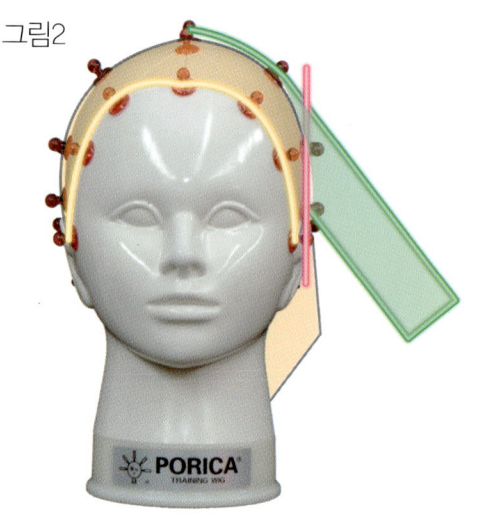

시술각 45° 정중선상 후두골 아래에 G 생겨 둥근형의 실루엣 라인이 생깁니다.

그림3

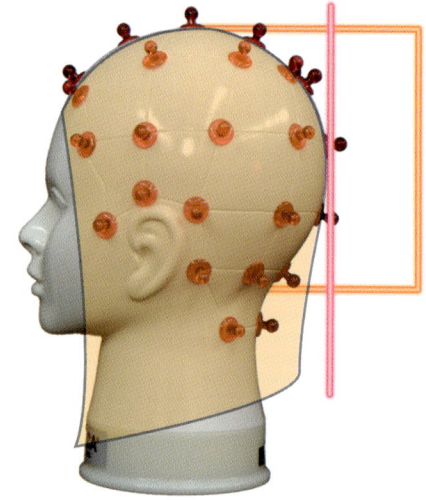

백부분의 뒤로 똑바로는 G.S.L.L 전대각 아웃라인이 생깁니다.

그림4

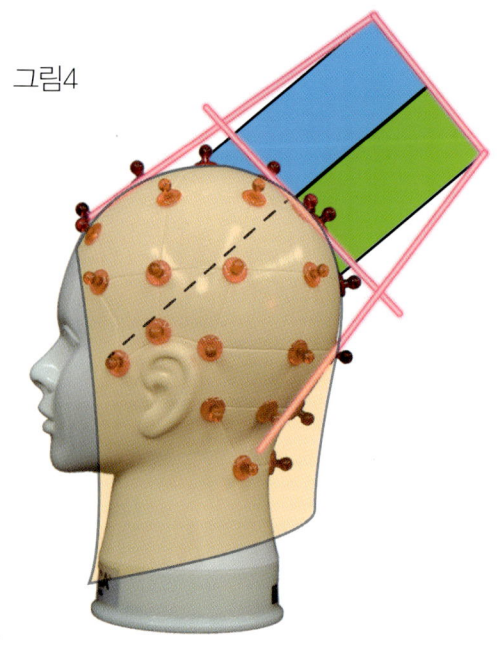

백부분 90° 시술각은 G.S.L.L 이 형성되어 백부분의 볼륨감 형성 됩니다.

Layer 원리분석

슬라이싱 테크닉

· 슬라이딩 형태를 만드는 컷트 기법.
· 슬라이딩 Slide 형태를 두는 것 진행 전체길이 제안 판넬.
· 슬라이딩 Slide 질감 처리기법 미끄러지다. 형태보다 질감에 사용
· 슬라이딩 Slide 가위가 많이 벌어지면 엄지를 많이 움직여 짐으로 주의하여야 합니다.

1 · 뚝뚝치면 머리 단면은 뭉퉁해진다.
2 · 가위와 손가락 속도는 같이 간다.
3 · 손끝의 텐션 힘으로 밀고 간다.
4 · 손 첫마디에 가위를 사선으로 대어주고 밀어 간다.
5 · 손바닥이 보이지 않고 손등이 보이게 잡아야 한다.
6 · 가위를 열고 가는 것은 컷이 조금 무겁게 떨어진다.
7 · 슬라이딩은 기울기를 생각하여야 한다.
8 · 슬라이딩은 짧은 머리는 짧을수록 힘 조절을 잘해야 한다.
9 · 손바닦이 위로 보이면 머리 씹힌다.
10 · 손끝만 따라 갑니다.
11 · 가위만 따라가면 머리가 뚝뚝 떨어지게 컷 됩니다.
12 · 가위는 1cm 벌리고 엄지만 따라가는대 수직으로 내려가지 않는다.

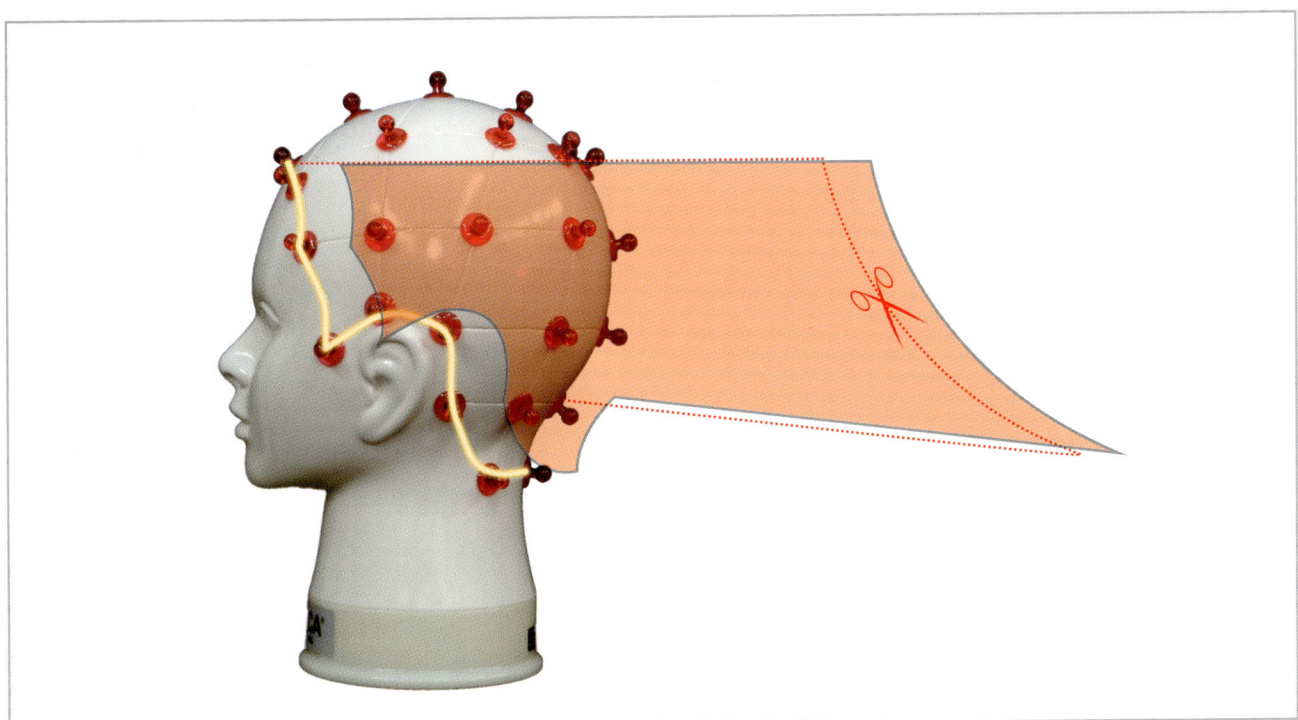

· 오른쪽 슬라이딩은 오른쪽 손등을 왼손등에 붙이고 가위를 중지 마디에 두면 힘은 받지 못합니다.
· 가위를 중지 마디에 고정하여 가위 1cm만 머리결 끝에 닿게하여 수직으로 내려갑니다.
· 슬라이딩 각도 중요하다 45° 중간 시술각
· 슬라이딩 후대각 전대각 45° 중간 시술각
· 슬라이딩 후대각 전대각 45°는 컬 머리처럼 남는다.
· 슬라이딩 후대각 전대각 30° 가장 아름답다.

슬라이싱 테크닉

● 주의사항

1. 슬라이딩 밀고 나가면 파마 할때 지저분하여 집니다.
2. 길이 연장감을 위하여 손을 높게 들어 주어야 합니다.
3. 슬라이딩은 짧은 길이에서 긴 길이로 연결 합니다.
4. 슬라이싱은 텐션이 필요합니다.
5. 슬라이싱은 45°G가 아니고 ㄴ이다 (슬림하게 되기 위하여 사용한 각도 입니다)
6. 슬라이싱 할 때는 가위를 너무 벌리지 않아야 합니다.
7. 슬라이싱 45°로 가볍게 됨으로 주의 하여야 합니다.
8. 슬라이싱 90°로 가파르게 됨으로 주의 하여야 합니다.
9. 슬라이싱 직선이 컷이 아니라 곡선 컷입니다.

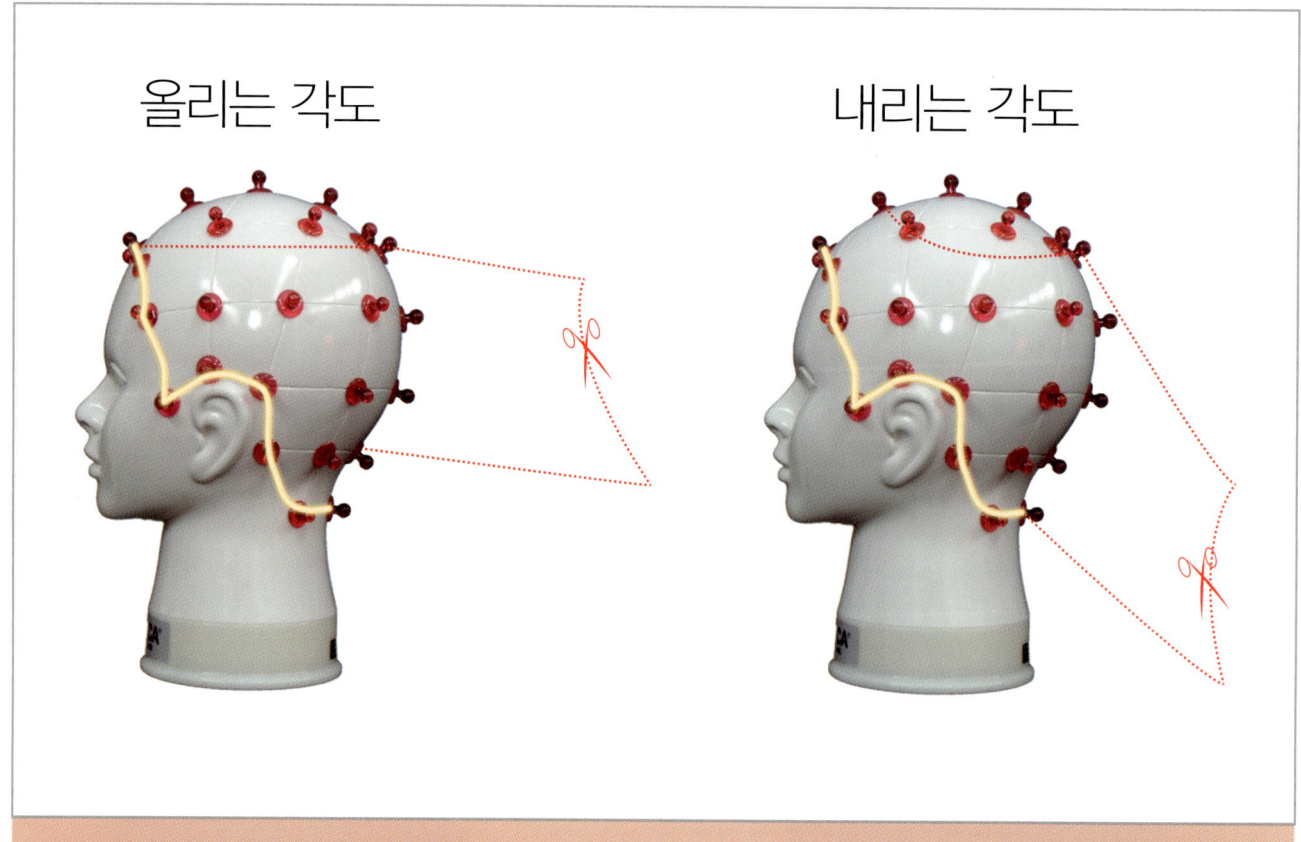

슬라이싱은 ㄴ을 내가 확인하고 유지하면서 컷하는 것이 장점이다.

Layer 원리분석

Note.

Note.

PORICA®

Chapter 06
Gradation
원리 분석

그레쥬에이션의

형태의 원리는 두상곡면의 90°에서 낮아진 각도에 의해 아래길이보다 위 길이가 길어지면 위 길이가 길어질수록 단차 폭은 좁혀지며 웨이트 위치 포름도 낮아진다.
그레쥬에이션은 어느 슬라이스와 각도를 적용하느냐에 따라서 웨이트 포름감의 위치가 결정되는 중요한 공식 법칙을 이해하여야 합니다. 위 길이가 완전히 덮어버리면 웨이트 라인이 없는 원랭스 형태로 변합니다. 페이스 라인으로 시술각을 주면 각도에 따라서 후대각 실루엣 라인이 형성되면 단차 폭이 커진 라운드 그레쥬에이션이 나타납니다.

Gradation 구조 형태 원리 분석

그림1

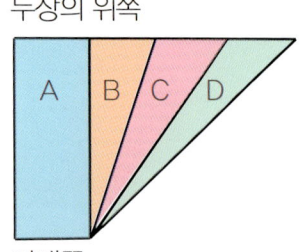

- 그레쥬에이션의 형태 원리를 만든것은 웨이트 라인의 위치가 무게감을 만들어 집니다.
- 그레쥬에이션은 위쪽이 점점 길어질수록 단차의 폭은 좁아지고 웨이트라인의 위치는 낮아 집니다.
- 웨이트 라인의 무게감은 A~D의 각도에 의해서 무게감과 포름감의 변화 형태는 나타나지만 A~E와 같이 위쪽 길이가 아래쪽을 완전히 덮으면 원랭스 형태로 변합니다.
- 커트시 웨이트라인의 결정은 각도 변화에 있으므로 주의하여야 합니다.

그림2

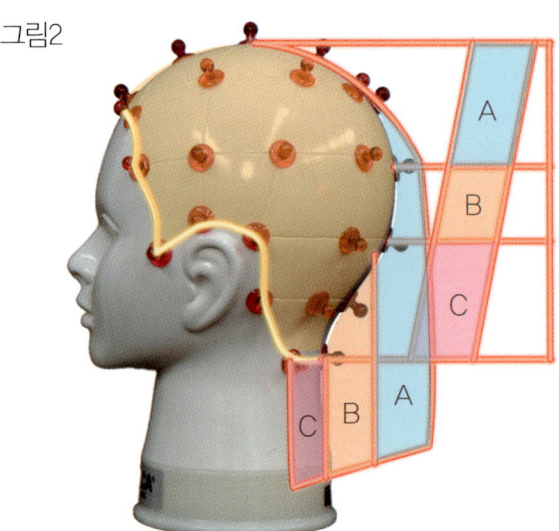

- 그레쥬에이션은 백부분의 골격면을 생각 하여야 합니다.
- 두상 곡면에 의해 S.L을 커트하여도 곡면에 의해 3섹션의 각도는 오버섹션 G와 미들 S.L 네이프는 L로 떨어진 두상의 곡면을 이해하여야 그레쥬에이션으로 커트 시술 할때는 각도의 변화된 단차를 인지 할수 있습니다.

그림3

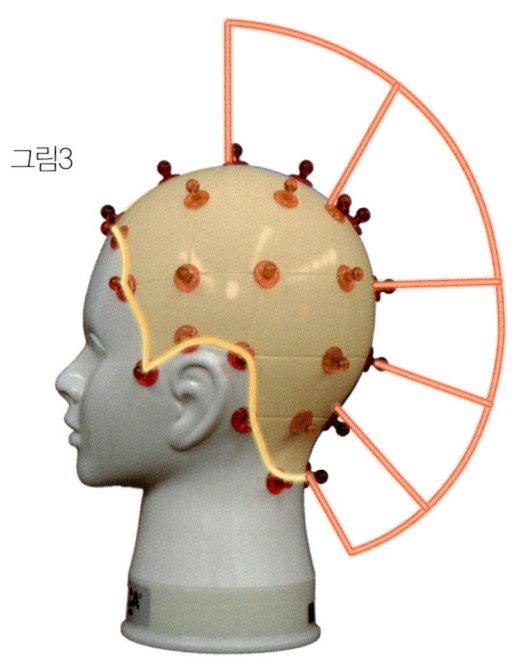

- 그레쥬에이션은 아웃라인을 설정하여 웨이드 라인에 볼륨감이 생기도록 디자인 하는것이 특징이다.
- 그레쥬에이션은 0~89°이하 각도를 구성하여 언더섹션 모발은 짧고 오버섹션은 점점 길어진 판넬이 쌓여 삼각형 구조 모양이면 각도는 Low, Medium, Hiht 그쥬에이션이 있으며 각도에 의해 혼합형 질감이며 네이프는 소프트 오버섹션 무거운 질감의 형성이 된디.

그림4

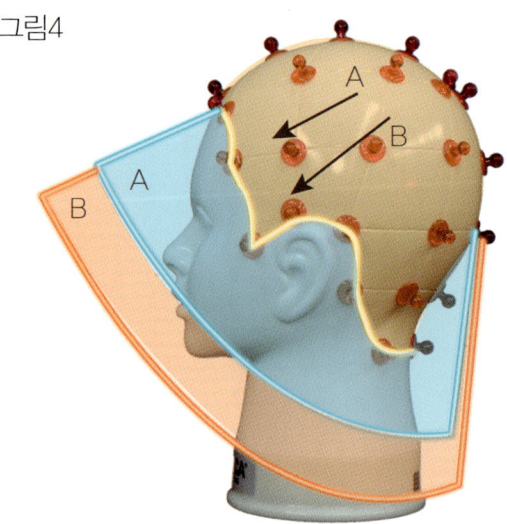

- 그레쥬에이션은 시술각과 빗질의 변화에 의해서 실루엣 형태는 달라집니다.
- 사선 후대각 슬라이스에 앞으로 15°빗질은 짧은층이 나타나도 둥근라인이 아닌 극격한 라인의 그레쥬에이션 형태가 형성 됩니다.
- 45°빗질은 사이드 라인이 짧은 층이 나타나지만 둥근라인의 그레쥬에이션이 형성 됩니다.

Gradation 원리 분석

Gradation

그라데이션은 사람에게 잘 어울리는 삼각형은 엘레강스한 인상을 줄수있는 스타일 이다.
두상에서 온베이스로 잡았을때 위가 길고 아래가 짧다.
두상 90°에서 시술각이 1°만 낮아도 Gradation이 된다.

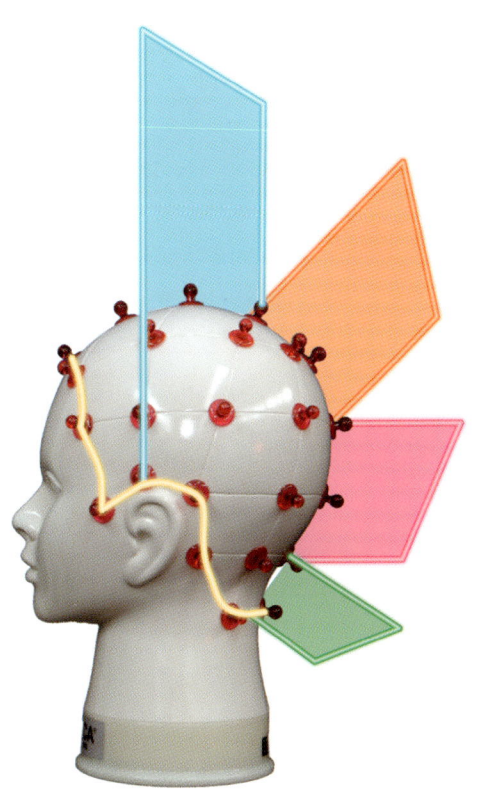
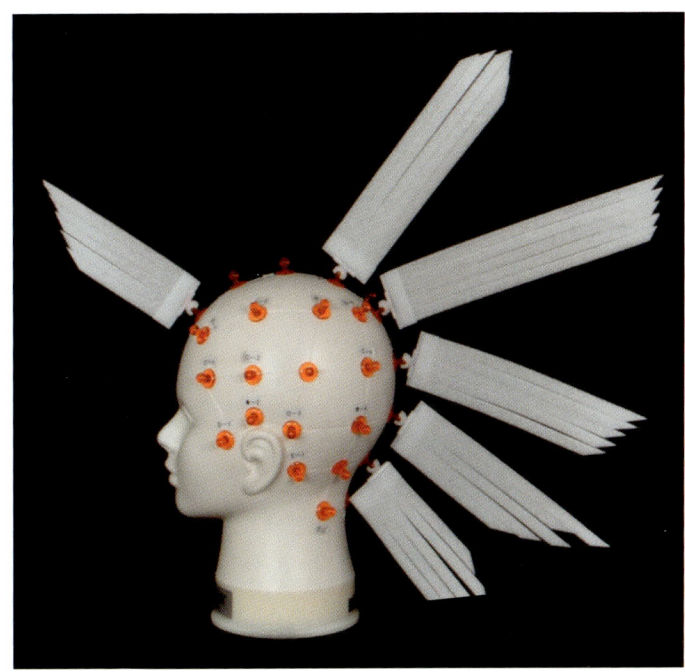

슬라이스와 시술각 특징

Gradation은 가이드를 어느 부분에서 설정 하느냐에 따라서 웨이트 라인 위치가 변할수 있으며,
가로, 세로, 사선 슬라이스에 따라서 포름과 율동감은 달라진다.

가로 슬라이스 경우는 보브적이고 웨이트 라인 중심이 낮아지고 아웃라인은 샤프하고 무거움이 생기기 쉽다.
세로 슬라이스 경우는 경쾌하고 레이어 쪽으로 갈수 있으며 샤프하고 가벼운 느낌이 형성 된다.
사선 슬라이스 경우 가로 세로 무거움과 경쾌함이 되면 가로, 세로 슬라이스 하나 밖에 없지만 사선 슬라이스는
무한대로 구사할수 있다.
두상 곡면에의해서 사선각도가 세로에 가까워 질수록 세로 성징을 띄고 사선 각도가 가로에 가까워 질수록 가로
성질을 띄고 있다.

엘리베이션

가로 슬라이스는 리프팅 사용이 편리하고 세로 슬라이스는 오버 다이렉션 사용이 편리하다.
사선은 리프팅 오버다이렉션 모두 편리하게 사용 할 수 있다.

설계도 구성 1

곡면의 보정슬라이스 곡면의 골격은 △이기 때문에 섹션을 뜰때는 곡면의 보정을 생각 하면서 디자인을 설계 하여야 합니다.

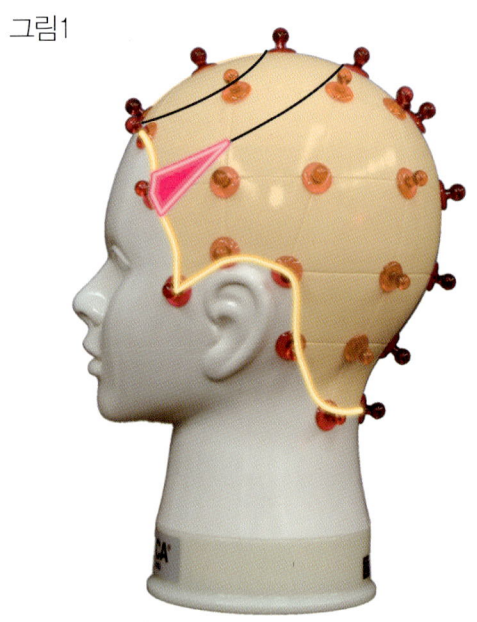

그림1

C1~▽ 선 주의 하여야 한다 이선을 주의하지 않으면 사이드 선의 흐름이 자연스럽게 안됩니다.

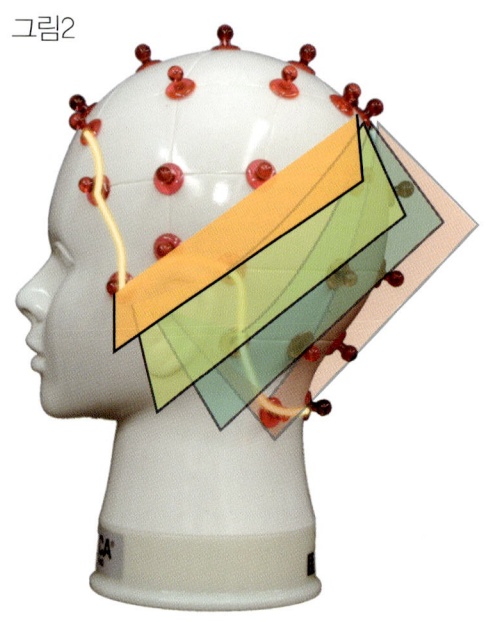

그림2

사이드 코너 포인트와 백의 연결 부분에 따라 사이드 아웃라인 길이 변화가 있습니다.

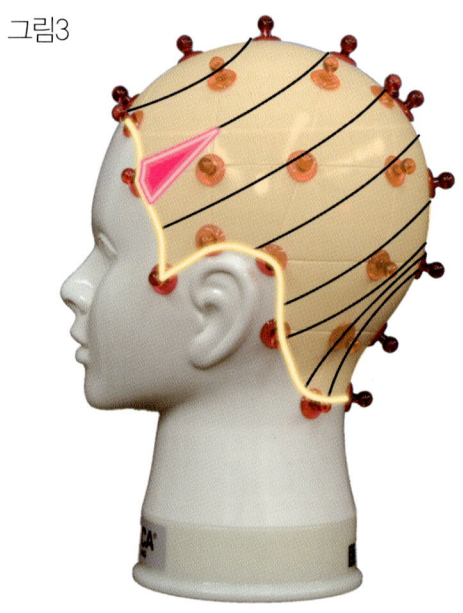

그림3

그레쥬에이션의 포인트는 E.T.E.P와 백사이드 백 연결성과 네이프의 슬라이스라인에 의해 디자인이 달라집니다.

Gradation 원리 분석

설계도 구성 2

슬라이스와 빗질의 방향

곡면에 맞춰 슬라이스를 하여도 빗질의 방향성에 의해 아웃라인의 형태를 다른 방향성 라인으로 형성됨으로 슬라이스와 같은 직각 빗질이 중요하다.

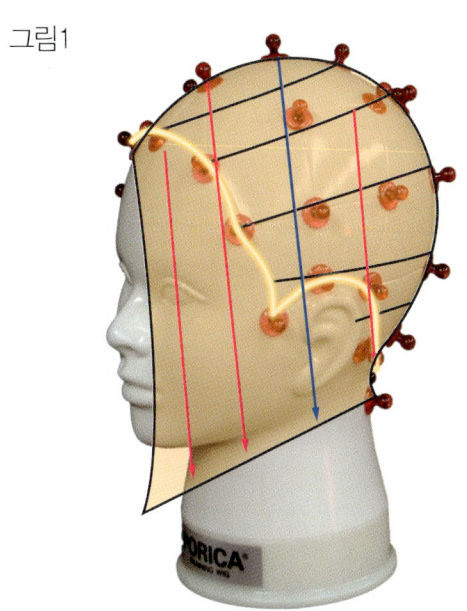

그림1

자연 시술각으로 바닥과 평행하게 두상곡면 때문에 탑이 제일 길어 진다.

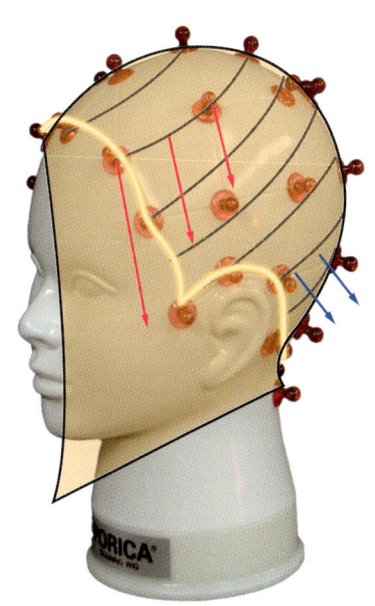

그림2

대각 슬라이스 (파팅)
슬라이스와 평행하게 커트합니다.

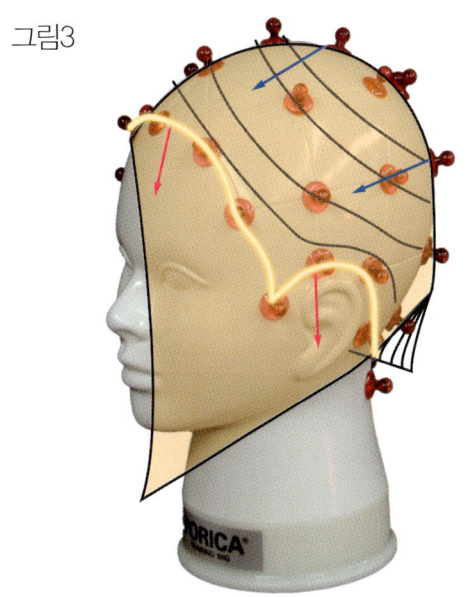

그림3

엘리베이션 (시술각차이점) 리프트업해서 경쾌감 주는 테크닉 입니다.

슬라이스와 시술각 차이점

그림1

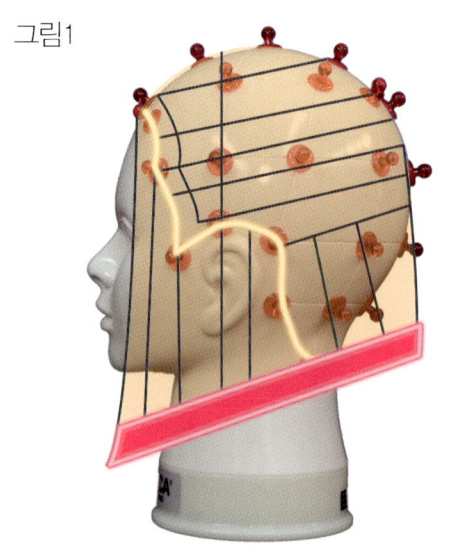

처음 슬라이스 라인에 판넬을 연결하여 커트하면 무거운 실루엣 라인이 생깁니다.

그림2

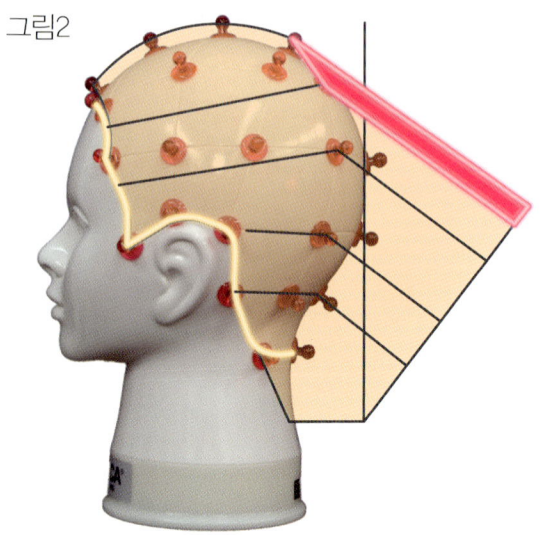

각 판넬을 일정한 시술각을 적용하여야 웨이트 라인 포름감이 형성됩니다.

그림3

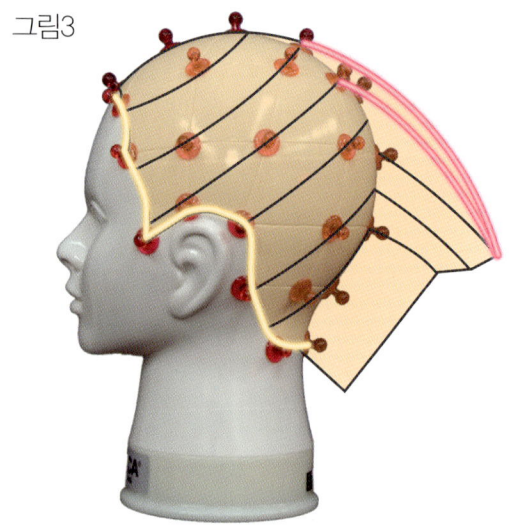

그레쥬에이션은 45°의 시술각은 완만한 웨이트 라인을 만들어진다.
볼륨감이 더 나타낼 부분에는 시술각을 낮추어 적용한다.

그림4

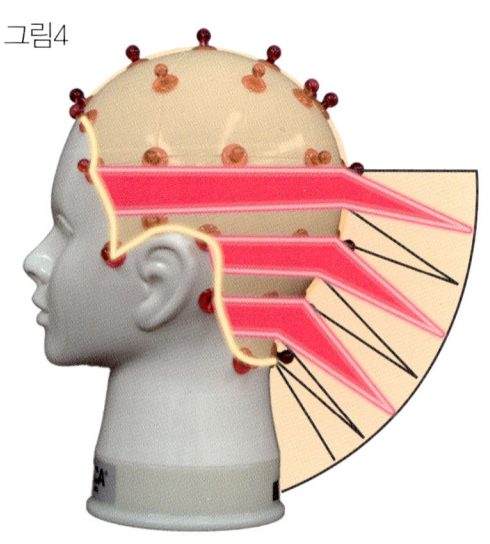

단차를 생각하면서 리프팅 컨트롤 각도를 주어야 레이어가 되지 않는다.

Gradation 원리 분석

슬라이스 (파팅) 선과 아웃라인 변화

그림1

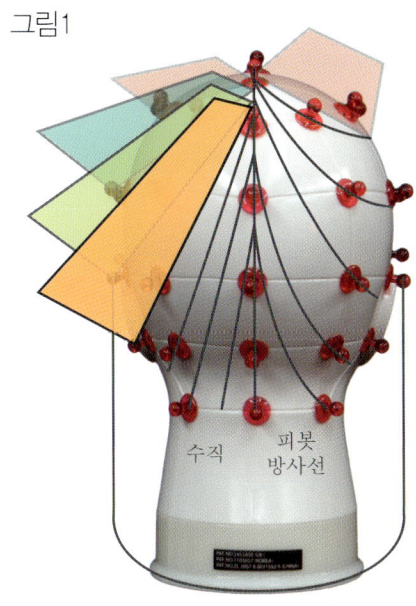

수직 슬라이스 (파팅)은 두상곡면의 형태로 되지만 피봇 슬라이스의 성장 패턴의 빗질은 두상 곡면을 보정되면서 코너가 제게 되기 때문에 아름다움 실루엣 라인 형성된다.

그림2

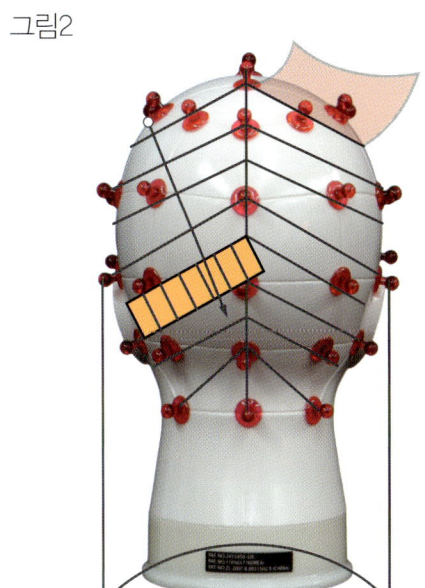

사선 슬라이스에 직각분배는 정중선 센타에서 사선 슬라이스에 0.5~1cm 반대로 넘어가야 콘케이브 웨이트라인이 정확하게 형성 됩니다.

그림3

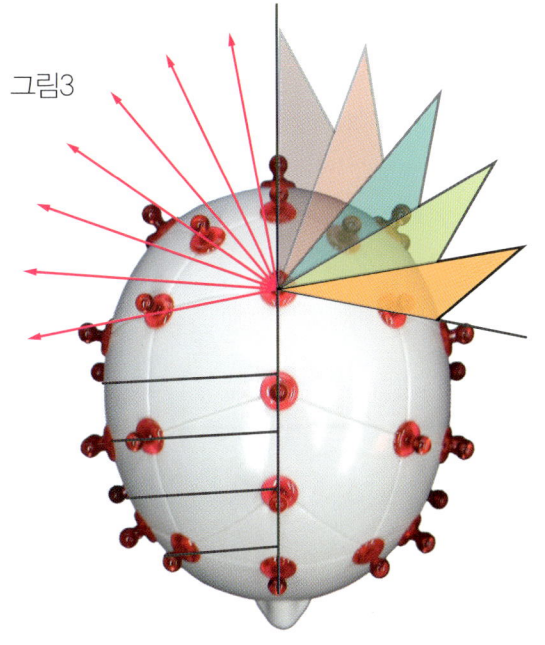

탑 포인트는 곡면이 둥글면서 가파르게 돌아가므로 15° 이하의 시술각으로 슬라이스를 떠주어야 한다.

라운드 슬라이스와 시술각이 실루엣 라인에 미치는 영향

그림1

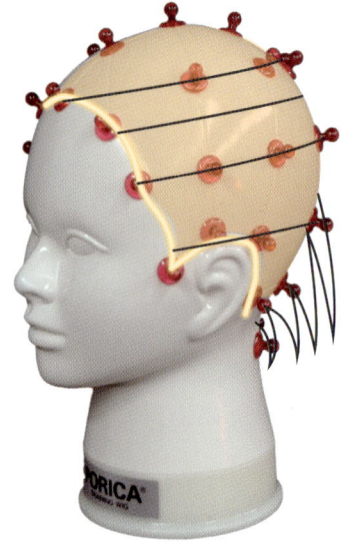

수평 15°
15°는 손가락 한개의 시술각이라한다.
15° 슬라이스는 낮은 G가 생깁니다.

그림2

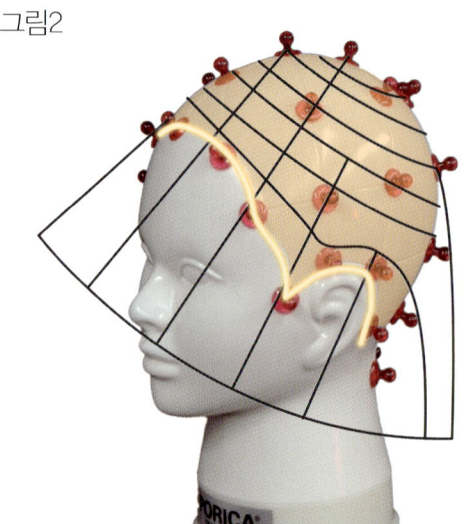

라운드 30°
페이스라인에서 사이드로 30° 라운드 슬라이스와 평행 하게 컷하면 앞으로 점점 올라가는 라인이 되면 약간 G가 생긴다.

그림3

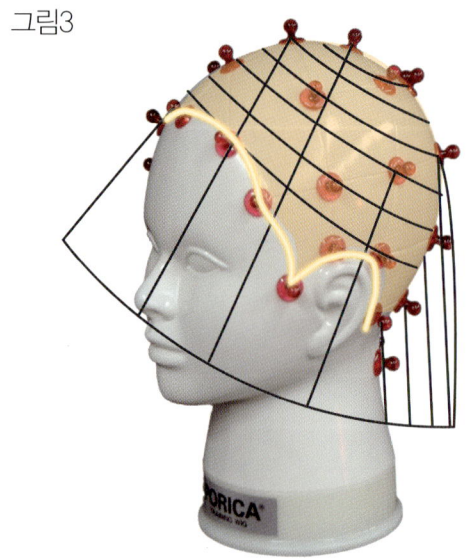

라운드 45°
페이스라인에서 사이드로 45° 라운드 슬라이스와 평행 하게 컷하면 앞으로 30° 보다 올라가는 경쾌한 G가 생긴다.

Gradation 원리 분석

한곳으로 모아서 커트한 아웃라인

그림1

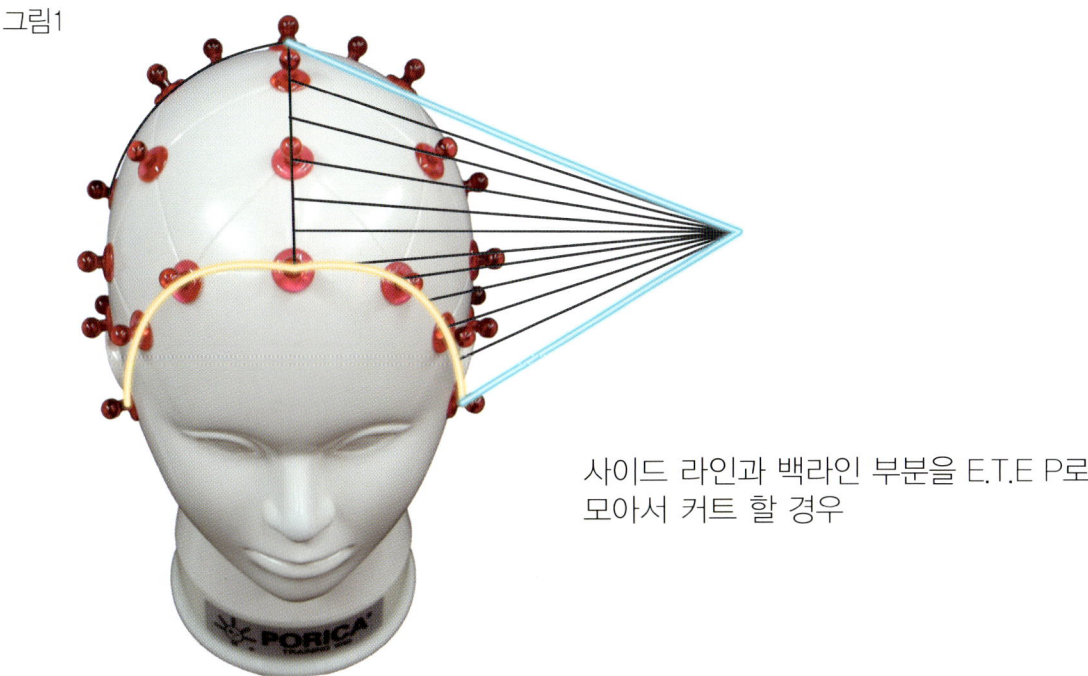

사이드 라인과 백라인 부분을 E.T.E P로 모아서 커트 할 경우

그림2

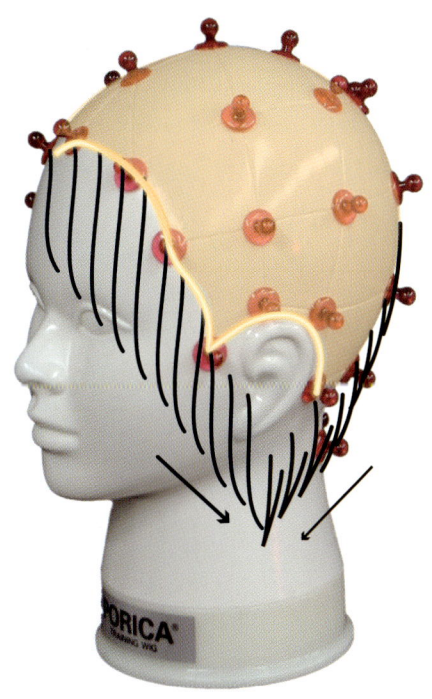

E.I.E.P로 보을경우 백의 성숭선 무문이 경쾌해 집니다.

Note.

PORICA

Chapter 07
Same Layer 테크닉

세임레이어는

두상곡면과 같은 둥근 모양으로 나타나지만 두상곡면에 의해서 언더에서 라운드형태선이 형성됩니다.
길이는 동일하고 무게선은 없으면 짧은 숏. 미들 롱 디자인에도 다양하게 스타일을 만들수 있다.
세임레이어는 두상곡면에서 온베이스를 정확하게 끌어내어 스퀘어로 커트하면 길이는 일정하게
유지되지만 떨어진 상태는 무거움과 경쾌한 포름 형태의 레이어가 떨어집니다. 세임레이어는 디자인의
파악이 쉬워집니다.
세임레이어는 가로 연결성이나 세로의 연결성의 단차는 같으나 무게감과 경쾌한 포름의 차이가 있다.
세로 판넬은 가로 판넬보다 세로의 겹침이 경쾌한 포름이 형성되어 레이어 디자인을 자연스럽게
연결합니다.

Same Layer (유니폼 레이어)

얼굴이 큰 사람이나 둥근 얼굴에 잘 어울리는 스타일이다.
두상곡면의 90°로 평행하게 커트하면 길이가 같은것이 S.L 라인 된다.

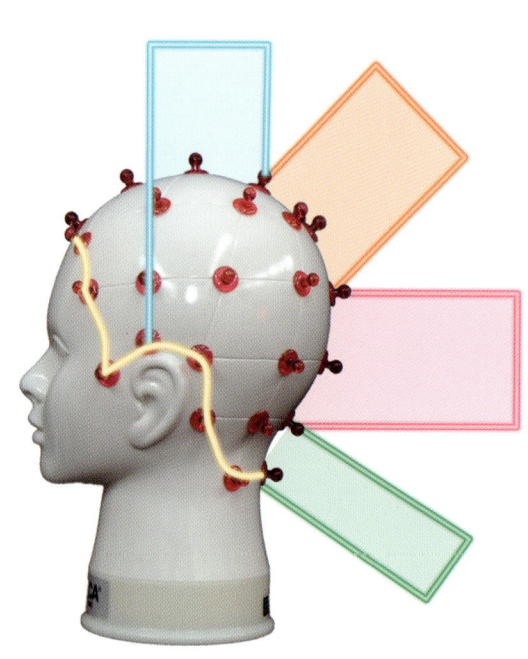
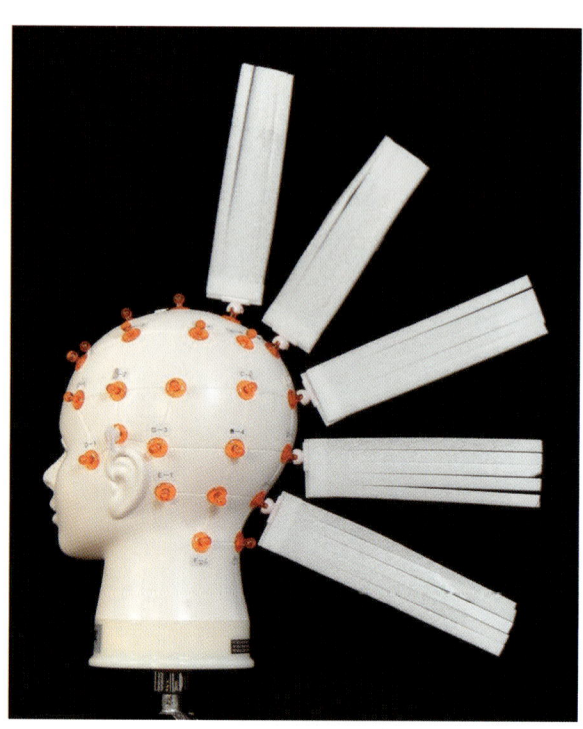

포름과 아웃라인의 변화

세임레이어는 세로의 겹침이나 가로 연속적 컨트롤을 하여도 단차의 차이가 없다.
세로의 경쾌한 포름의 중복 겹침도 가로의 겹침이 생기기 때문에 약간 무거우면서도 경쾌한 형태의 아웃라인을 만들 수 있다.
세임 레이어는 디자인 파악이 쉬워 진다.
모두 같은 길이로 컷 하면 골격이나 햄 라인의 형태를 그대로 영향을 받아 귀 부분은 움푹 들어가고 네이프 아래는 플랫하게 들어가 있어 백의 볼륨감이 형성되는 것을 알수 있는것이 세임레이어 입니다.

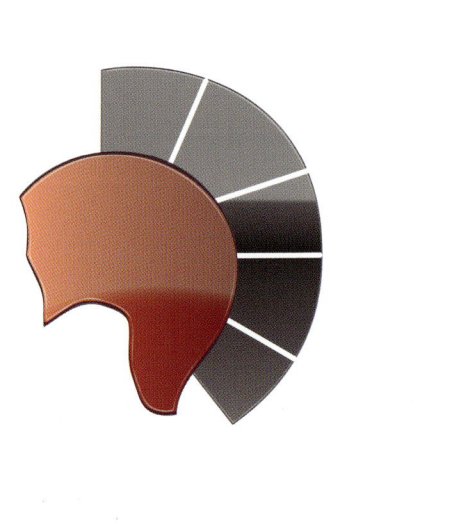
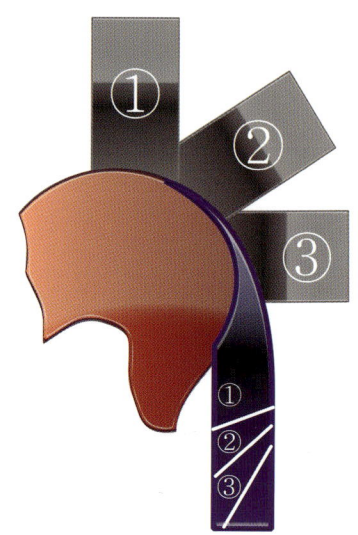

Same Layer 원리분석

두상곡면의 중요 포인트

그림1

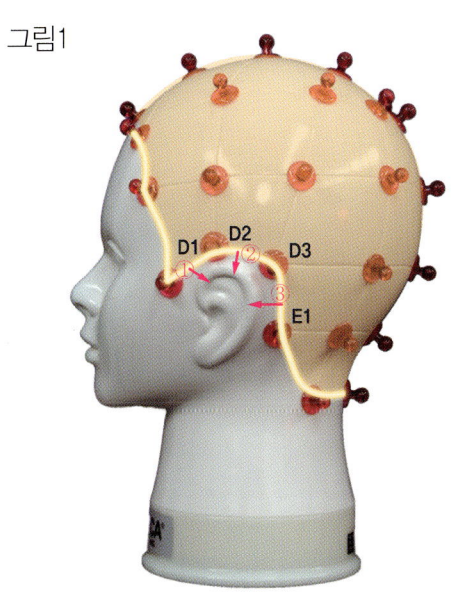

귀주의 (D1,D2,D3,E1) 부분은 내려놓고 컷하면 층이 겹쳐서 웨이트가 두꺼워 집니다.

그림2

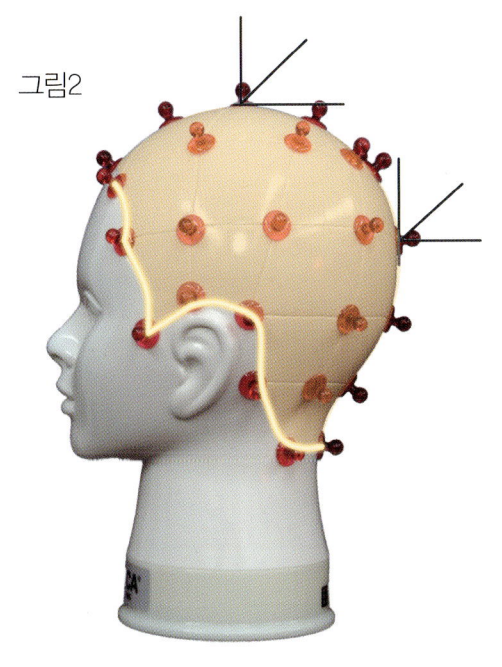

시술각 차이점
세임레이어를 조금 길게 커트하면 시술각을 조금만 올라가도 위가 짧아져 L이 형성되고 시술각을 조금만 내려가도 위가 길어져 G가 된다는 것 알수있다.

그림3

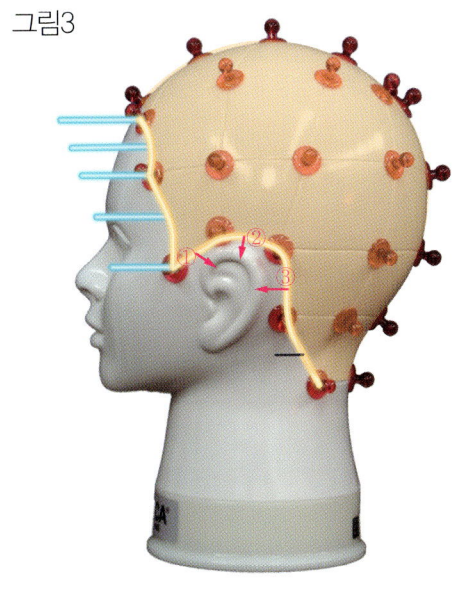

햄라인 수직 분배라인
햄 아웃라인은 울퉁불퉁으로 생겨 곡면의 수직으로 분배하여 커트하여야 햄 아웃라인이 자연스러운 아웃라인이 형성됩니다.

그림4

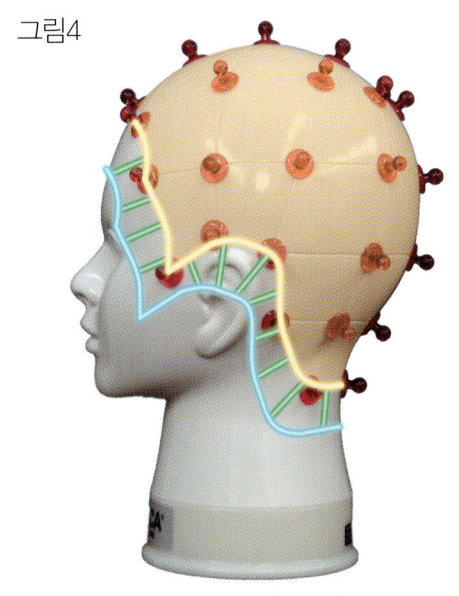

숏 스타일은 헤어라인 먼저 컷하고 전체컷하면 자연스러운 햄라인이 형성된다.
햄 라인은 두껍게 하고 싶으면 제일 나중에 정리한다.
남자 숏 스타일은 코너에 따라서 느낌은 달라진다.

두상의 골격이 햄라인에 미치는 영향 1

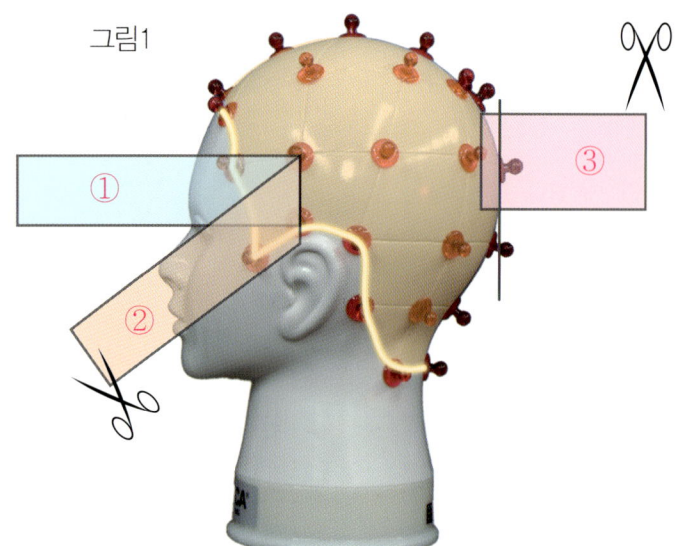

그림1

두상곡면에 온베이스로 빗질하여도 모서리 부분에 따라서 길이는 달라진다.
달라진 길이로 계속 키트히면 실루엣 포름감이 플랫하게 형성됩니다.

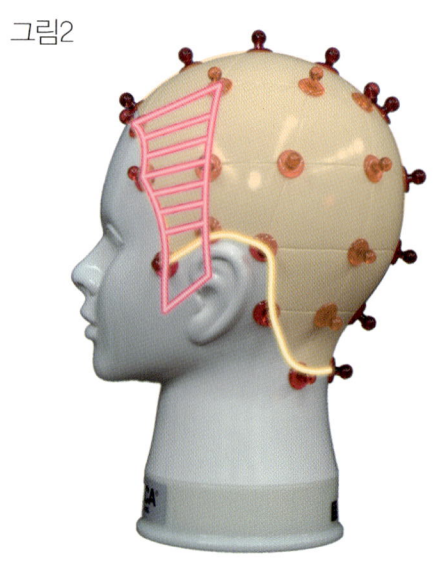

그림2

사이드는 헤어라인에 따라서 수평 슬라이스 (파팅)을 하여도 두상곡면 때문에 전대각 아웃라인 형성됩니다.

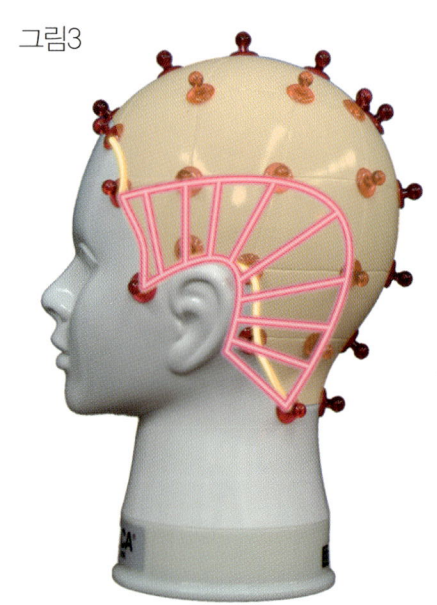

그림3

숏 디자인은 사이드 부분에서 두상 곡면의 선으로 컷트하여 주어야 곡선의 흐름이 형성되어 귀 주의 라인이 자연스럽게 나타납니다.

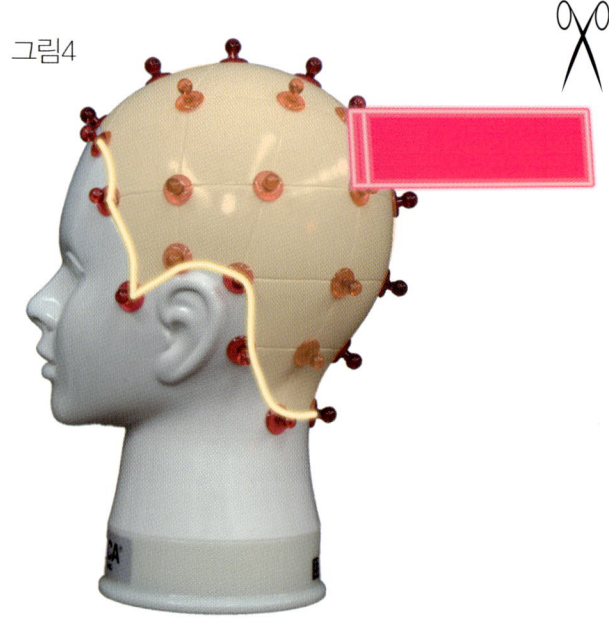

그림4

컷 시술방법
선을 보고 빗질한다음에 커트 할때는 손을 보면서 컷을 해야 정확한 라인이 떨어진다.

Same Layer 원리분석

두상골격이 햄라인에 미치는 영향 2

그림1

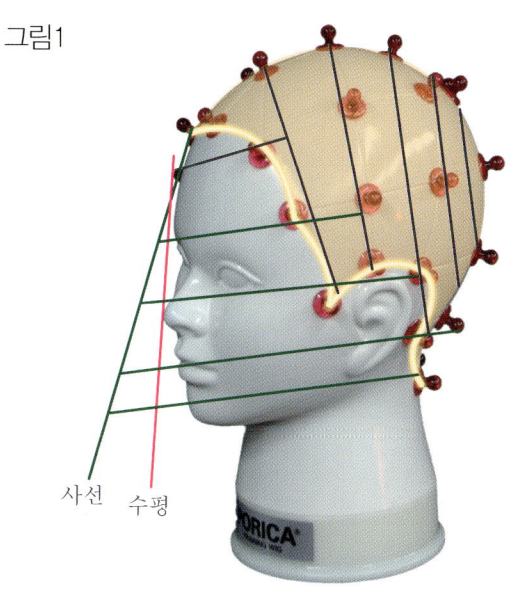

세로슬라이스
수직 슬라이스에 직작분배는 앞쪽에서 뒤쪽으로 갈수록 길이는 감소됩니다.
어깨가 평행하면 목도 평행이 됩니다.
손 위치가 비평행하면 아웃라인 길이가 더 길어집니다.
백사이드(E2)에서 직각분배는 귀뒤선(E1)선은 조금 남겨두고 가져온다 C2선은 얼굴 감사는 선이다.

그림2

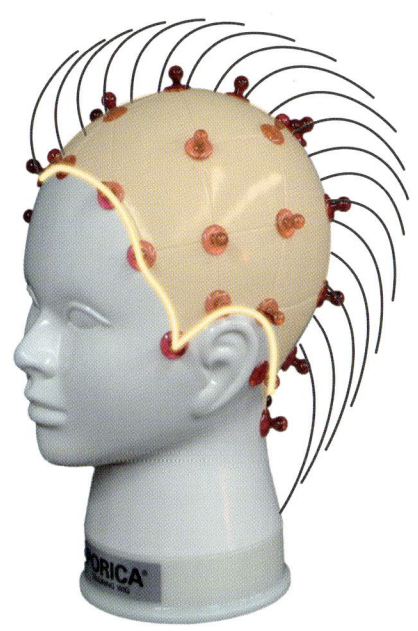

골든포인트 부분 위쪽은 모류의 방향성이 떠있어 짧게 컷하면 모류결 때문에 위로 펴진 형상이 생기면 골든포인트 부분 밑은 아래로 흐르기 때문에 밑으로 쳐진 느낌이 형성된다.

그림3

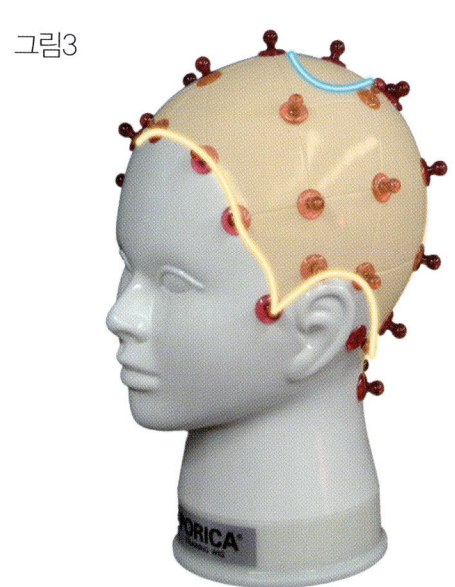

T.P 부분은 두상의 원리 때문에 움푹 들어가 있어 0.5° 이상 각도 들면 안됩니다.

그림4

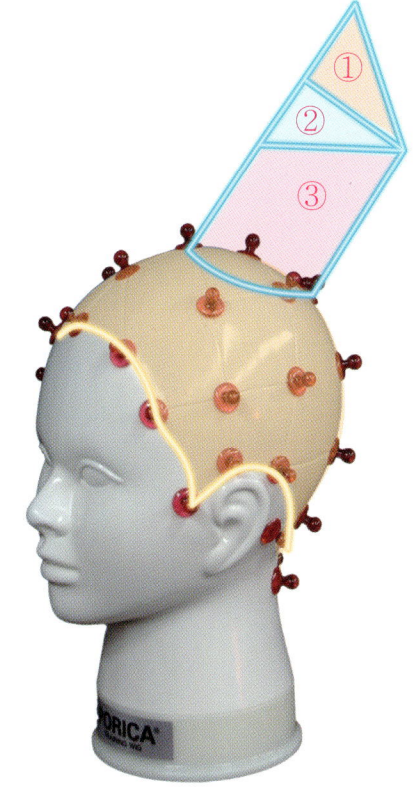

T.P는 곡면에서 G.S.L.L 도 갈 수 있다.
곡면에서 S.L 갈수 있다 이부분은 어떤형이라도 할수 있습니다.

Note.

Chapter 08
시술각이 실루엣에 미치는 영향

커트는 간단합니다.

커트 시술시 자르면 틀림없이 짧게 형성됩니다.
그러면 왜 커트가 어려울까요?
슬라이스에서 두상곡면의 온베이스를 똑바로 빗질하지 않고 온베이스로 커트하기 때문입니다.
온베이스로 빗질하여 판넬을 움직이지 않고 자신의 몸을 움직이면 실수없는 디자인이 나타납니다.

시술각이 실루엣에 미치는 영향

그림1

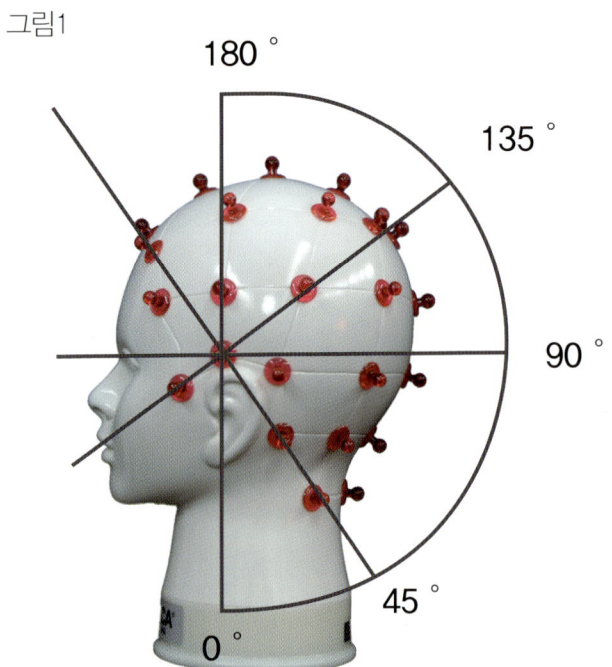

- 프론트 사이드 백 부분은 시술각이 미치는 영향은 같다.

- 시술각은 실루엣 라인을 컨트롤 할수 있는 포인트가 있다.

- 시술각은 G. L. SL 어느 파팅에 적용하느냐에 따라서 포름이 형성된다.

그림2

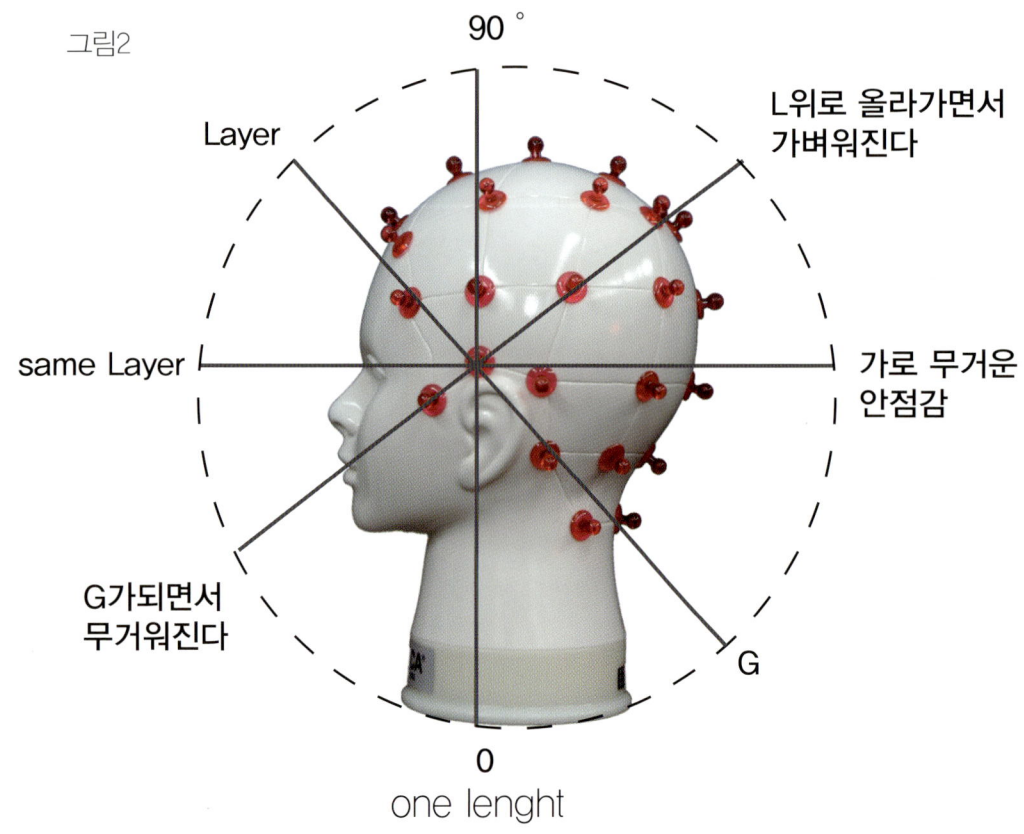

시술각 위치와 아웃라인에 미치는 영향 1

시술각과 실루엣의 변화

- 곡면의 시술각과 손위치의 시술각에 따라서 S.L, G. L.형성되면 단차의 폭과 길이는 포륨감을 형성시킵니다.
- 단차 폭이 좁혀 있으면 G가 형성됩니다.
- 모발은 짧은 쪽에서 긴쪽으로 흐르는 성질을 가져있기 때문입니다.
- 판넬에서 손위치 시술각 변화 차이에 따라서 레이어와 그레쥬에이션 세임레이어가 형성됩니다.

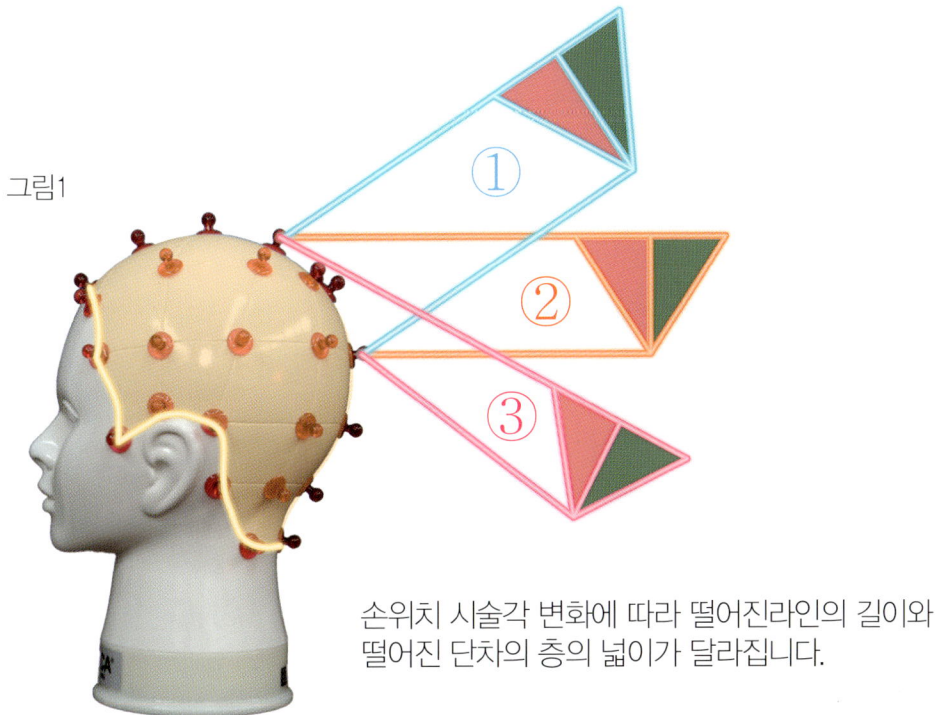

그림1

손위치 시술각 변화에 따라 떨어진라인의 길이와 떨어진 단차의 층의 넓이가 달라집니다.

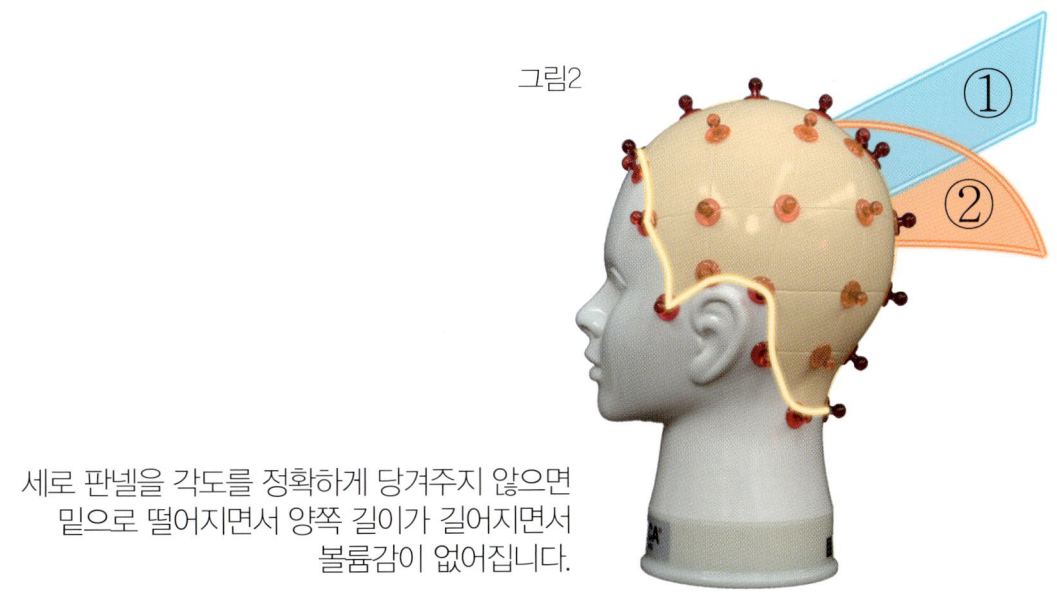

그림2

세로 판넬을 각도를 정확하게 당겨주지 않으면 밑으로 떨어지면서 양쪽 길이가 길어지면서 볼륨감이 없어집니다.

시술각 위치와 아웃라인에 미치는 영향 2

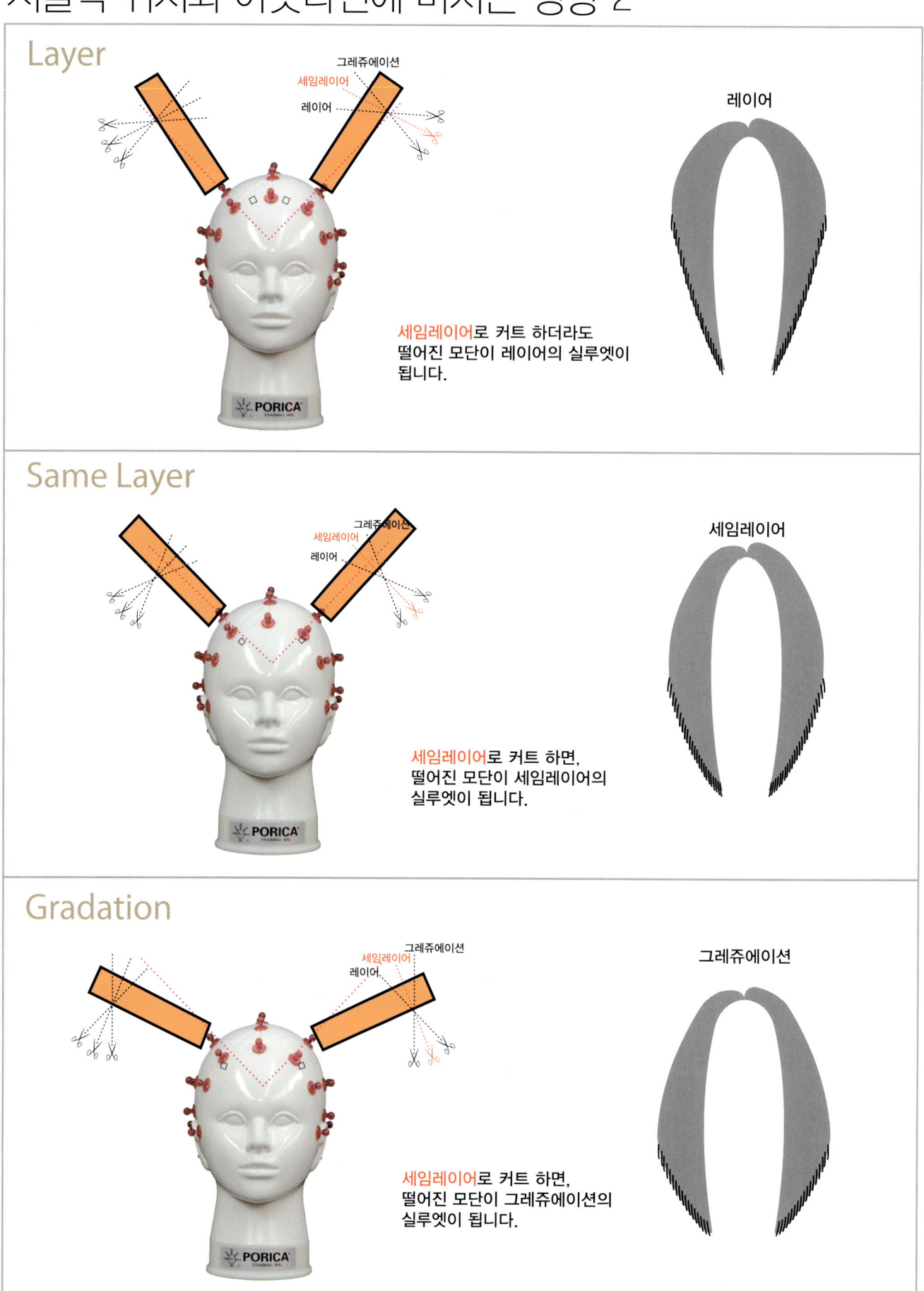

시술각 위치와 아웃라인에 미치는 영향 3

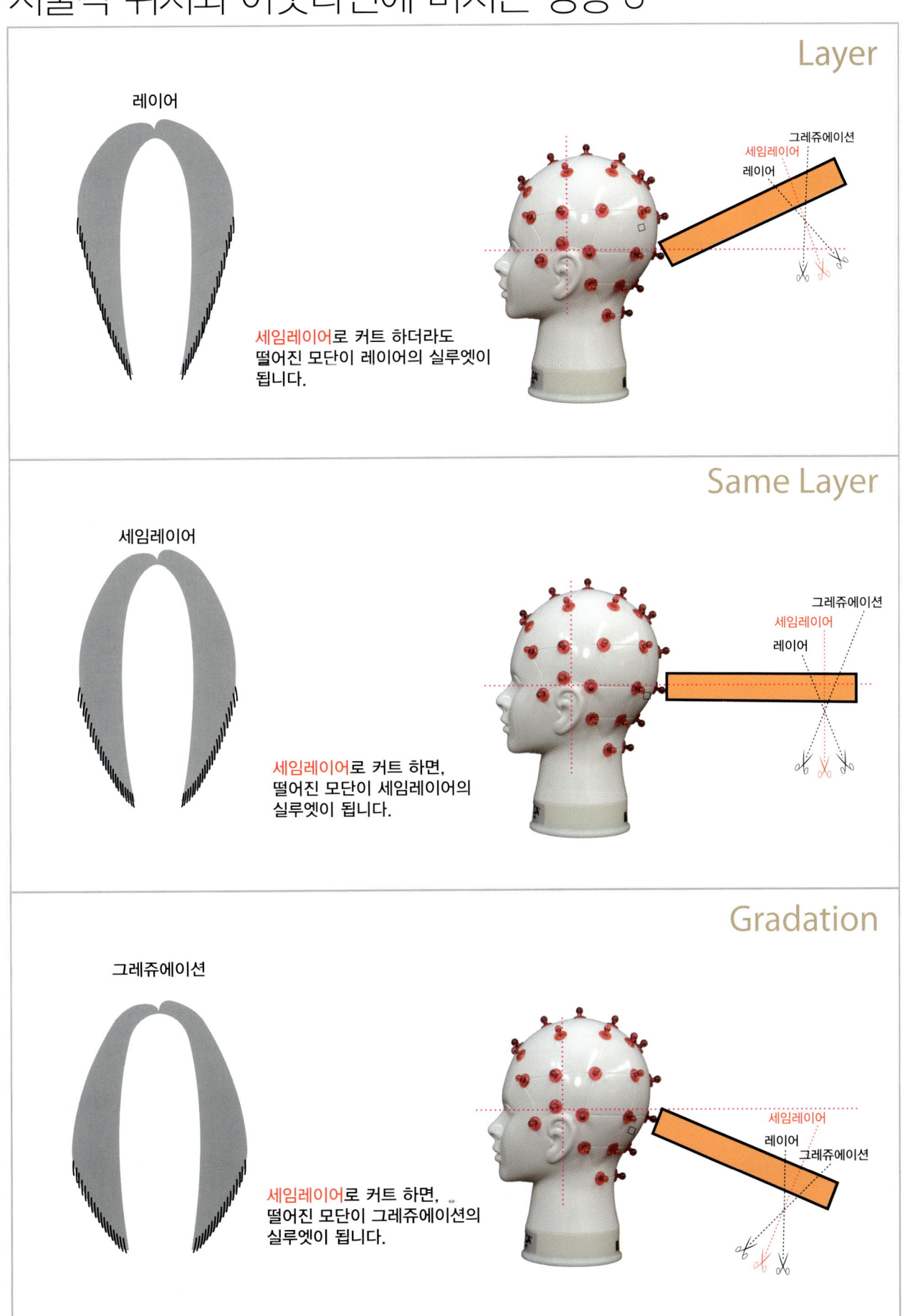

골든포인트 시술각이 실루엣에 미치는 영향

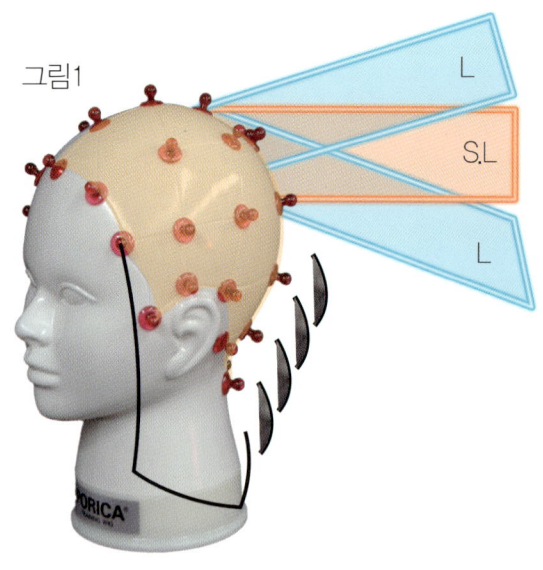
그림1

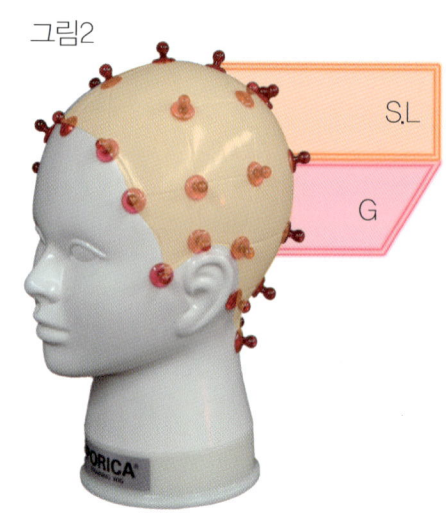
그림2

두상곡면에서 시술각이 조금올리거나 내려가면 S.L 컷하여 G·L 로 떨어짐으로 주의하여야 합니다.

두상곡면에 90° 컷하면 길이 같고 무게감은 조절할수 있다 이부분은 두상곡면 때문에 S.L 커트해도 G 로 무거움 라인이 발생한다. 커트하는 시술각이 중요한 것이 아니라 떨어진 자리에 무게감을 생각하면서 커트하여야 합니다.

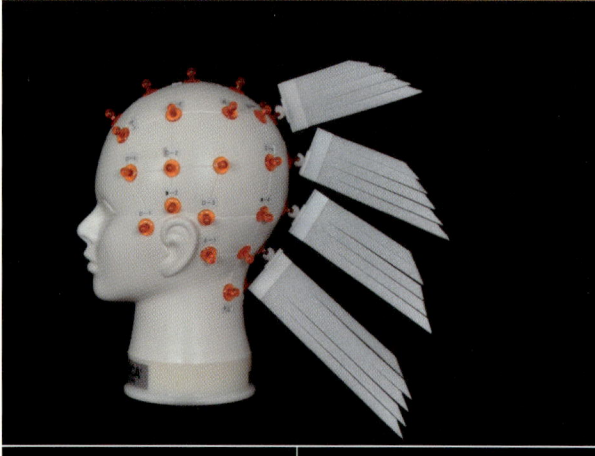

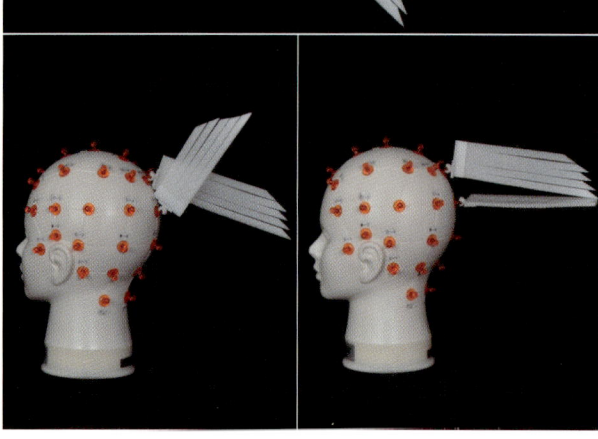

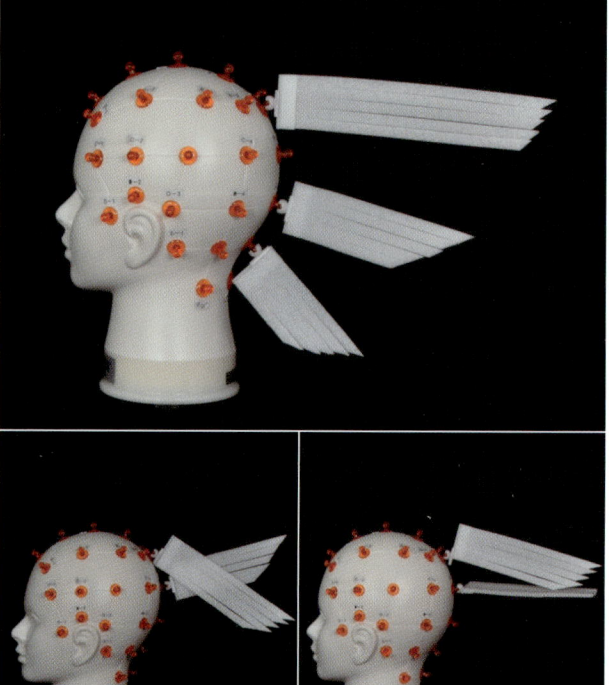

네이프 시술각이 실루엣에 미치는 영향

네이프에 적용되는 G. L. SL Line은 단차의 변화와 떨어진 실루엣 Line 입니다.
모발의 세로 겹침은 무거움과 경쾌함이 발생한다. 두피에서 온베이스 90° 커트하면 위가 짧아
짐으로 아래 부분은 위 아래 길이 밸런스에 의해 Layer이 형성 됩니다.

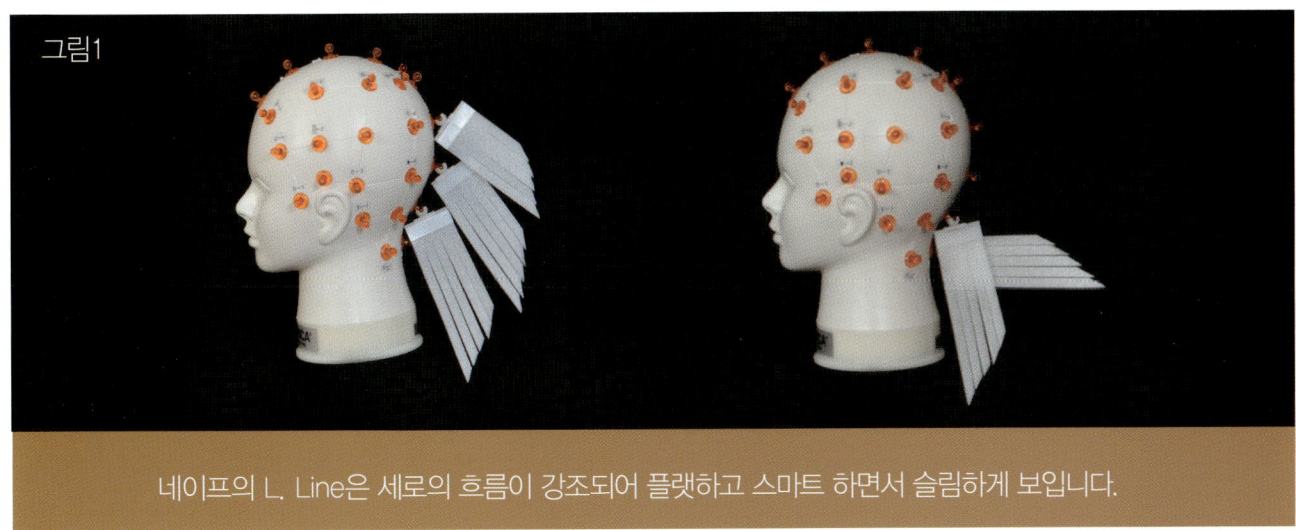

그림1
네이프의 L. Line은 세로의 흐름이 강조되어 플랫하고 스마트 하면서 슬림하게 보입니다.

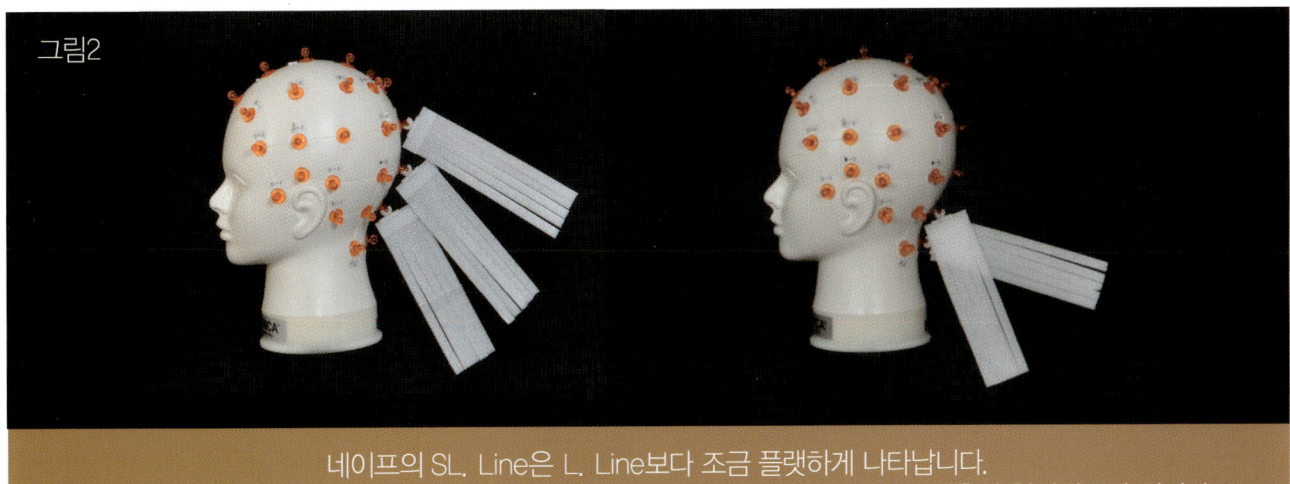

그림2
네이프의 SL. Line은 L. Line보다 조금 플랫하게 나타납니다.
두피에서 온베이스 90°에서 시술각 낮추면 위가 길고 아래가 짧아짐으로 무거움이 형성된 G가 됩니다.

그림3
네이프의 G. Line은 적용은 둥근 라인에 볼륨감과 샤프함으로 나타나게 합니다.

Chapter 08

고객 위치가 시술각이 실루엣에 미치는 영향

커트 시술할때 원리를 알면 시술각 조절하는것 보다.
고개위치변화로 시술각이 달라지므로 고개숙이는 위치를 선택하면 디자인이 쉬워집니다.

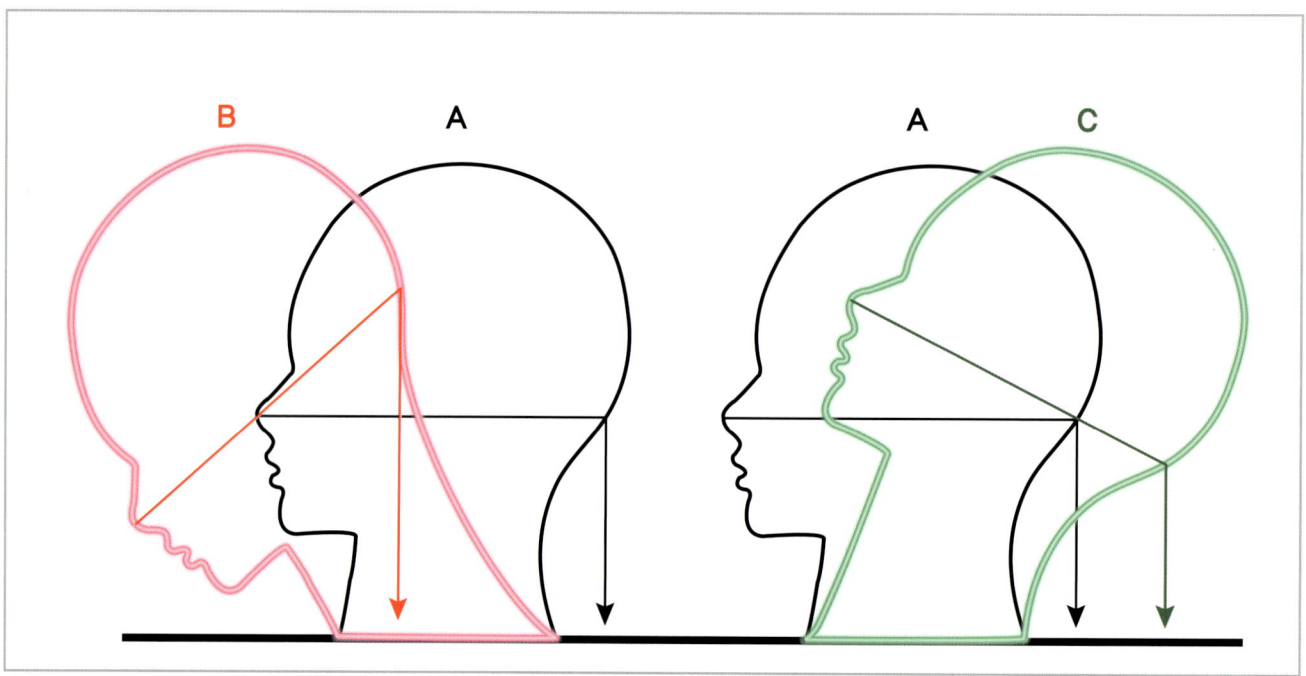

그림1	그림2	그림3
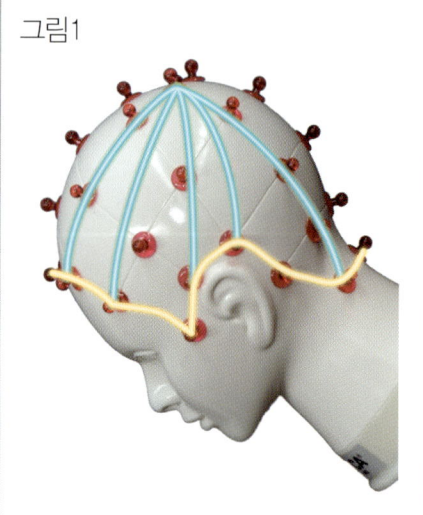	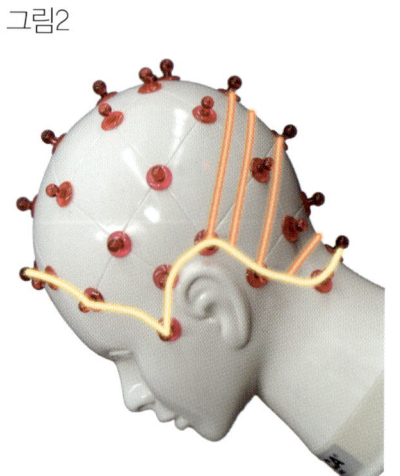	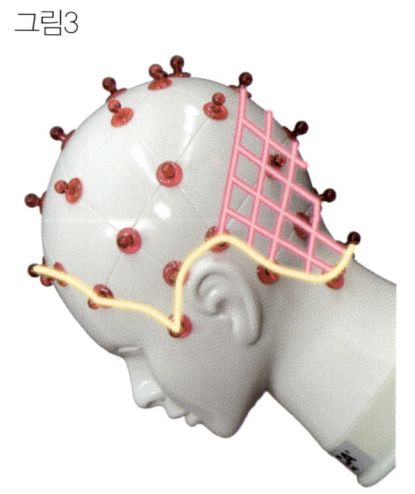
고개숙이면 자연시술각으로 빗질하여도 방사선파팅이 됩니다. 고개숙여 자연시술각으로 컷하면 U라인 보브스타일이 됩니다. 고개숙이는 각도위치에 따라서 컨백스가 나타납니다.	전대각슬라이스(파팅) 이여도 고개 숙이면 점점길이 짧아지는 후대각 느낌이 나타납니다.	수직슬라이스라도 고개을 숙이면 수직이 아니라 사선의 흐름이 나타납니다.

얼굴 윤곽보정 시술각이 실루엣에 미치는 영향

온베이스 90°로 컷트하면 그 얼굴 윤곽이 그대로 나타나므로 컷트 판넬의 시술각으로 얼굴의 이목구비와 윤곽을 실루엣 라인으로 보정하여야 합니다.

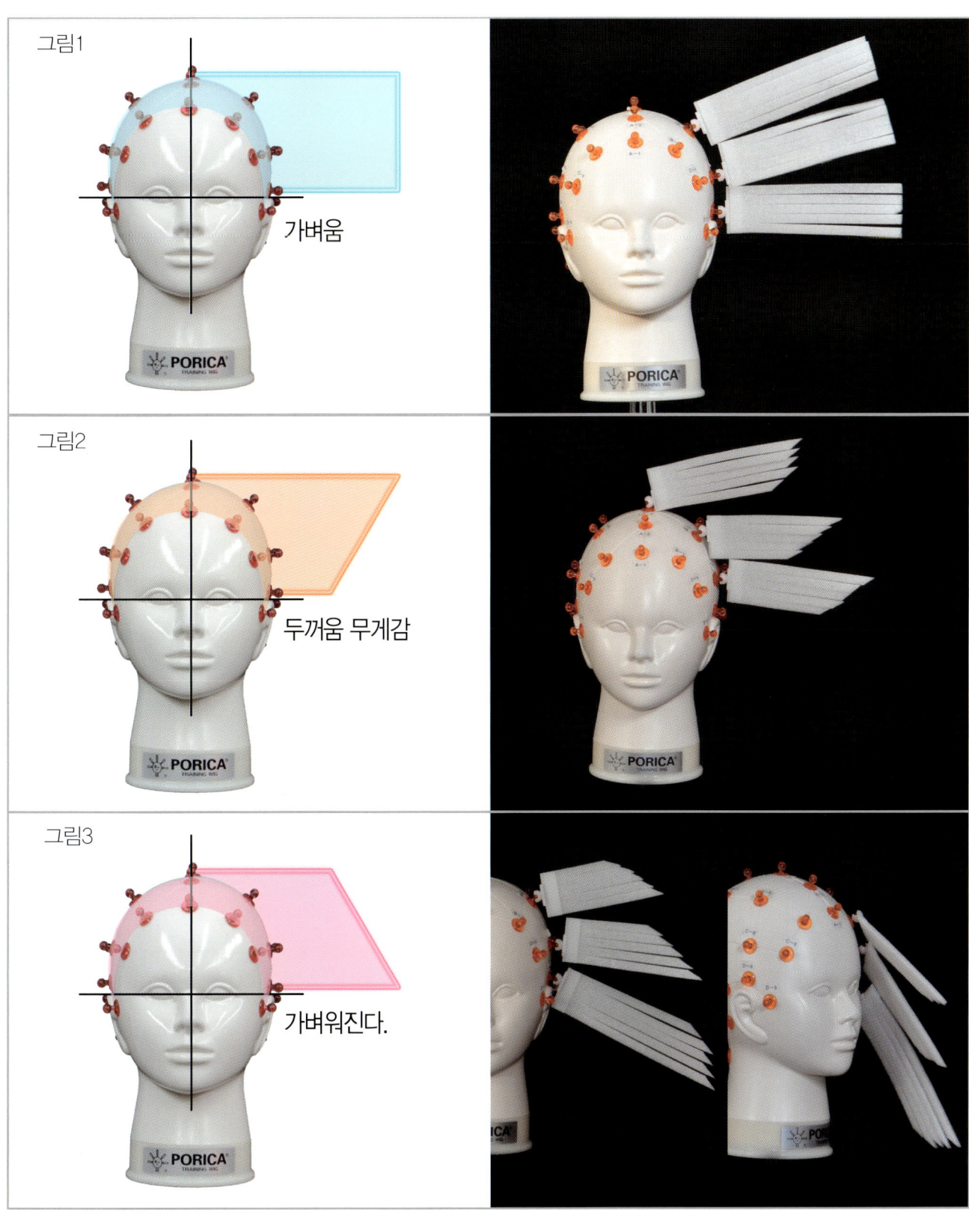

두상 곡면에 따른 시술각이 실루엣 라인에 미치는 영향1

두상은 곡면이기 때문에 시술각에 의해서 3층이 형성되면 G. L. SL 혼합으로 떨어진다.
아웃라인은 시술각에 의해서 직선 곡선 역곡선이 될수 있다.
실루엣 라인은 모발이 겹치는 부분에서 곡면과 시술각에 의해서 형성된다.

그림1

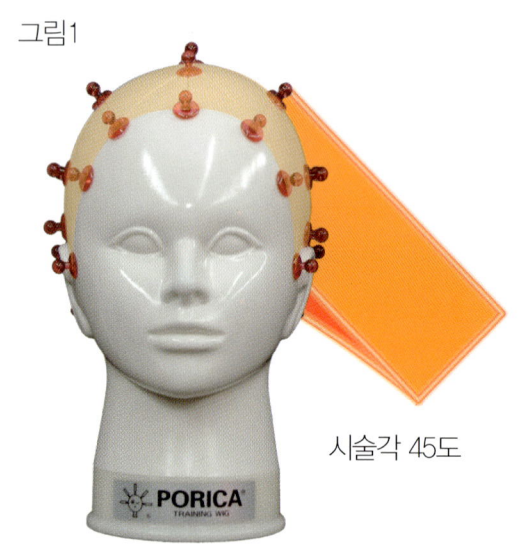

시술각 45도

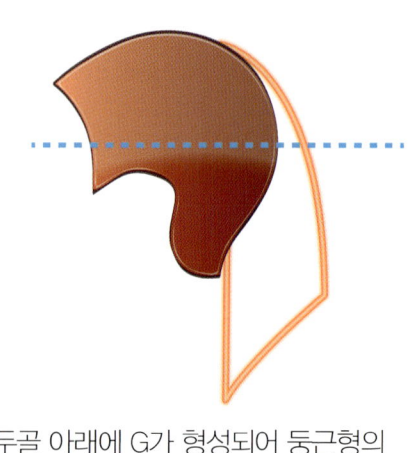

후두골 아래에 G가 형성되어 둥근형의 실루엣 라인이 된다.

시술각 45°
시술각 45°은 웨이트 위치가 낮게 형성되면 그레쥬에이션이 생기면서 실루엣 라인은 둥근형이 된다.

그림2

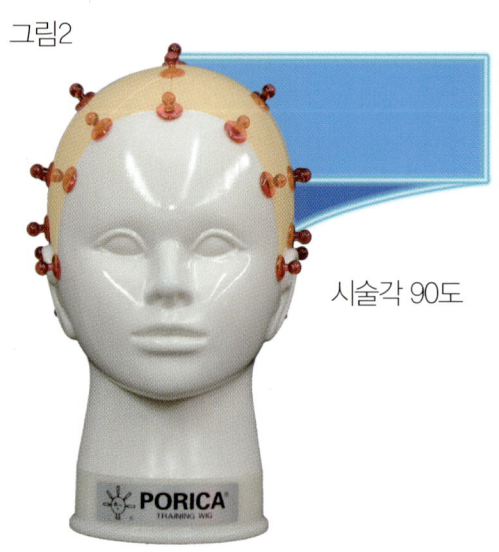

시술각 90도

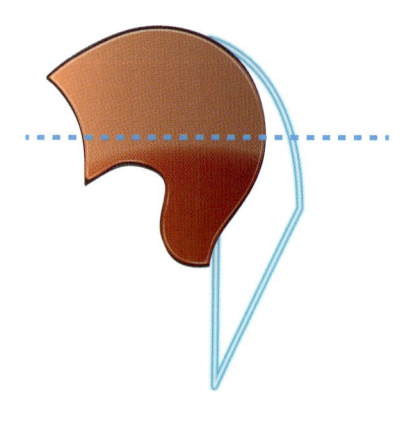

포름감 G와 E.T.E.P 부분에 밑에는 S.L과 L이 형성된 실루엣 라인이 된다.

시술각 90°
시술각 90°은 두상곡면에 의해서 떨어진 단차는 G. S. L. L 혼합으로 떨어지면 백 부분의 포름감의 형성으로 잘룩한 실루엣 라인이 된다.

시술각이 실루엣에 미치는 영향

두상 곡면에 따른 시술각이 실루엣 라인에 미치는 영향2

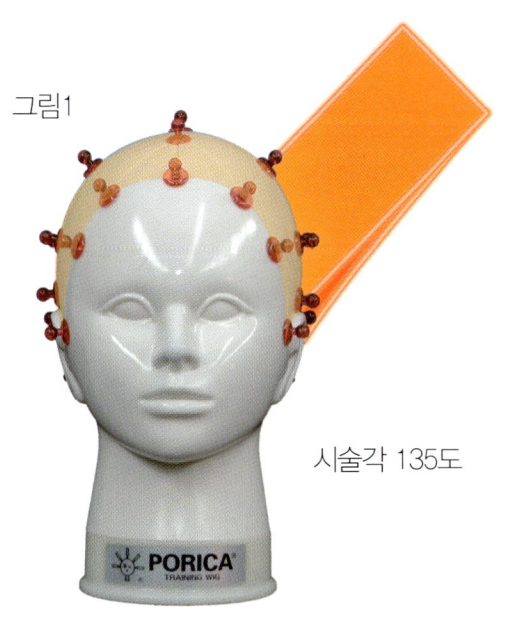

그림1

시술각 135도

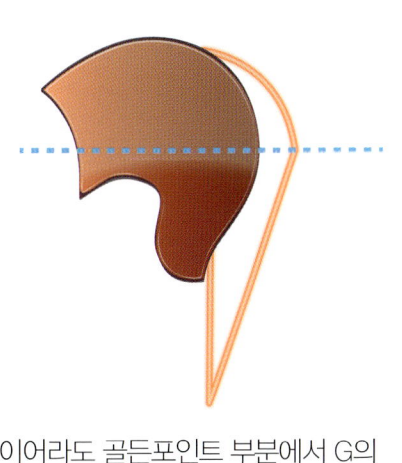

레이어라도 골든포인트 부분에서 G의 볼륨감이 형성된 L실루엣라인이 생깁니다.

시술각 135°
시술각 135° 올라갈수록 단차의 층이 세로 길이로 생기면 위쪽은 그레쥬에이션 아래쪽은 레이어가 생긴다. 실루엣은 세로 긴 실루엣 라인이 생깁니다.

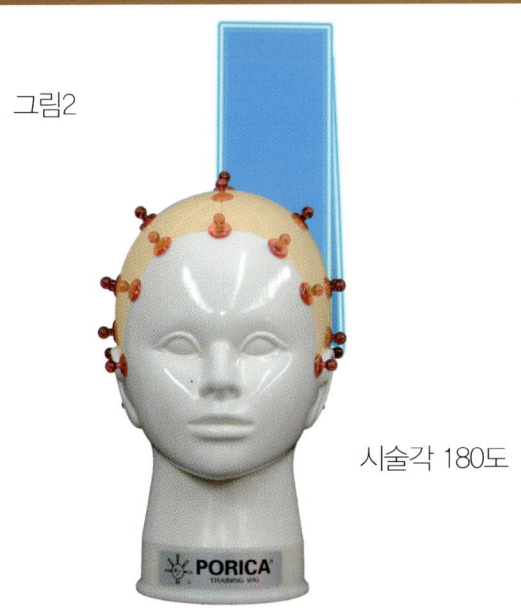

그림2

시술각 180도

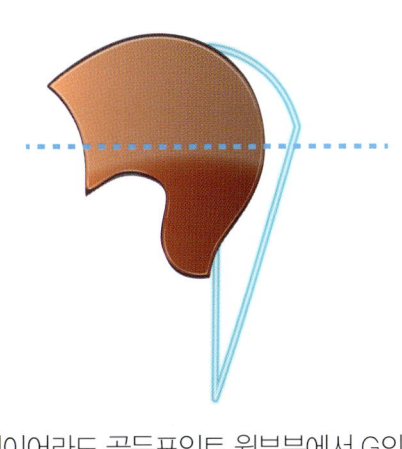

레이어라도 골든포인트 윗부분에서 G의 볼륨감이 형성된 L실루엣라인이 생깁니다.

시술각 180°
시술각 180°로 올라갈수록 짧은단차가 형성됩니다.

두상 곡면에 따른 시술각이 실루엣 라인에 미치는 영향 3

그림1

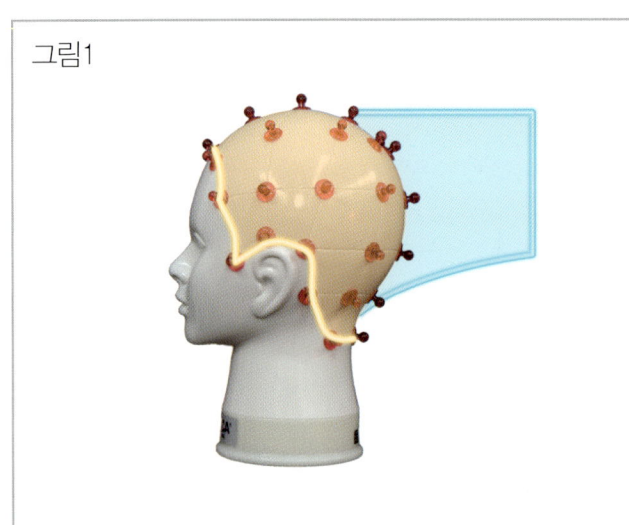
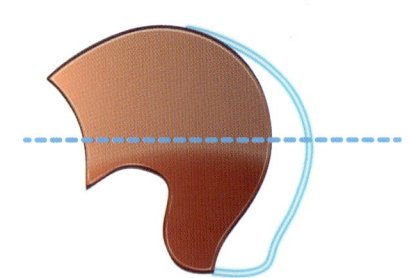

G와 S.L과 L이 라인형성된 라인이 생긴다.

그림2

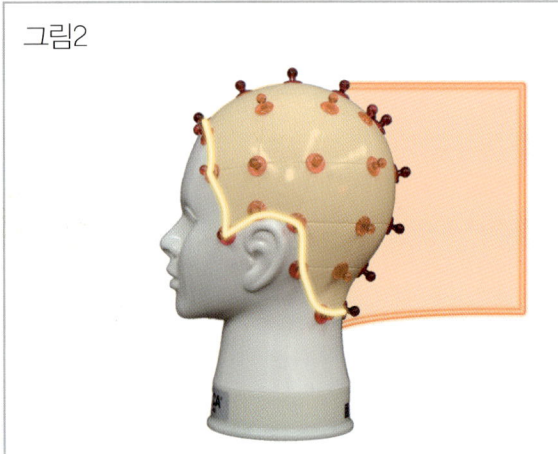
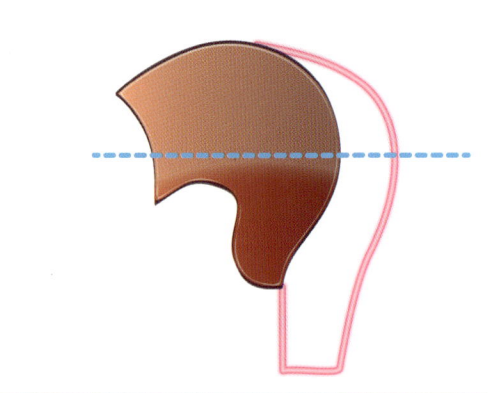

G의 S.L과 L이 형성된 실루엣 라인이 된다.

그림3

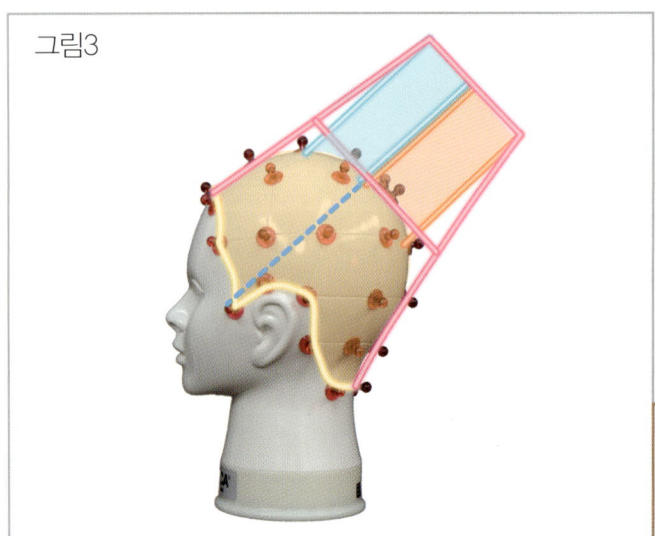
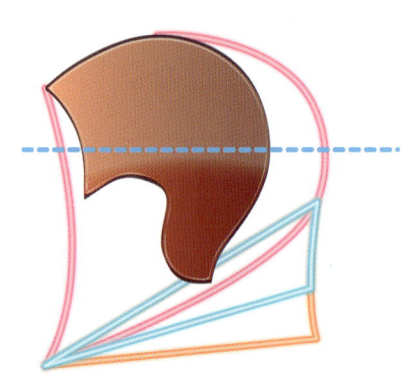

T.P부분으로 올려도 전대각 아웃라인이 생긴다.
G의 S.L.L이 형성되면서 백부분에 볼륨감이 형성된다.

시술각이 실루엣에 미치는 영향

3섹션의 형태분석과 시술각의 원리

오버 섹션을 나타내는 위치는 템풀지역을 지나 백의 둥근 G.P부분 위치 오버섹션이라하면 움직임이 많은 부분이다

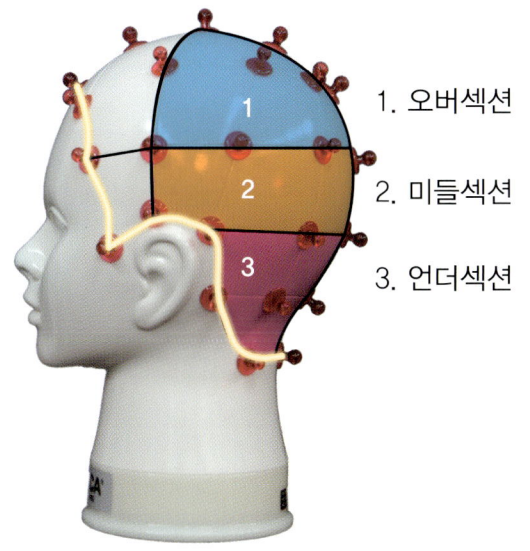

1. 오버섹션
2. 미들섹션
3. 언더섹션

오버섹션
1. 두상의 곡면을 3섹션으로 누누면 형태분석과 원리를 파악하기 쉬워 스타일의 설계도를 그리기 쉬워지면 판넬의 연결 구분도 파악하기 편리하기 때문에 디자인 연출이 쉬워집니다.
2. 오버섹션 섹션을 나누는 위치는 템풀 부분을 지나 백의 동글돌출 G.P 위치 부분이면 움직임이 많은 부분이다.
3. 미들섹션 E.T.E.P와 B.P를 으로 연결되어 중간의 포름의 형태에 의하여 디자인을 만듭니다.
4. 언더섹션 네이프는 아웃라인을 관장하면 미들의 포름감의 변화를 관장한 부분입니다.

그림1

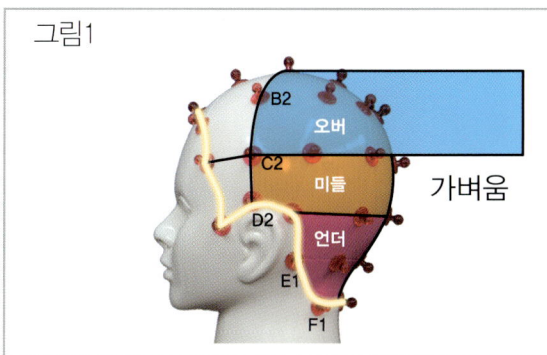

가벼움

세임레이어는 그레쥬에이션과 레이어 중간의 포름으로 둥근면과 자연스런 포름의 실루엣 라인이 됩니다.

그림2

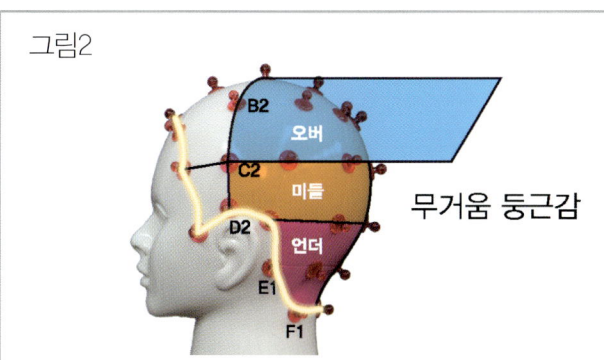

무거움 둥근감

그레쥬에이션 시술각은 무거운 포름이 형성되어 움직임이 적은 둥근 실루엣 라인이 강조 됩니다.

그림3

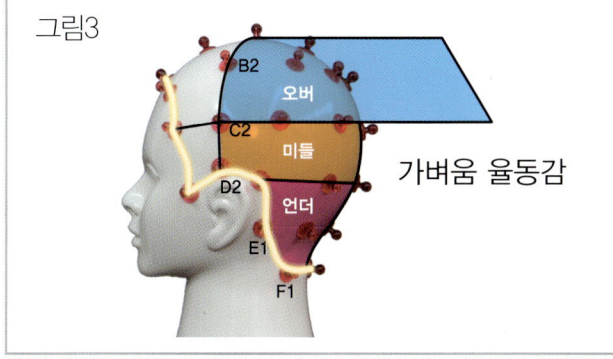

가벼움 율동감

레이어 시술각은 단차의 층으로 포름감이 플랫한 실루엣라인이 됩니다.

형태분석과 시술각 대입이 아웃라인에 미치는 영향 2

미들섹션

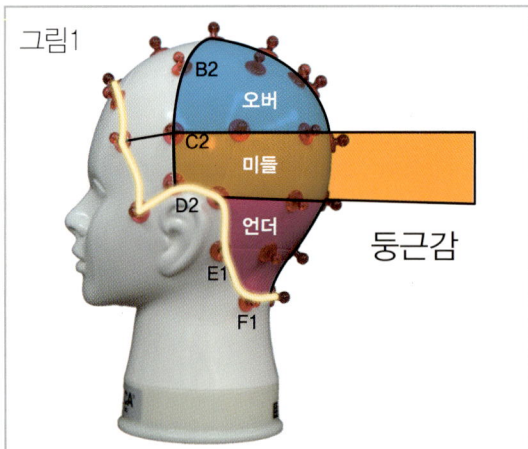

그림1

그레쥬에이션과 레이어는 중간으로 포름감과 율동감을 나타나게 합니다.

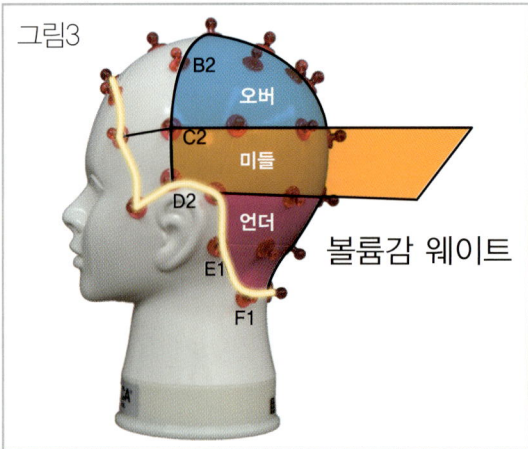

그림3

그레쥬에이션 시술각은 두상곡면 돌출되어 포름감과 입체감이 형성된 부분입니다.

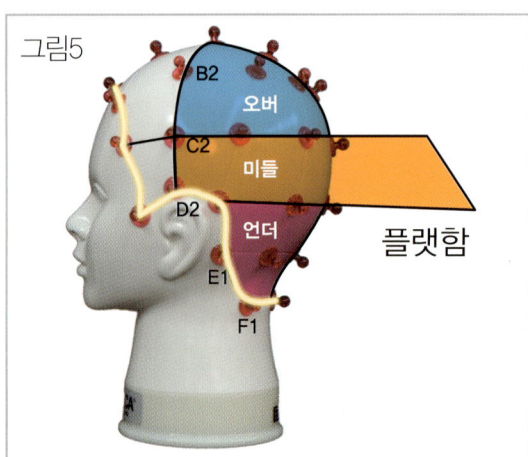

그림5

레이어 시술각은 모발이 율동감이 움직이는 부분이면 플랫함을 나타냅니다.

언더섹션

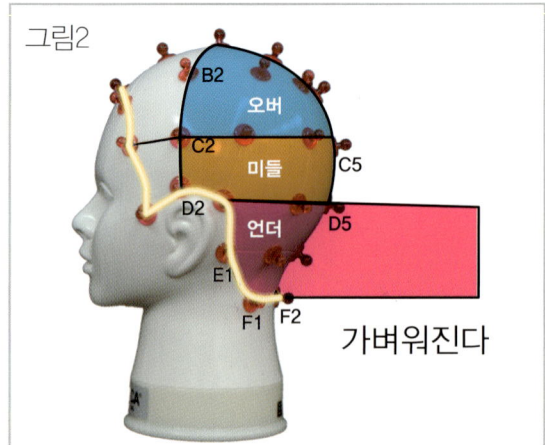

그림2

그레쥬에이션과 레이어는 중간의 포름감과 밀착을 형성 합니다.

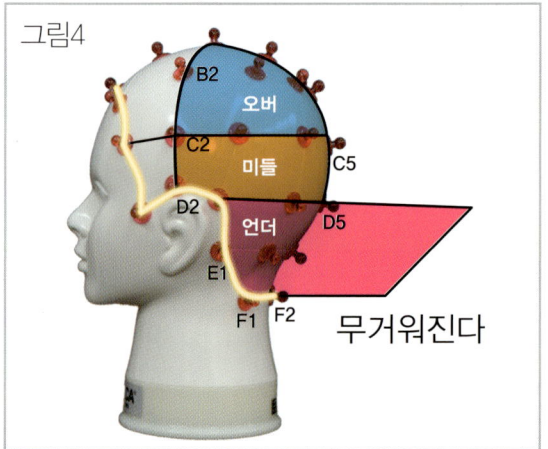

그림4

그레쥬에이션 시술각은 목부분의 아웃라인을 볼륨감과 타이트하게 밀착 시킨역할을 합니다.

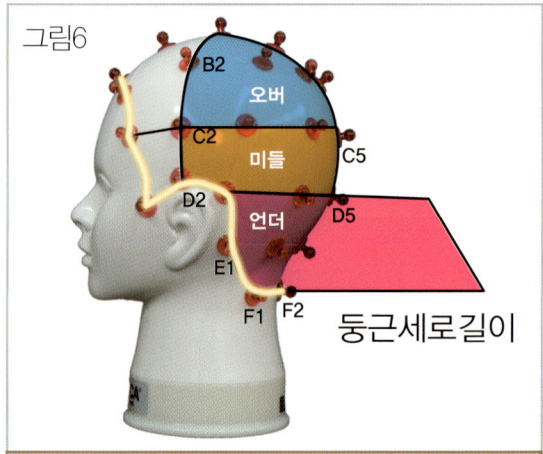

그림6

레이어 시술각 목부분의 아웃라인을 가볍게 합니다.

형태분석과 시술각 대입이 아웃라인에 미치는 영향 3

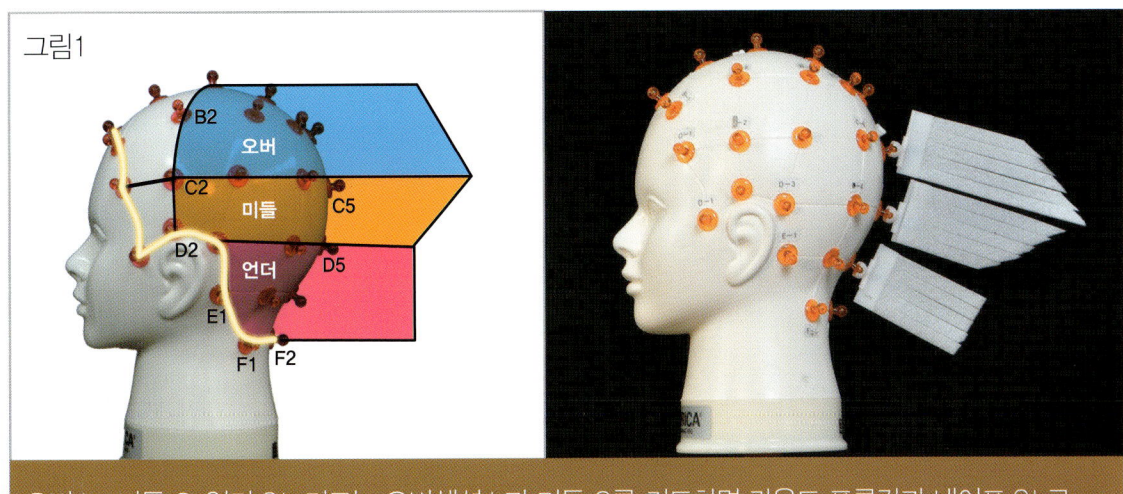

오버 L , 미들 G, 언더 S,L 커트는 오버섹션 L과 미들 G를 커트하면 라운드 포름감과 네이프 S,L로 자연스럽게 연결됩니다.

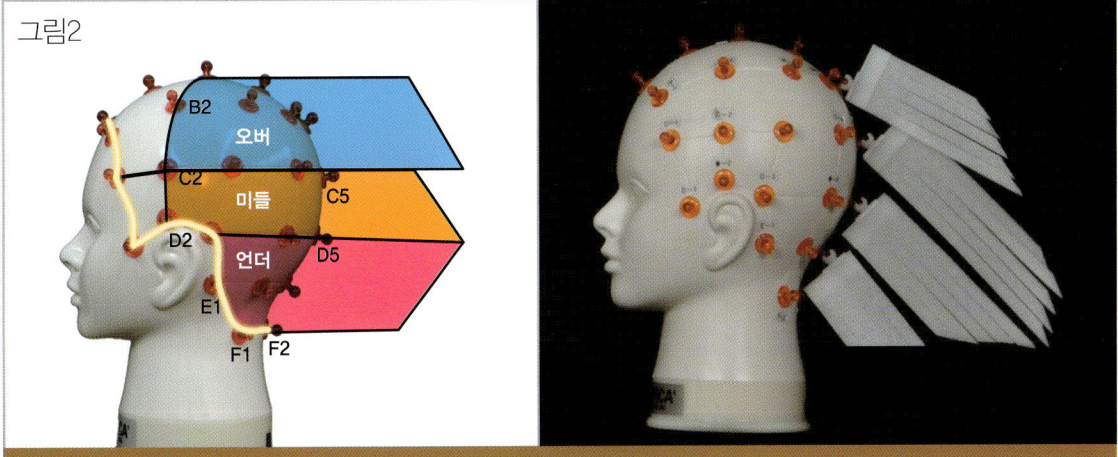

그레쥬에이션 시술각은 두상곡면 돌출되어 오버섹션 B2~B5 L 미들섹션 C2~C5 L 언더섹션 D2~D5 G 는 아웃라인 무게감 있고 레이어 층은 많아지면 웨이드 위치 낮고 도톰한 실루엣 라인이됩니다.입체감이 형성된 부분입니다.

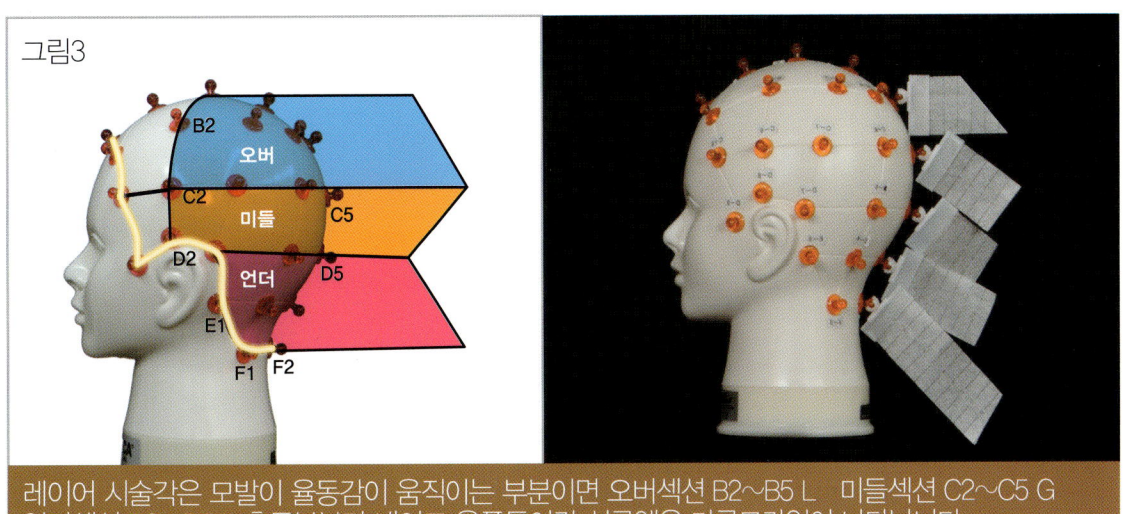

레이어 시술각은 모발이 율동감이 움직이는 부분이면 오버섹션 B2~B5 L   미들섹션 C2~C5 G 언더섹션 D2~D5 L 후두부부터 네이프 움푹들어감 실루엣은 마름모라인이 나타납니다. 나타냅니다.

Section 대입 테크닉 1

커트의 기본 베이직은 두상곡면에 의해 포름을 줄것인지, 또는 플랫하게 L. S. L 판넬 연결 변화의 베이직 원리를 학습하여 자신의 경험으로 컷 순서가를 터득하여 자신의 노하우가 생겨갑니다.

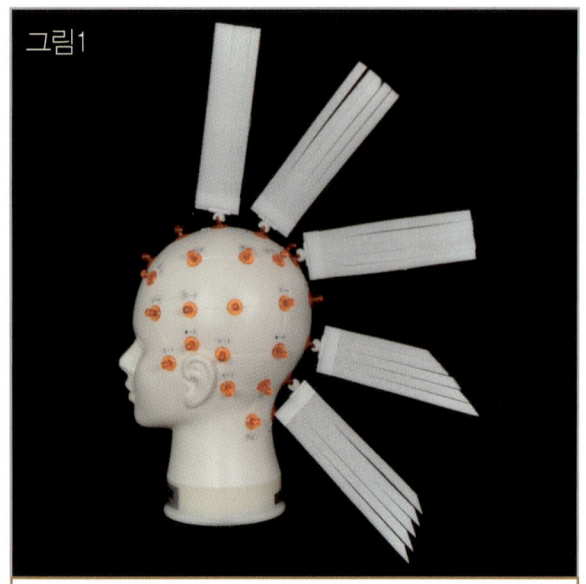

그림1

위 부분의 S.L는 조금 가벼움 포름과 네이프의 L의 가벼움에 거친 질감이 생깁니다.

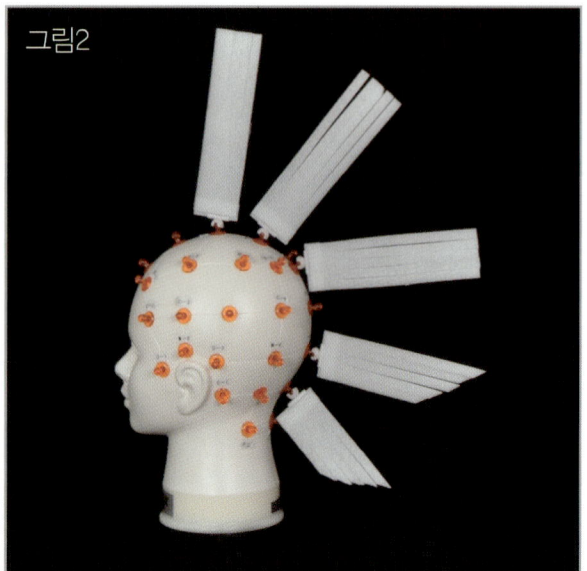

그림2

이 부분의 S.L의 약간 가벼움과 네이프의 낮은 시술각 G로 커트하며 증이 생긴 포름감이 형성됩니다.

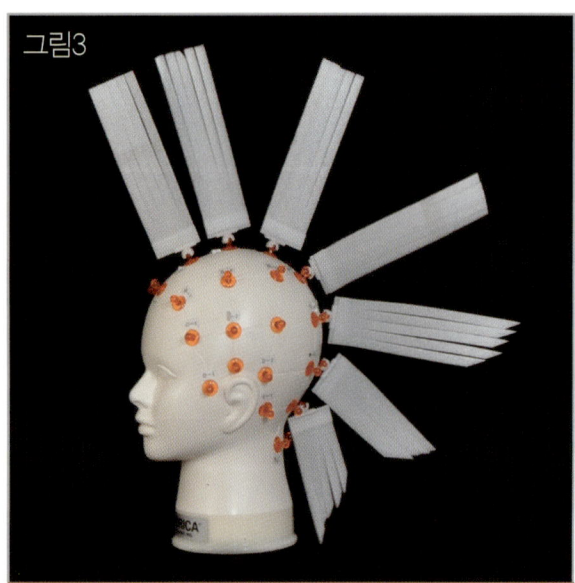

그림3

이 부분 S.L은 조금 가벼움과 백부분 G의 포름감과 네이프는 L로 가벼움과 거친 질감이 나타 납니다.

그림4

사이드와 E. T. E. P 기점으로 어느부분에 어떤 시술각 판넬을 대입시키느냐에 따라서 다양한 스타일을 표현할수있도록 G. L. SL의 시술각을 컨트롤 할 수 있는 트레닝 하여야 합니다.

시술각이 실루엣에 미치는 영향

Section 대입 테크닉 2

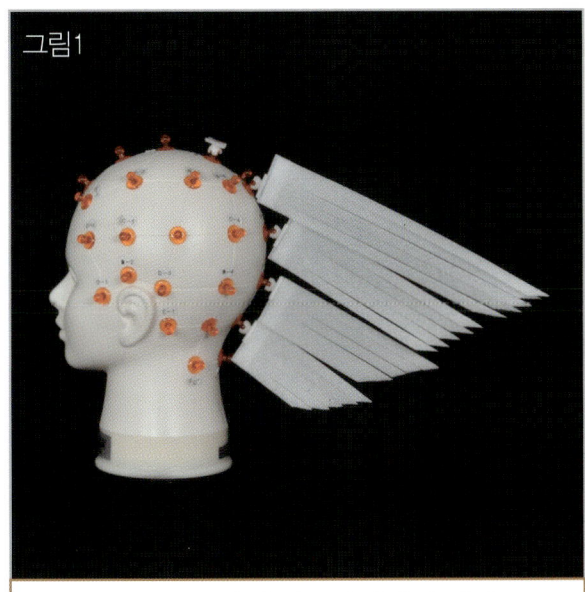

그림1

Graduation 은 두상의 어느위치에서 어떤 시술각으로 커트하느냐에 따라서 웨이트 라인의 포름감에 영향을 미칩니다.

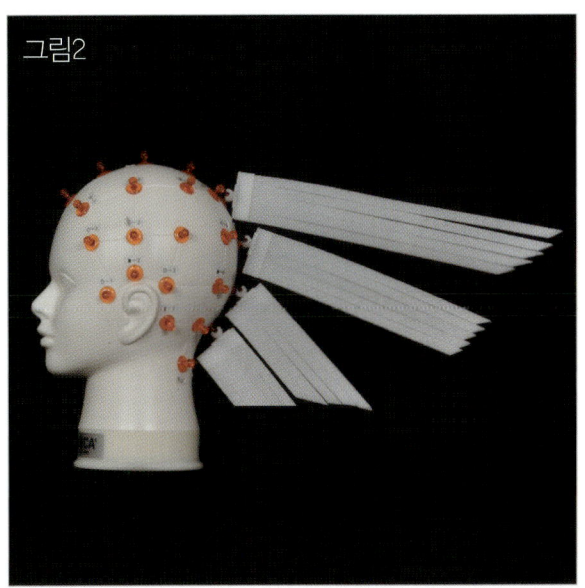

그림2

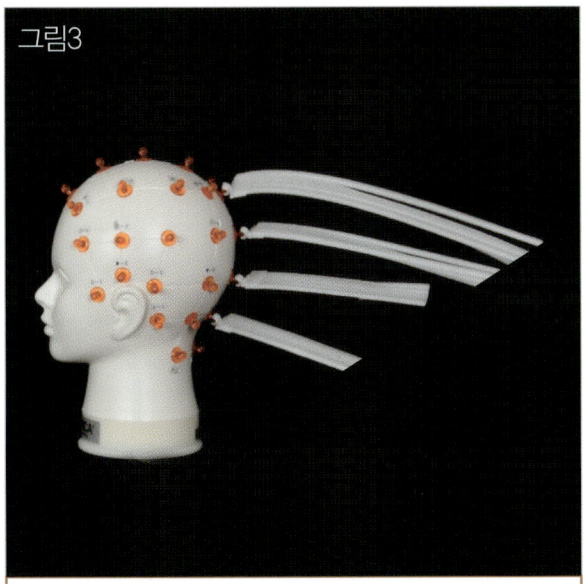

그림3

One Length는 아래부분의 길이보다 위 부분의 길이가 길어지면 아래부분의 단차의 층을 덥쳐버려 수평 스타일만 보입니다.

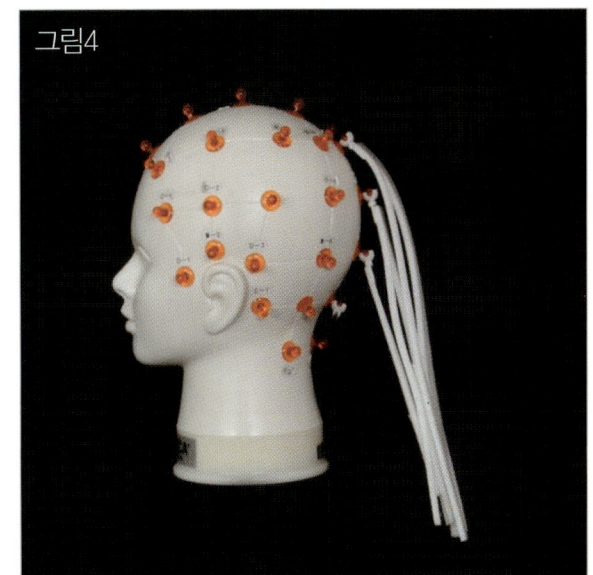

그림4

Note.

Chapter 09
두상 구조

헤어

커트 디자인은 두상골격 구조 특징이 포름에 영향을 미치므로 골격면을 세밀하게 관찰하여 디자인 설계를 구상하여 커트 하여야 합니다.
두상의 구면체는 세밀히 분석하면 완전한 구형은 아니므로 가로 슬라이스와 세로 슬라이스 분활에 따라서 골격면의 위치는 큰차이가 나타나므로 가로 . 세로 슬라이스를 취할때는 골격면의 변화를 잘 관찰하여 나누어 주어야 디자인 포름은 자연스럽게 형성됩니다.
아웃라인 형태를 만들때도 햄 라인 형태는 매우 복잡한 골격면을 가져 있으므로 언제나 아웃라인에 영향을 미치므로 개인의 햄라인 형태 특징에 주의하여 시술하여야 합니다.

두상 구조와 설계 1

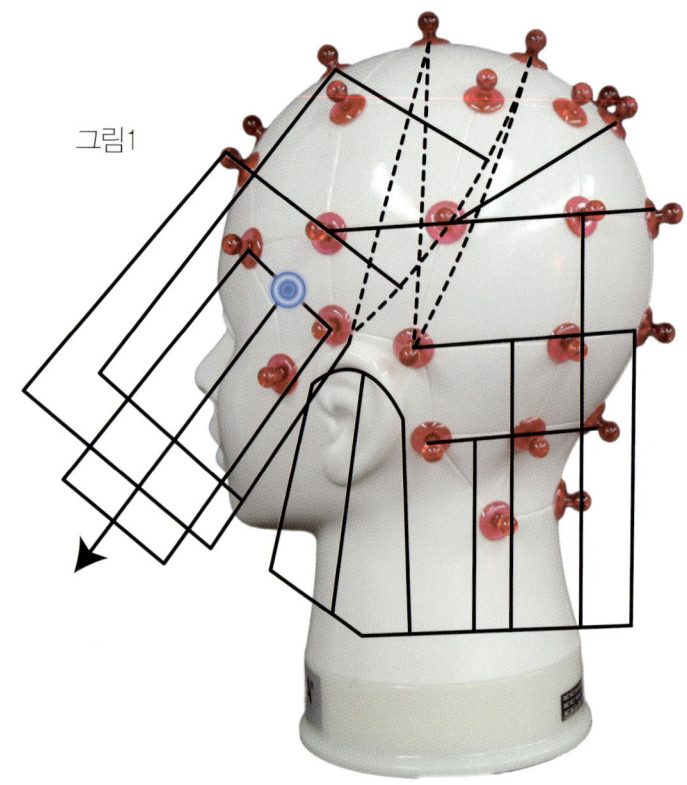

그림1

설계도는 브로킹(섹셔닝)
슬라이스(파팅) 판넬의 방향성을
그려보면서 어느부분에 포름감이
나타나는가 살펴보자.

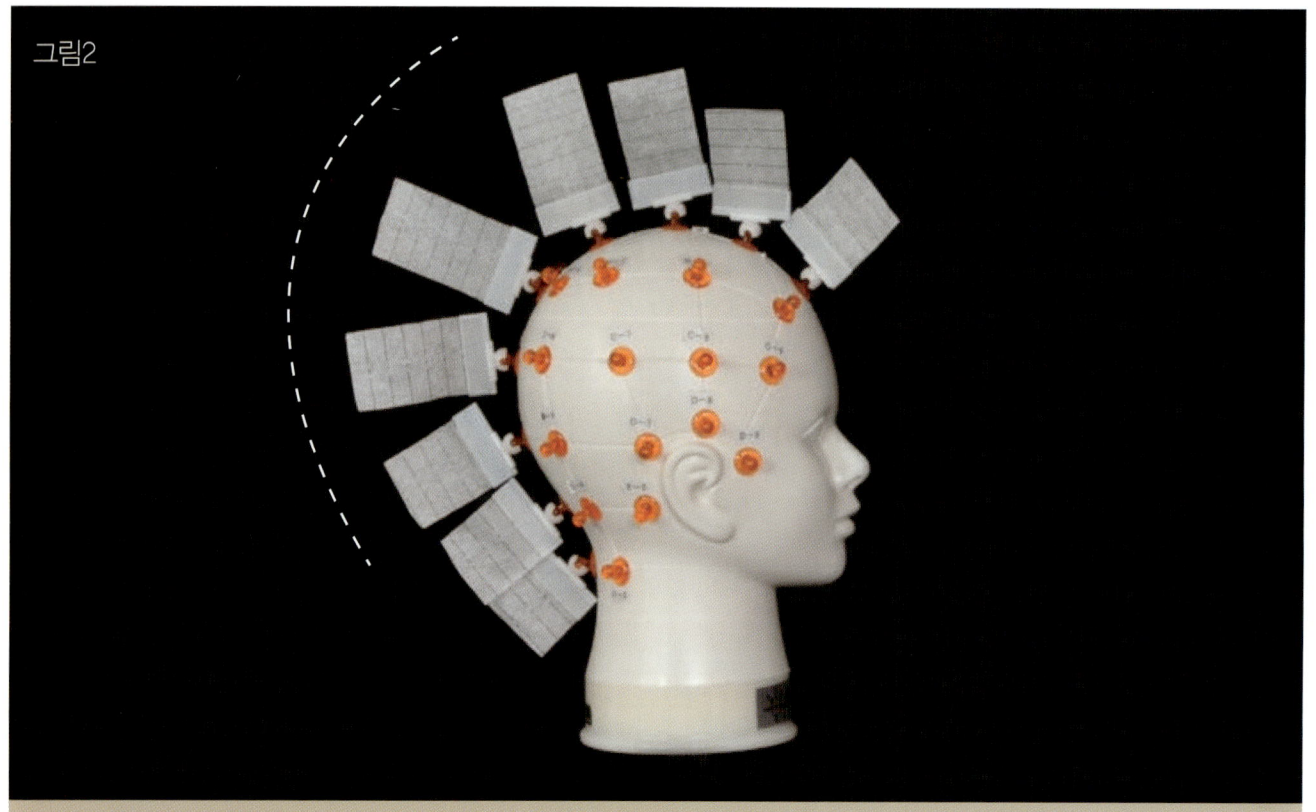

그림2

두상 곡면에서 이부분은 제일 넓어진 부분이므로 곡면의 변화를 생각하지 않고 가이드 라인을 잡으면 길이가 짧아지면 볼륨감이 형성되는 것이 아니라 슬림한 형태로 나타나게 됩니다.

두상구조

두상 구조와 설계 2

헤어 디자인은 가이드 축이 짧고 길어진 장단에 의해 양감이 발생한다. 앞쪽이 길어지면 앞쪽이 무거워지고 뒤쪽이 길어지면 앞쪽이 가벼워지므로 디자인 설계 할때 어느부분에 무게감을 줄것인지 먼저 생각 하여야 합니다.

존의 무게감과 질감

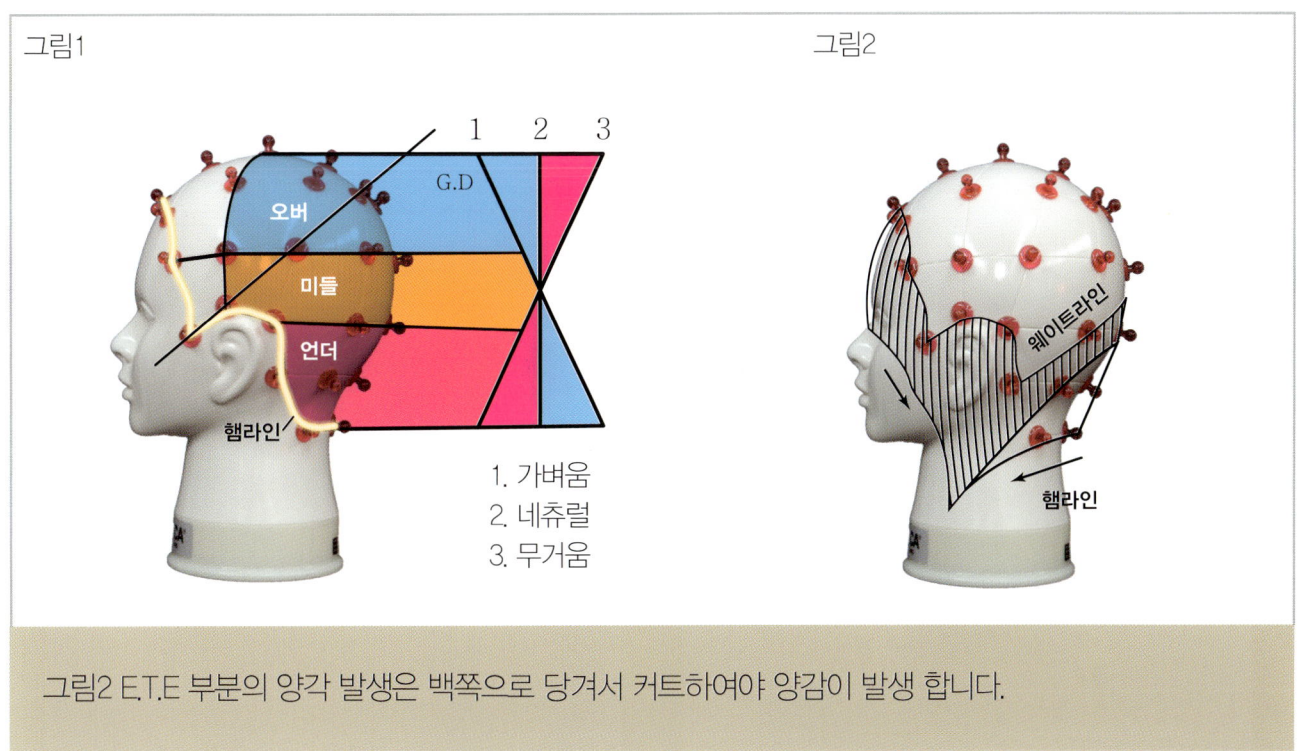

그림2 E.T.E 부분의 양각 발생은 백쪽으로 당겨서 커트하여야 양감이 발생 합니다.

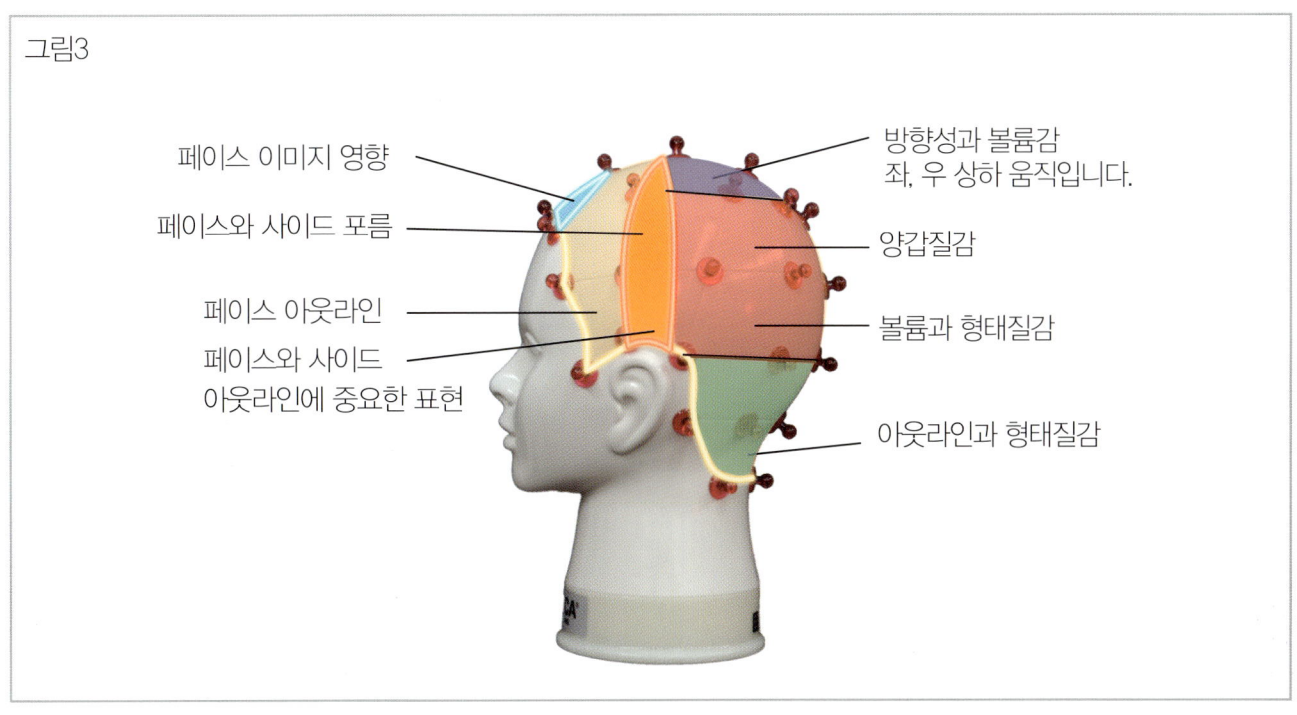

Note.

PORICA®

Chapter 10
섹셔닝

섹션 디자인에 미치는 영향을 편리하게 커트하기 위하여 두상을 나누는 것을 의미 한다. 섹션 나누기는 곡면의 모류의 성장 패턴과 디자인에 따라 변한다. 디자인의 형태를 자르기 위한 단면도를 섹션이라 칭한다.

골격 구조에 대한 섹션 나누기

두상의 곡면은 구면체이지만 안전한 구면체는 아니므로 세밀하게 관찰하여 개 개인의 곡면에 맞는 가로 세로 사선 섹션를 주의하여 나누어 주어야 보정할수 있습니다.

가로섹션
탑은 평평하고 골든 포인트는 가장 둥글면 돌출되었으면 E.T.E 앞면은 플랫, 뒤면은 둥글면 네이프는 안만하고 잘룩합니다.

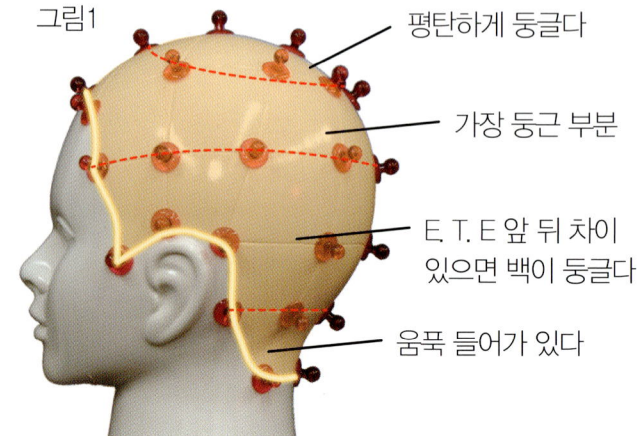

그림1
- 평탄하게 둥글다
- 가장 둥근 부분
- E. T. E 앞 뒤 차이 있으면 백이 둥글다
- 움푹 들어가 있다

가로 섹션은 사이드, 백, 네이프 중 시작점 가이드로 설정 할수 있다.
가로 판넬은 보브적이고 웨이트 라인은 낮으면 무거운 스타일이 됩니다.

세로섹션
프론트는 매우 둥글면 사이드 코너 부분은 튀어나 왔으면 E.T.E 부분은 앞 뒤 곡면이 틀리면 백부분은 후두골은 튀어나왔으며 네이프는 움푹 들어가있습니다.

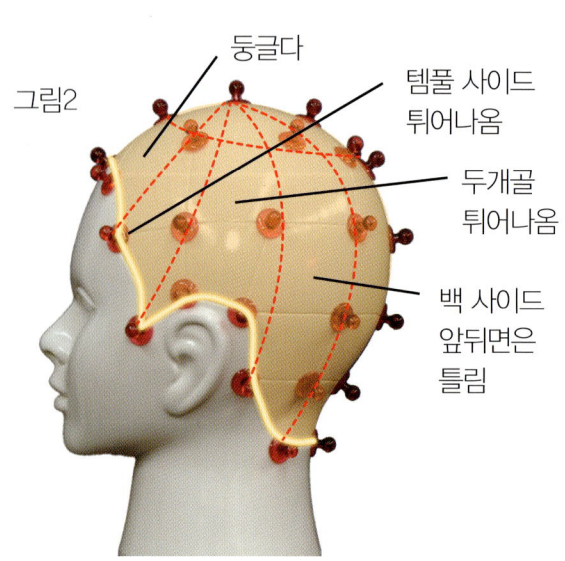

그림2
- 둥글다
- 템풀 사이드 튀어나옴
- 두개골 튀어나옴
- 백 사이드 앞뒤면은 틀림

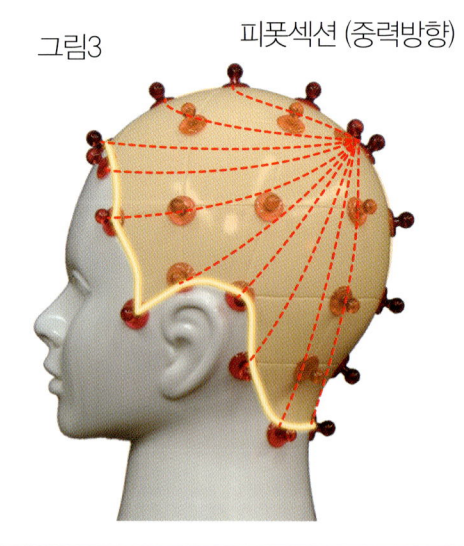

그림3 피폿섹션 (중력방향)

세로 섹션은 백의 정중선 센터에서 시작점 가이드가 설정된다.
세로 판넬은 레이어 느낌이고 경쾌하고 긴 스타일 커트하기 쉽다.

온베이스 섹션은 두상곡면△, □ 를 임의로 나누어 커트해도 떨어진 머리는 중력 방향으로 떨어 집니다. 처음부터 중력 방향 섹션으로 나눠 커트하면 가로, 세로 섹션의 곡면의 단점이 보정되면서 포름 부분과 밀찰 부분의 위치로 떨어지게한 테크닉 입니다.

섹셔닝

섹션 뜨는 테크닉

포지션은 어깨 넓이로 두발에 힘주고 섹션의 중심에서 정확한 라인을 취할 수 있다.

그림1

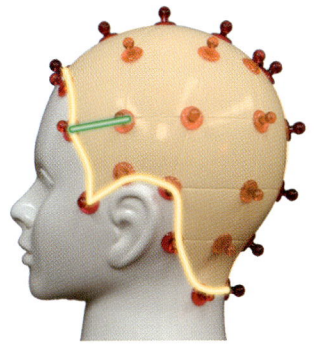

경사진부분이므로 빗을 곡면과 수평으로 취해주어야 한다.

그림2

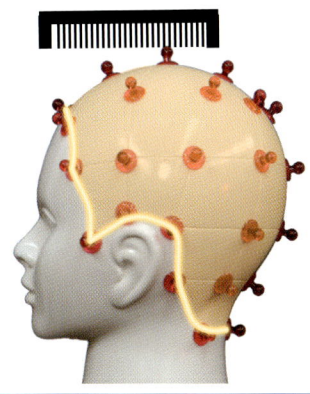

가르마 취할 부분의 경제선이다. 빗을 들떠 있는 부분만 가르마를 취해주면 곡면에 빗이 붙여있는 부분은 곡선으로 취해주어야 한다.

그림3

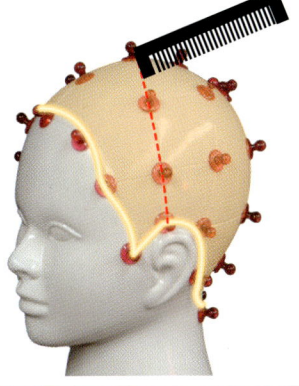

E.T.E 섹션은 사선으로 빗을 세우고 선의 중심에 손가락에 힘을 주면서 수직으로 내려온다.

그림4

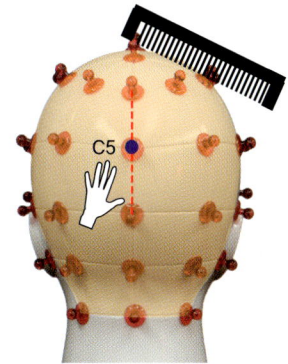

정준선 (C5)는 두상이 곡면이므로 손가락과 같이 가야 한다. 눈 높이 위치에 빗대어 주고 엄지 손가락으로 중심을 잡아주면서 수직으로 내려오면 섹션을 취하기가 쉬워 진다.

그림5

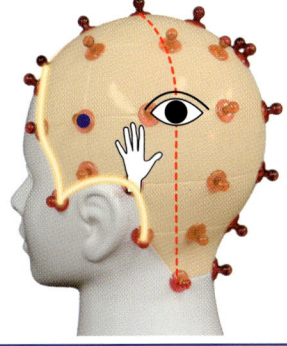

두상의 중심에 점을 찍어 놓는다. 두상이 넓으면 점 찍고 좁으면을 연결합니다. 엄지와 검지로 선의 중심으로 잡아주면 점 찍어놓은 지점을 바라보면 수직 라인이 보입니다.

그림6

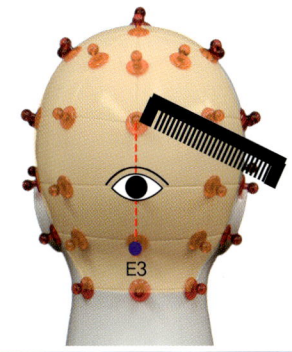

정중선 E3는 곡면이 좁혀진 부분이므로 빗은 윗선의 섹션 라인에 빗을 대고 눈은 밑선을 보면 수직으로 섹션 뜨기가 쉬워 집니다.

얼굴 윤곽보정 헴 라인 테크닉

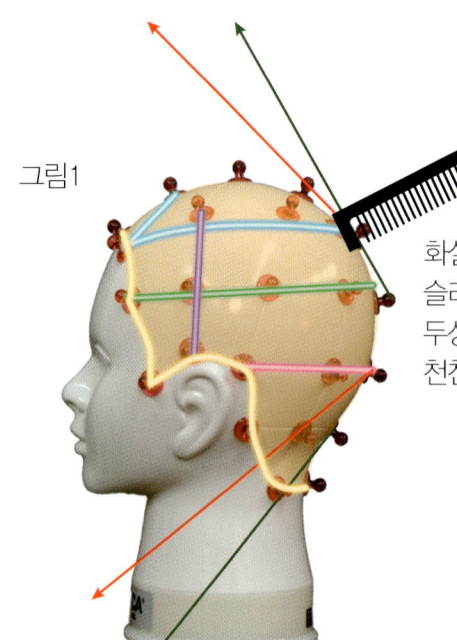

그림1

화살표 부분의 곡면은 커브로 돌아간 부분이므로 빗을 돌려주면서 슬라이스를 떠주어야 수평으로 평평하게 된다.
두상이 넓어지고 좁아지는 부분이므로 백센터 부분으로 돌아갈때는 천천히 조금씩 빗을 움직여서 슬라이스를 떠야 한다.

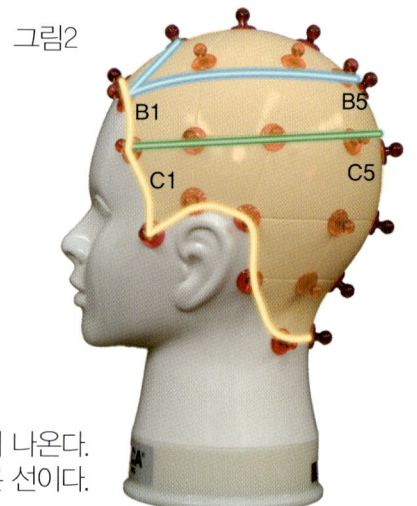

그림2

B1~B5 슬라이스는 뒤로 조금씩 올려야 전 대각이 나온다.
C1~C5 투섹션 부분은 가장 넓고 가장 튀어나온 선이다.

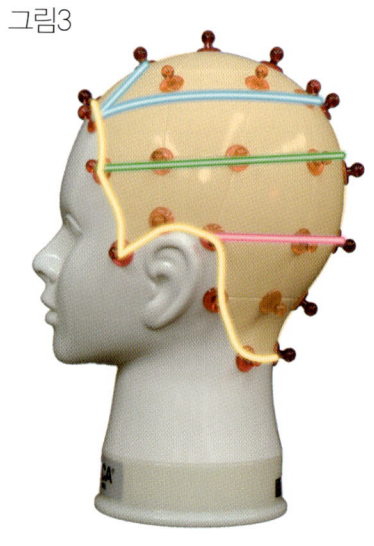

그림3

두상은 생긴만큼 그려야 수평선이 나타납니다.

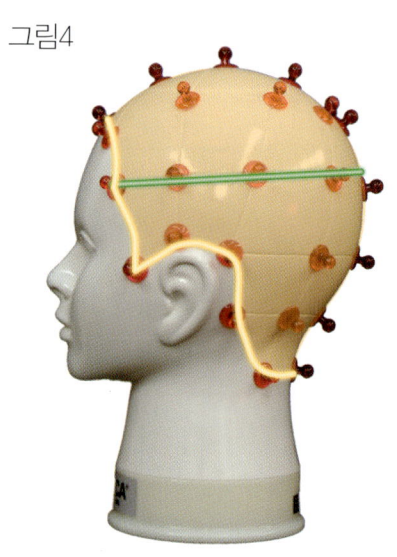

그림4

페이스 템풀 위로 섹션라인이 올라가면 앞선이 짧아진다.

섹셔닝

수평 섹션 테크닉

섹션은 두상의 골격면이 곡선으로 이루어져 있기 때문에 디자인에 따라 섹션을 나누어줄 곡면을 어떤 각도로 적용하느냐에 위가 무겁고 가벼워 질수 있는 형태가 달라집니다.

그림1

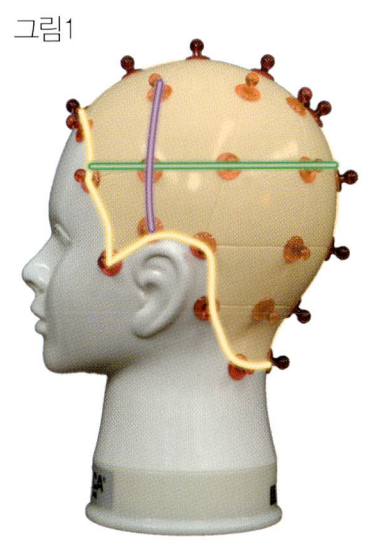

투섹션
위부분 (오버섹션)과 아래부분(언더섹션)구분하고 사이드를 나누어라.
무게지역을 생각하면서 섹션을 나누어야 섹션에 따라서 무게지역 (웨이트)선이 밑으로 떨어질때 또는 무게선이 넓게 보일수도 있다.

그림2

백의 수평
백의 수평 파팅은 좌우로 분산되어 보인다.

그림3

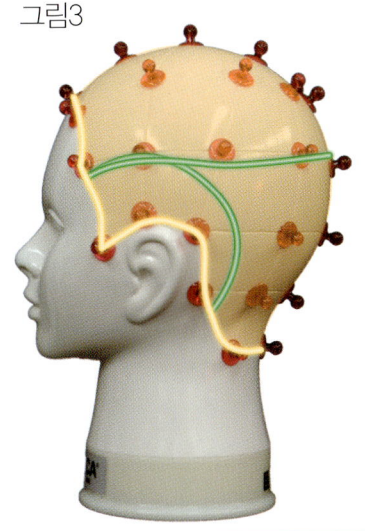

그림4

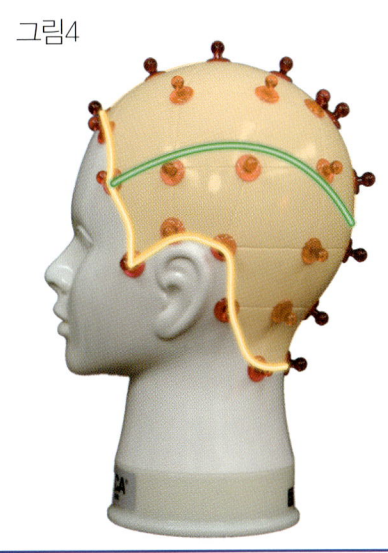

사이드 슬라이스의 테크닉
관자놀이 헤어라인이 올라가 있는 사람은 머리길이가 짧아 짐으로 조금 밑으로 슬라이스 (파팅)을 하여 주여야 사이드 부분이 안전감이 있어 집니다.

곡선의 슬라이스 (파팅)은
골든 포인트가 길어지면 웨이트 라인은 오버랩을 주의하여야 한다.

섹션에 다른 아웃라인의 차이점 1

섹션은 디자인 전체를 보라 디자인의 무게 지역이 보이면 어느 위치로 떨어질것인지 생각하면서
섹션을 나누어주어야 실루엣라인이 아름답게 형성된다..

그림1

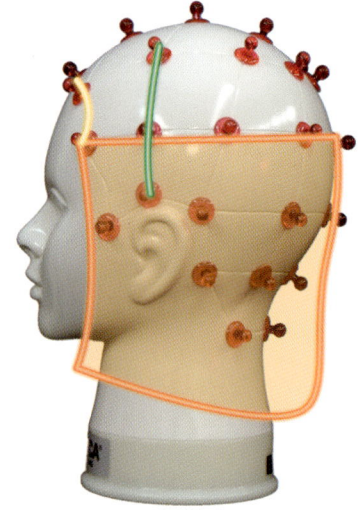

곡선의 수평선
가파르지 않은 투섹션은 웨이트 라인이 무겁다.

그림2

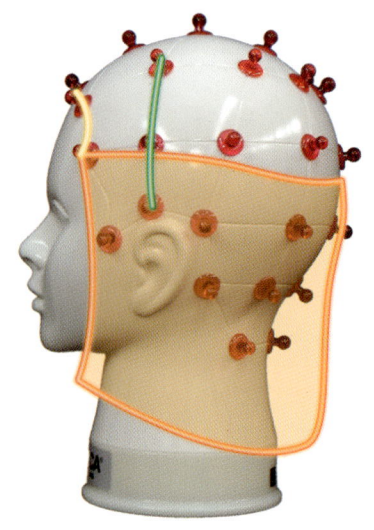

뒤쳐진 V라인
투섹션 라인의 경사의 기울기는 웨이트 라인
백부분이 둥근 형태가 됩니다.

그림3

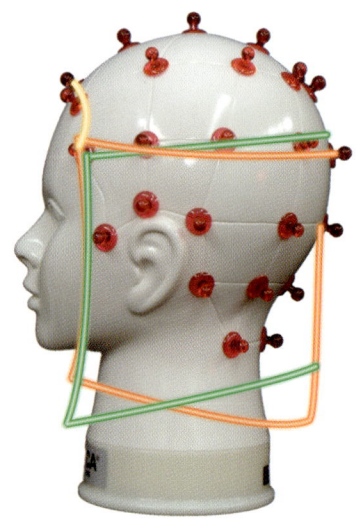

대각선
섹셔닝 위,아래로 라인선이 내리거나 올라가면
는 위치에 따라서 실루엣 라인이 다르게 형성
됩니다.

그림4

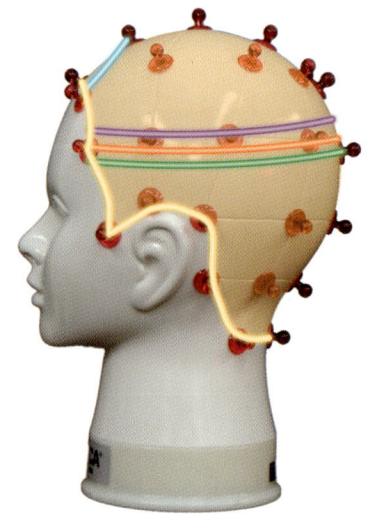

투섹션
투섹션 라인에 따라서 오버부분과 언더부분의
무게중심이 변합니다.
투섹션이 내려가면 오버부분이 무거워지면
언더부분은 가벼워 집니다.

섹셔닝

섹션에 다른 아웃라인의 차이점 2

슬라이스는 헤어 디자인을 보다 정확하고 골격을 보정 하기 위하여 세분화되게 나누어 커트하는 겁니다.

그림1
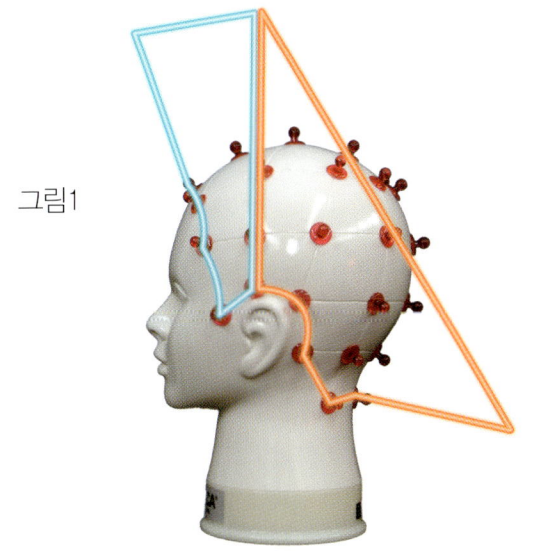

백을 하나로 커트할경우 머리가운데는 똑바로 커트 되기 때문에 직선으로 떨어집니다.

그림2
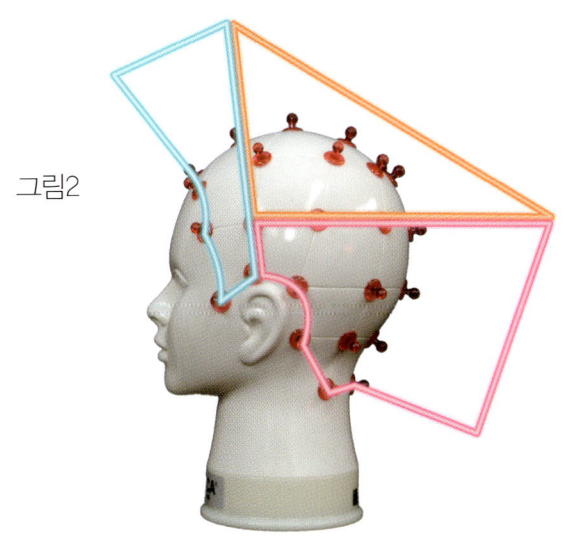

백을 2개 슬라이스로 나누어서 커트할 경우 위쪽 긴곳과 아래쪽 짧은곳은 극단적으로 나타납니다.

슬라이스 수에 따른 실루엣 변화

적다   중간   많다

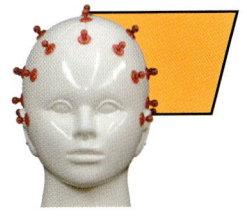 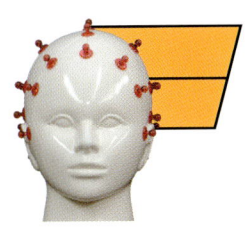  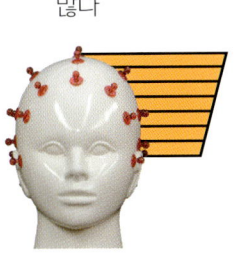 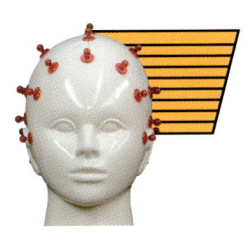

| 1개 | 2개 | 3개 | 7개 | 9개 |

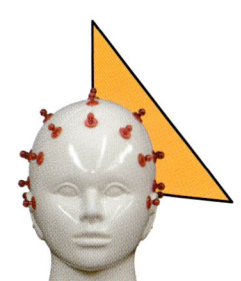 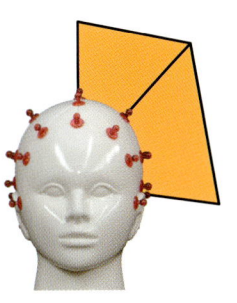  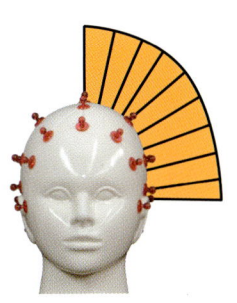

직선으로 떨어짐
커트 시간이
걸리지 않음

약간 둥근형으로
떨어짐

곡선으로 떨어짐
커트 시간이
많이 걸림

섹션에 따른 아웃라인의 차이점 3

곡면이 둥글기때문에 슬라이스 취하는 라인에 따라서 떨어진 실루엣라인에 미치는 영향입니다.

1.직선의라인 형성됩니다.

그림1

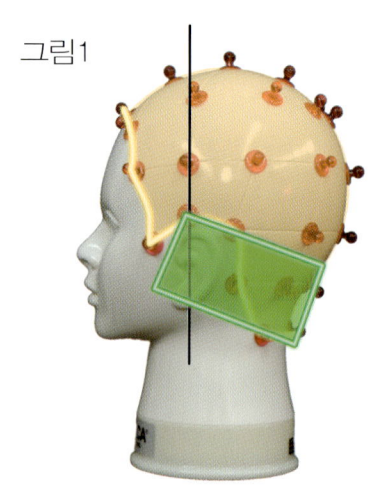
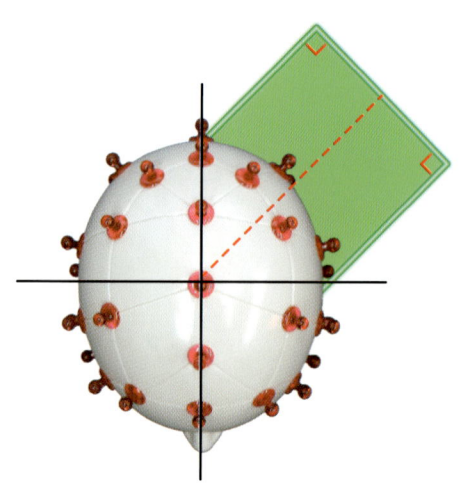

2.약간 둥근라인 형성됩니다.

그림2

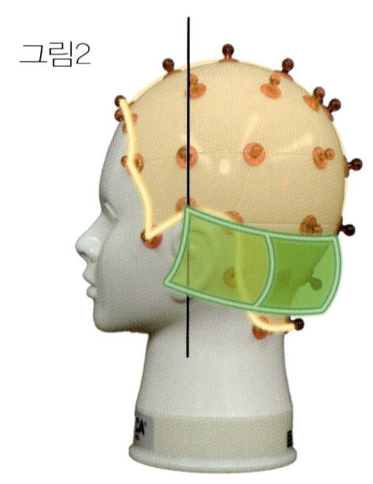
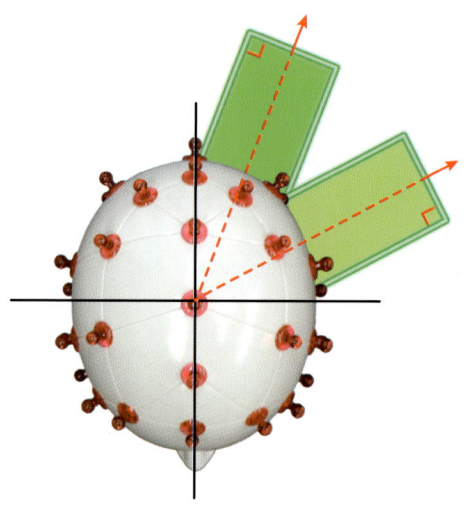

3.라운드라인 형성됩니다.

그림3

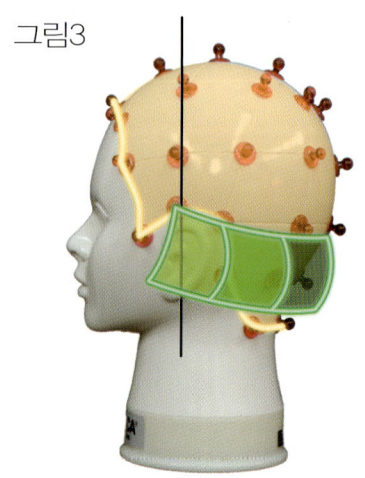
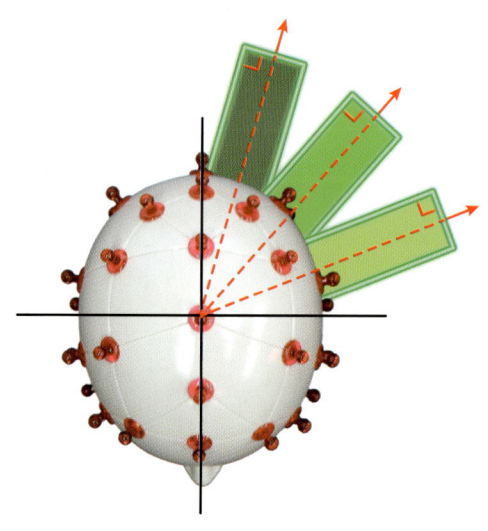

섹션에 따른 아웃라인의 차이점 4

섹션은 두상의 골격이 곡면으로 이루어져 있기 때문에 곡면에 대해 어떤 슬라이스와 각도를 적용하느냐에 따라서 그레쥬에이션의 단차의 폭과 실루엣 라인이 형태가 달라집니다.

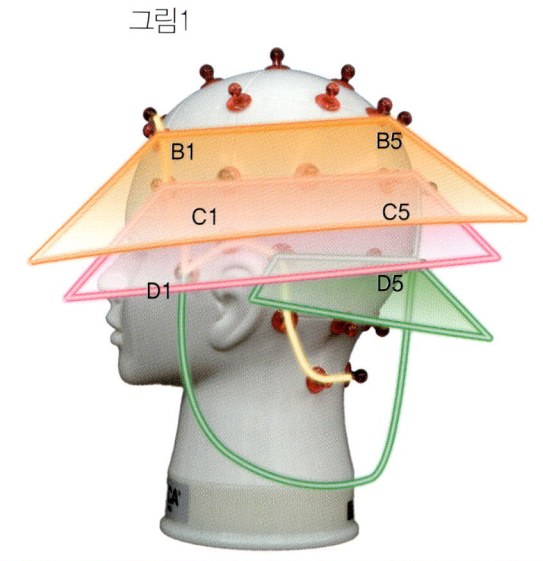

그림1

수평은 단면이기 때문에 무게감이 있어 보인다.
무거운 겹침은 슬라이스 라인과 시술각이
틀려짐으로 생긴다.

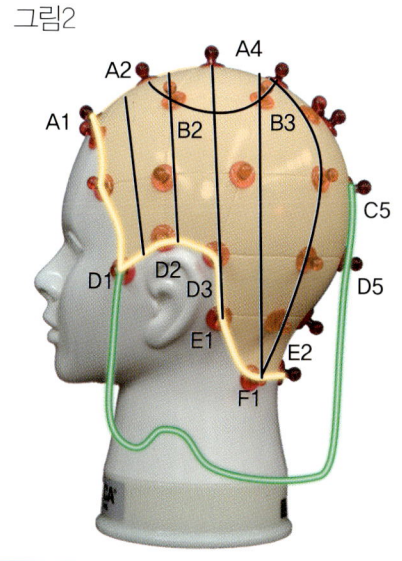

그림2

수평은 단면이기 때문에 무게감이 있어 보인다.
무거운 겹침은 슬라이스 라인과 시술각이
틀려짐으로 생긴다.

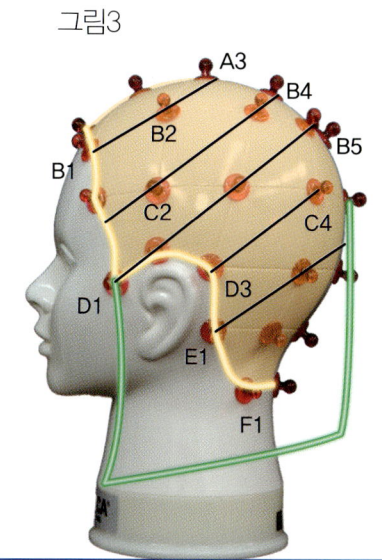

그림3

전대각 : 울동감, 방향감, 샤프함

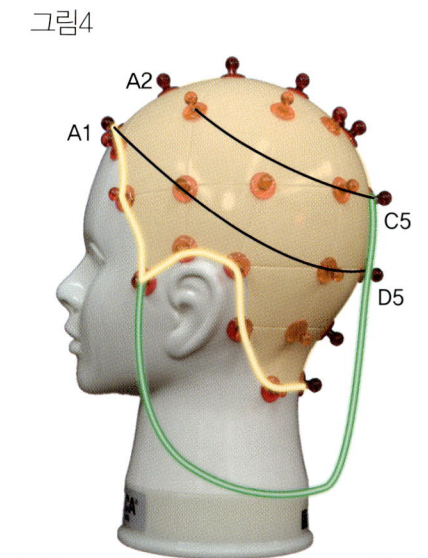

그림4

후대각 : 율동감 방향감, 부드러움

두상곡면을 이용한 슬라이스

디자인을 설계 한다음에는 얼굴 윤곽의 보정을 위해 어떤 슬라이스를 취하여 축소 시킬것인지 먼저 생각 하여야 한다.

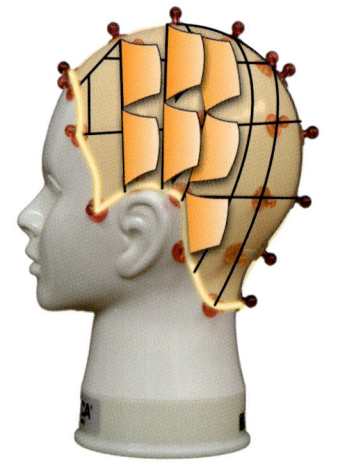

수직 슬라이스
- 수직파팅은 어떤 디자인도 할수 있으나 한쪽으로 모아지는 단점이 있다.
- 온베이스는 슬라이스가 넓으면 한쪽으로 모이기 때문에 전대각, 대각이 생긴다.
- 슬라이스 방향이 틀려지면 길이는 자꾸 틀려진다.
- 디자인의 인상적인 형태선은 앞에서도 뒤에서도 마름모의 형태선이 되어야 제일 이쁜 디자인이 됩니다.

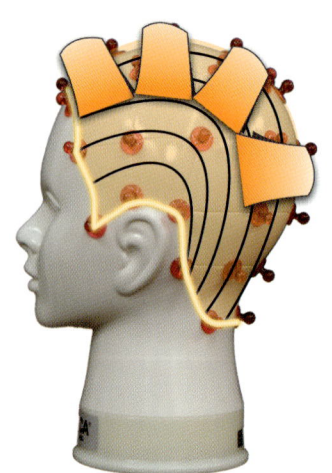

두상곡면 이용한 곡선 슬라이스
곡선 슬라이스는 두상곡면의 둥근면을 활용 하여야 자연스러운 곡선의 흐름이 나타납니다.

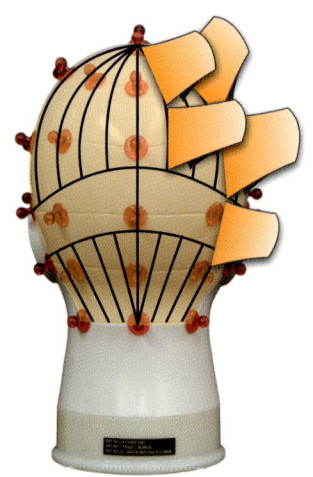

두상의 곡면이 둥글게 형성되어서 곡면대로 나누면 삼각형과 사각형으로 나누어 디자인을 설계하면 골격 보정과 디자인이 쉬워 집니다.

섹셔닝

슬라이스에 따른 리프팅과 오버다이렉션의 활용성

슬라이스는 디자인 방향성 및 효과적인 선을 선택하여 정확하게 컷트하여야 합니다.
리프팅과 오버다이렉션의 활용성을 알자.
리프팅과 오버 다이렉션은 같은 시술각의 차이점이다.
리프팅 적용하기 편리한 가로 파팅에 쓰는것이고 오버다이렉션은 적용하기 편리한 세로 섹션에 사용한다.
(단차를 주는 원리는 같습니다)

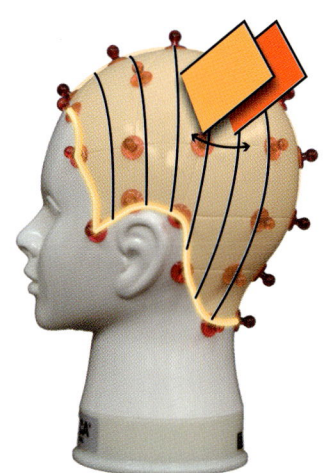

오버다이렉션
세로 슬라이스
-절단면 시술각이 포름 결정한다. -직선적으로
 둥근느낌이 없다. -경쾌하게 만들기 쉽다.
-율동감이 나타나기 쉽다.
-플랜하게 하기 쉽다.

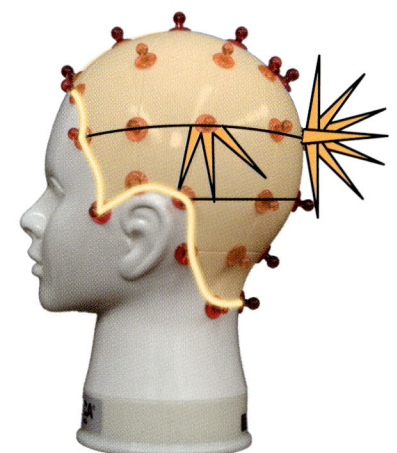

리프팅
가로 슬라이스
-아래부터 위로 올리기 때문에 둥근 웨이트로
 만들기 쉽다.
-무게감 만들기 쉽다.

오버다이렉션과 리프팅
-사선 슬라이스 (파팅)은 가로, 세로 하나씩이지만 사선은
 무한대로 구사할수 있다.
-사선 슬라이스 리프팅 오버다이렉션을 다사용 할 수
 있으면 입체적 형태가 된다.
-사선 슬라이스는 포름을 컨트롤하기 쉽다 사선은
 골격에 따라 튀어나온부분 움푹들어간 부분을 두상
 골격에 따라 보정하기 쉽다.

Note.

PORICA

Chapter 11
사이드 테크닉

사이드의

완만한 곡선과 웨이트 높이에 따라서 곡선의 느낌은 달라진다. 사이드는 턱라인에 따라서 곡선의
흐름이 입체적이고 아름다운 벨런스를 만들어 준다. 슬라이스와 시술각의 적용에 따라서 실루엣 라인이
자연스럽게 흐름을 나타냅니다.
T.P와 G.P의 연결은 백포름의 높이와 관계 있고 사이드 라인과 관계 있다.
T.P 에서 S. C. P 부분으로 연결된 대각선은 턱 아래선으로 가파르게 내려옵니다.
수평라인과 평행은 턱 아래선에 무게감이 있는 G가 생기면 시술각 컨트롤로 무게감을 줄수 있다.
롱 레이어 아웃 라인은 자연 시술각으로 컷트하고 둘째단부터 시술각을 적용하여야 실루엣 라인이
자연스럽게 단차가 생깁니다.

사이드의 골격 포인트

사이드 무거움 모류는 둥근 곡면을 이용한 슬라이스로 컨트롤 하여주면 스퀘어보다 입체감있는 라운드로 곡선의 자연스러운 스타일이 형성 됩니다.

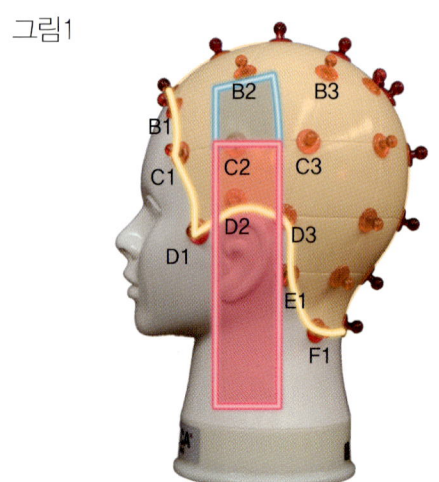

그림1

그림1은 곡면이기 때문에 시술각과 분배가 잘못되면 길이가 짧아지면서 원랭스 층이 같은 방향으로 연결이 어려워진다.

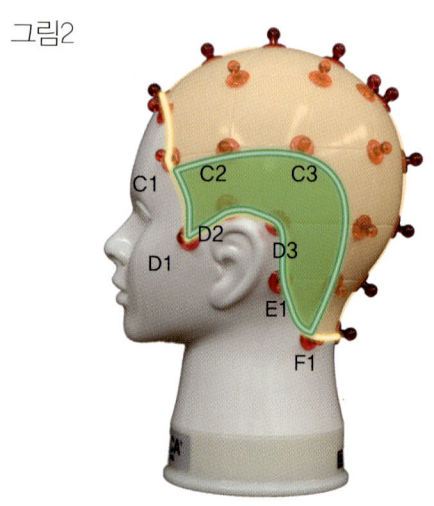

그림2

그림2 두상의 (C1,C3,D3중간,E1,F1)은 가파른 곡면 으로 울퉁불퉁 튀어나와 있는 부분 입니다.

그림3

슬라이스라인 가드점이 E.P 에서 ~E.P 까지의 시술각을 계산하여 내려오는 실루엣라인 생각하여야 한다.

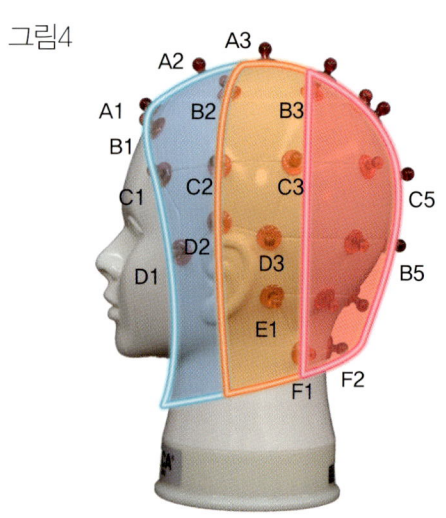

그림4

사이드 실루엣 라인에는 E.T.E와 B.S.P와 B.P의 조합한 라인으로 형성된다.

사이드 테크닉

E. T. E. P 부분이 웨이트 라인에 미치는 영향

E. T. E. P 부분은 디자인 시술각의 기준점이 되면 가장 중요한 부분입니다.
E. T. E. P 기준으로 사이드와 백 사이드 방향성을 연결하게 되면 사이드 실루엣 라인을 연결 합니다.

그림1

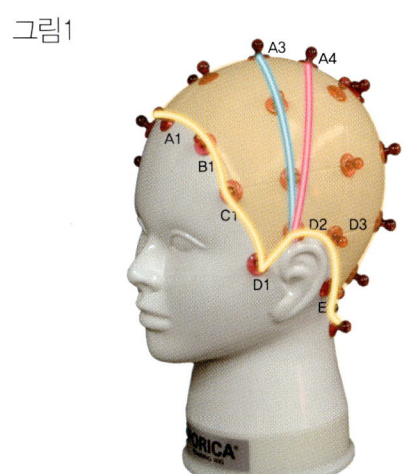

E.T.E.P (A3, A4) 부분은 곡면이 둥글기 때문에 시술각과 빗질의 방향성등 조금의 변화에도 단차가 생길수 있으므로 주의하여야 할 부분 입니다.

그림2

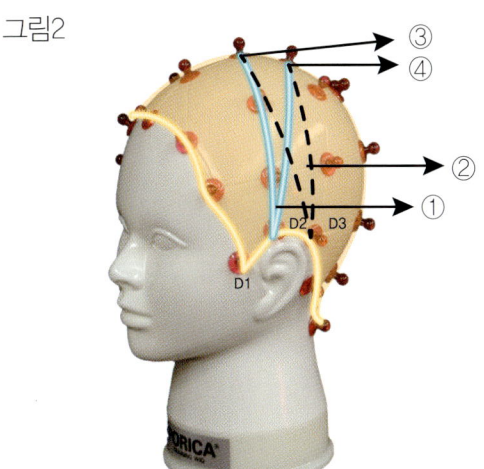

1. 귀위에서 나누는 스타일 숏 그라보브
2. 귀뒤에서 나누는 스타일 원랭스 레이어
3. 가마앞에서 나누는 경우 뒤로 흘러 내리지 않은 스타일
4. 가마에서 나누는 경우 백뒤로 흐르는 스타일

그림3

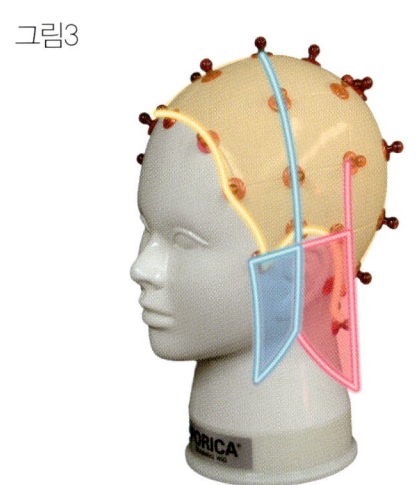

E.T.E.P 에서 라인의 길이를 설정하여 사이드와 백 사이드 가이드 라인의 방향성의 기준점을 잡아주면 전대각 후대각 이해가 쉬워지면 아웃라인을 자연스럽게 연결 됩니다.

그림4

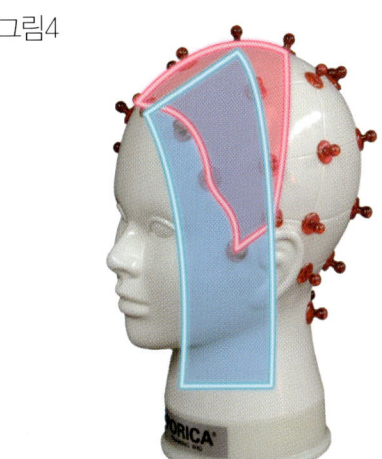

프론트 부분은 단차가 없이 길어지면 웨이트 라인은 직선이 됩니다.

사이드 슬라이스가 미치는 영향

가로, 세로, 사선 슬라이스는 그 사람의 얼굴을 보정하는 역할을 합니다.

그림1

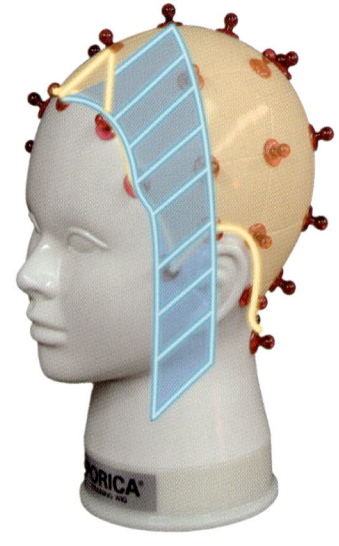

Diagonal Forword
사선슬라이스
얼굴의 큰사람은 사선 슬라이스를 적용하면 얼굴 윤곽이 슬림해보인다.

그림2

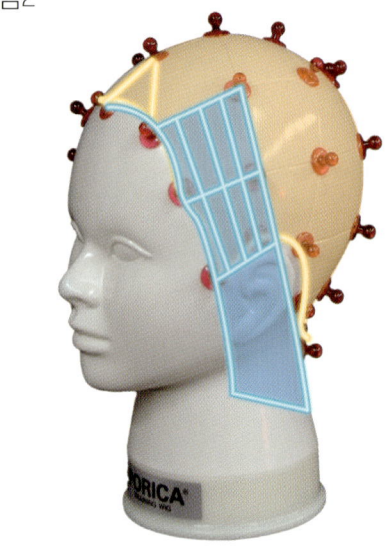

Vertical
세로 슬라이스
얼굴이 작은 사람은 세로 슬라이스로 적용한다
가로, 세로, 사선 슬라이스는 그 사람의
얼굴형을 좌우한다

그림3

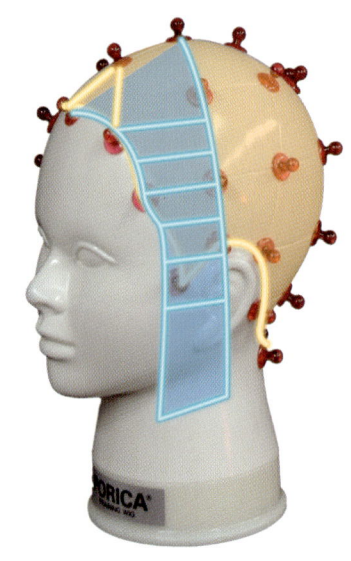

Horizontal
가로 슬라이스
얼굴이 작은 사람 가로 슬라이스 적용하면 무겁고
둥근 형태를 나타낸다.

사이드 테크닉

사이드 슬라이스 위치가 실루엣에 미치는 차이점

형태의 실루엣 라인은 웨이트 무게에 있다. 웨이트 위치는 슬라이스 각도에 의해 위 모발이 길어지면 웨이트 위치가 낮아져 그레쥬에이션의 폭은 낮아지고 슬라이스 각도가 수평이 될수록 위머리가 길어져 밑머리를 덮쳐버려 웨이트는 없어진다. 웨이트 무게감은 곡면의 슬라이스 각도에 의해 결정된다.

그림1

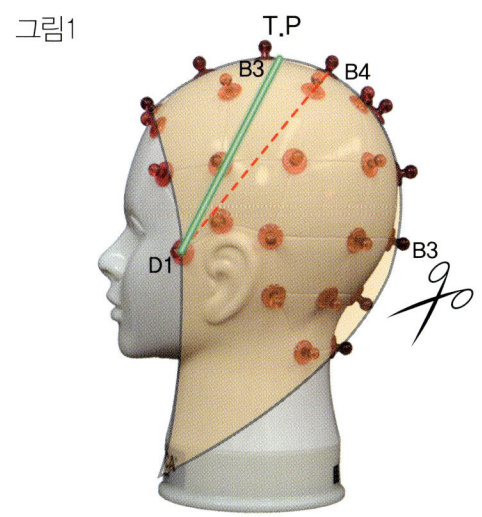

대각선의 위치는 B3에서 D1로.
내려오는 슬라이스는 사이드 길이가 너무 길게 나타납니다.

그림2

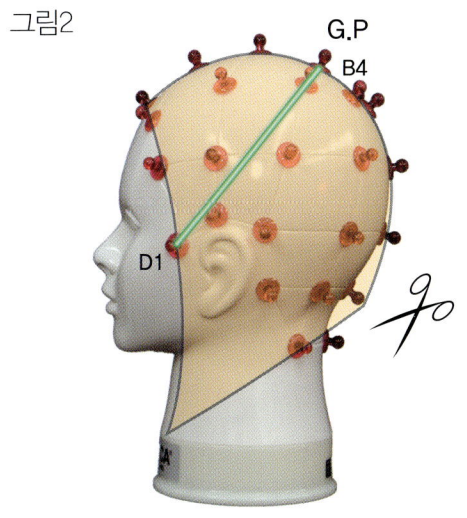

대각의(B4~D1)까지.
슬라이스 위치는 완만한 대각의 라인 나옵니다.

그림3

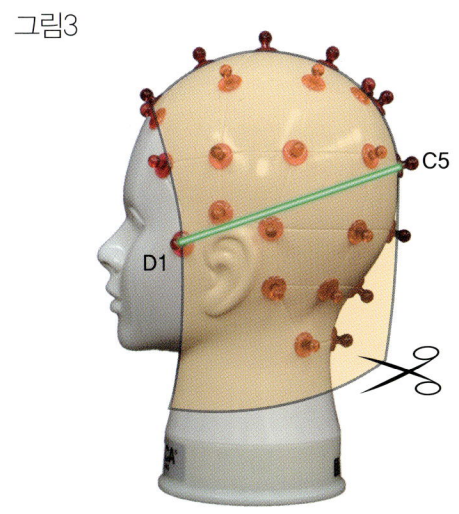

대각선(C5~D1) 까지 위치는 부드러운 대각선라인이 나타납니다.

그림4

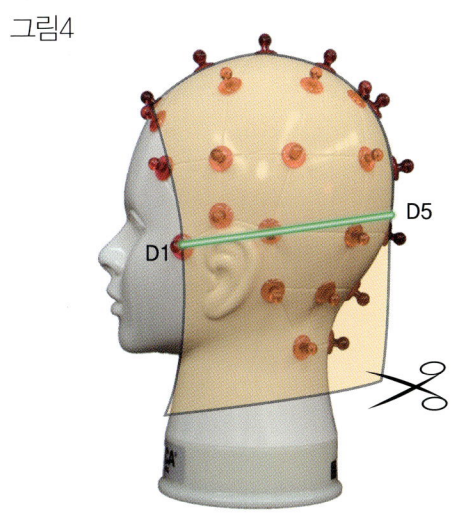

대각선(D5~D1) 까지 위치는 수평에 가까운 대각라인 나타납니다.

슬라이스폭과 시술각이 사이드에 미치는 변화

어느 위치 부분에서 섹션을 취하는 나에 따라서 L층의 단차의 넓이와 아웃라인의 길이 변화가 프론트 실루엣 라인에 미치는 트레이닝 컨트롤 시술을 합니다.

사이드 연결폭과 시술각

그림1

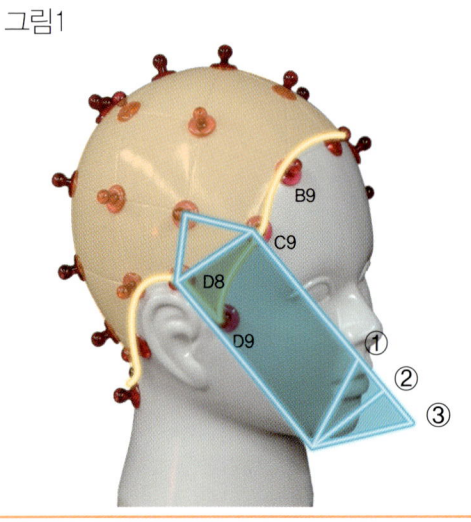

① (C9~C7) 대각 슬라이스에 45°연결라인의 경우 단차의 층 형성은 조금 나타나며 완만한 앞올림이 형성됩니다.
③ 아웃라인을 G로 연결하면 모서리가 제거 되면 단차층이 둥글게 나타납니다.

그림2

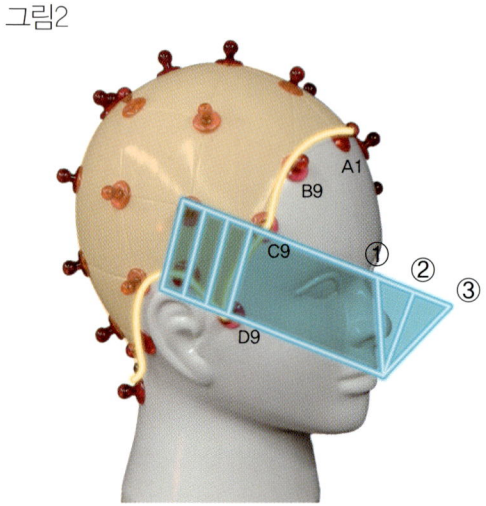

① 사이드 템풀지역 C9 에서 사이드 코너 포인트와 온베이스 연결라인은 프론트 사이드 연결보다 L층형성은 조금더 생기며 가이드 라인은 길어 집니다.
② 세임레이어 커트는 단차의 층은 좁아져 무거운 형태가 된다.

그림3

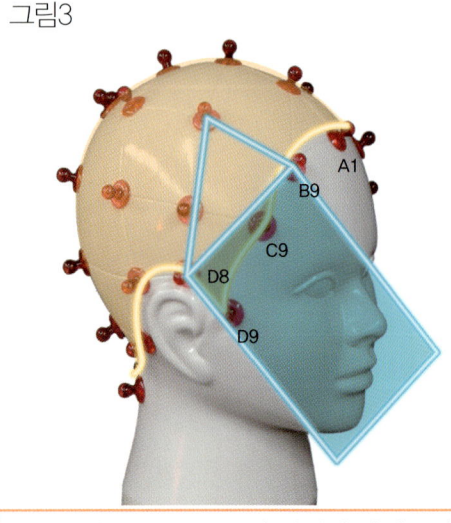

F. C. P와 S. C. P 부분의 대각 슬라이스에 시술각 45°연결 단차의 L단층은 좁아져 무거운 형태가 되면 가이드라인 길이는 짧아 집니다.

그림4

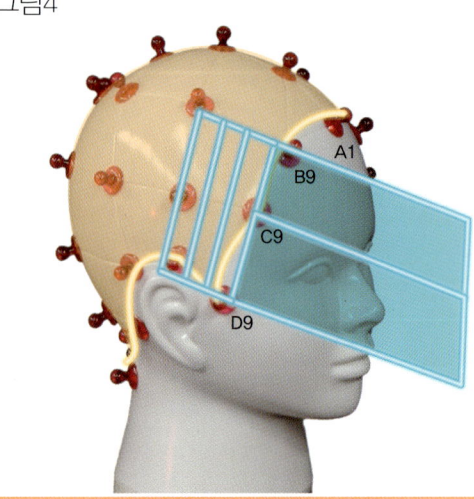

프론트 사이드 부분에서 사이드 코너 포인트 (B9~D9) 부분까지 온베이스 연결은 페이스 부분에 L단차 층이 넓어지면 형태는 경쾌해지면 가이드 라인 길이는 길어집니다.

사이드 테크닉

사이드 슬라이스와 시술각 차이점 변화

헤어디자인의 아웃라인 형태는 길이의 장단 컨트롤에 있다. 길이 장단은 슬라이스의 시술각에 따라서 앞뒤의 장단과 위아래 무게감 컨트롤 원리 기술을 응용할수 있다.

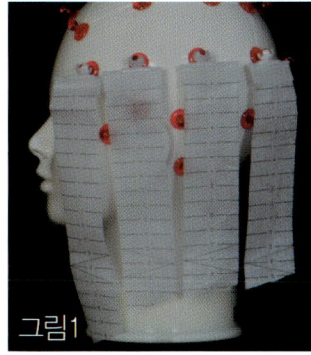
그림1

투 섹션 부분은 곡면이 둥글어 있으므로 수평 슬라이스에 손위치 변화로 자연스런 전대각 라인 을 만들며 자연스런 실루엣 라인이 형성 됩니다.

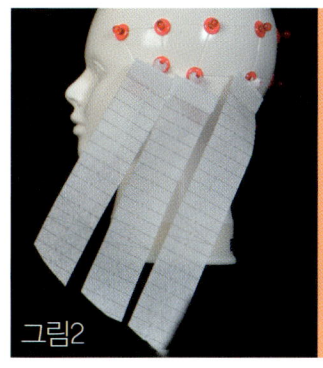
그림2

완만한 후대각 슬레이스도 곡면 때문에 슬라이스와 손의 위치도 평행하게 취해주어야 완만한 후대각 실루엣 라인이 형성됩니다.

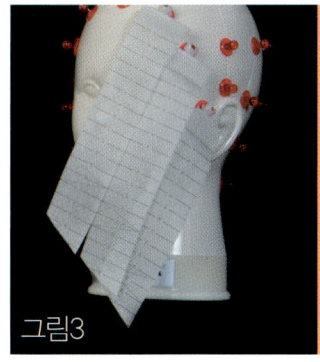
그림3

가파른사선 슬라이스는 골면 때문에 점점 앞으로 올라 갈수 있으므로 슬라이스와 시술각을 너무 가파르지 않게 취해주어야 앞머리가 앞으로 점점 올라가지 않으면 라인의 길이가 짧아지지 않게 주의하여 시술 합니다.

사선 슬라이스시 주의점

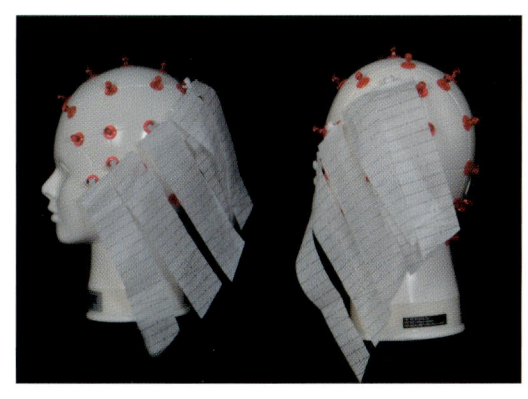

사선 슬라이스는 곡면의 단점을 커버할수 있는 효과가 있습니다. 그러나 사선의 슬라이스에 손 위치를 슬라이스을 평행으로 취하여 커트를 않하기 때문에 사선의 흐름으로 형성되지 않음으로 주의하여 시술하여야 합니다.

사이드 가이드 라인 커트 순서 테크닉 1

두상곡면은 사이드에서 프론트 부분으로 점점 낮아지면 백 사이드도 곡면이 둥글게 흐르고 있으므로 앞올림 슬라이스를 주의 하여야 가파른 라인이 생기지 않습니다.

사이드 컷 순서

그림1
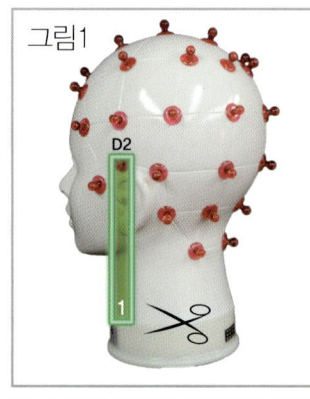
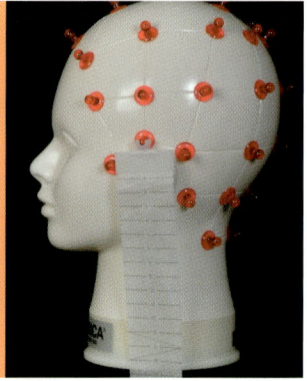

E.T.E.P 위치가 웨이트 길이 라인을 설정합니다.

그림2
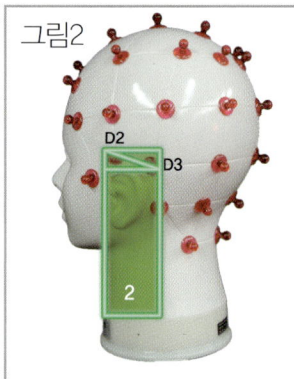
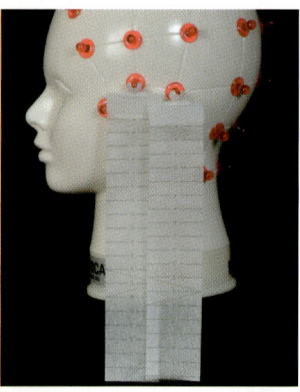

E.T.E와 E.B.P를 연결하면 웨이트라인이 형성됩니다. 두상곡면대로 연결하면 후대각라인 형성됨으로 슬라이스가 수평이 되게 하여야 앞올림이 생기지 않습니다.

그림3
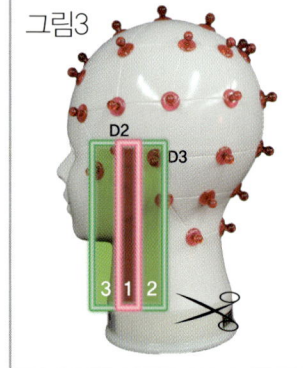
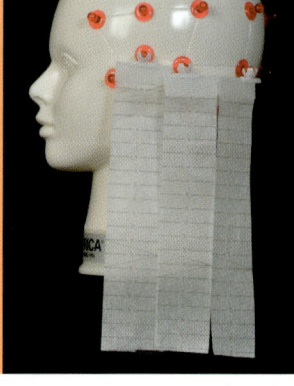

E.T.E.P 에서 백 사이드 라인을 먼저 커트하고 사이드 라인 커트하면 아웃라인이 자연스럽게 연결됩니다.

그림4
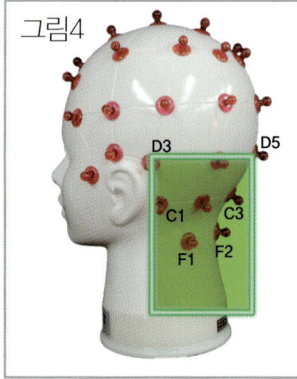
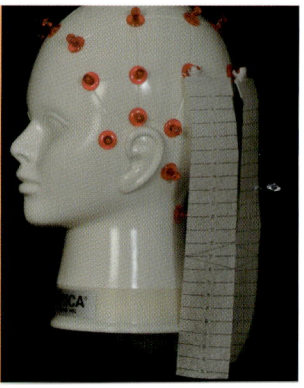

사이드와 백사이드 시술후 B.P 부분을 연결하여 커트하여 줍니다.

사이드 테크닉

사이드 가이드 라인 커트 순서 테크닉

사이드 가이드 라인은 E.T.P에서 판넬을 모아 커트하기 때문에 모서리가 생기기 쉬움으로 무게와 길이 코너가 생기지 않게 곡면 시술각 대입 방법을 활용하면 아웃라인이 자연스럽게 연결 된다.

사이드 슬라이스의 변화

그림1

프론트 햄라인은 곡선의 둥근 라인으로 흐르기 때문에 사이드 변화는 E.T.E.P 위치에서 컨트롤 하여 주어야 합니다.

그림2

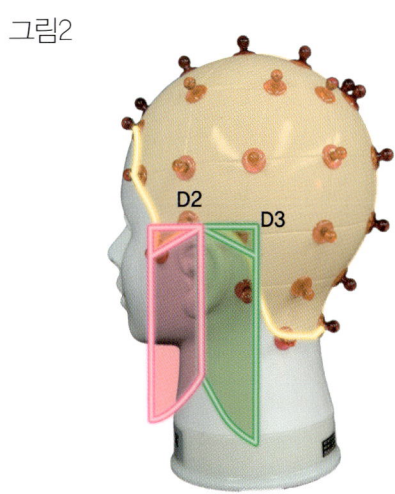

사이드는 사선 슬라이스으로 전대각 형태를 만들면 자연스럽게 나타나지만 백 사이드는 곡면을 생각하여 슬라이스 시술각을 취해주어야 가이드 라인이 가파르지 않습니다.

그림3

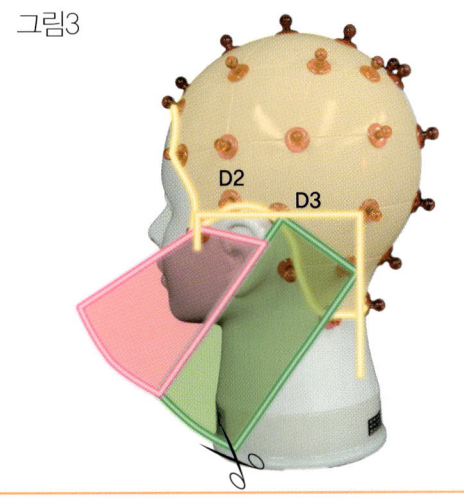

햄 라인은 두상곡면에 의해서 앞 올림이 차이가 나타나는 부분이므로 사선 슬라이스와 시술각의 변화는 강한 앞올림을 줄수 있습니다.

그림4

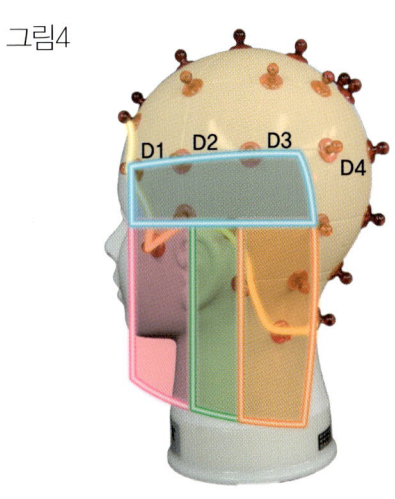

이부분은 두상 곡면과 귀돌출 위치 때문에 자연시술각에 손위치 변화로 앞올림을 잡아서 커트하면 자연스런 앞 올림이 나타납니다.

사이드 시술각에 따른 변화 1

그림1

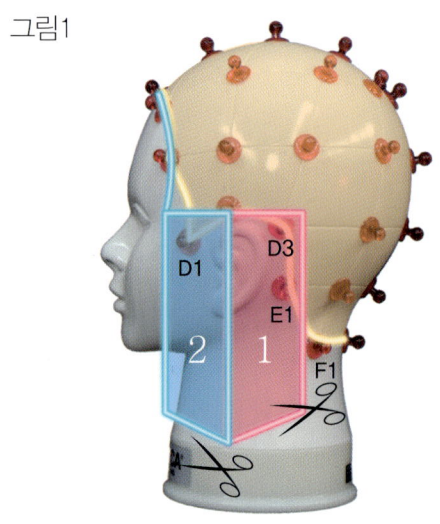

- 컷의 시작은 어느 부분에서 먼저 시작하여야 디자인 장점을 살릴수 있는지 생각하여야 한다.

- 자연 시술각에 손 위치 변화로 커트하면 자연스런 라인이 됩니다.

그림2

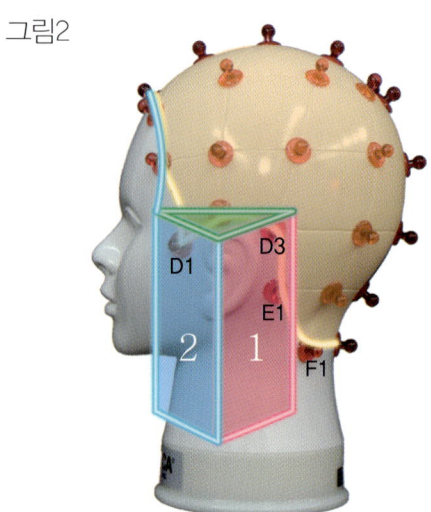

- 고객의 얼굴 윤곽과 두상을 파악하여 웨이트 라인에 어떤 슬라이스를 취하면 포름감과 라인이 형성될 것을 생각 하여야 한다.

- 사선 슬라이스로 평행 빗질하여 커트하여주며 실루엣라인이 아름다운 곡선으로 나타납니다.

그림3

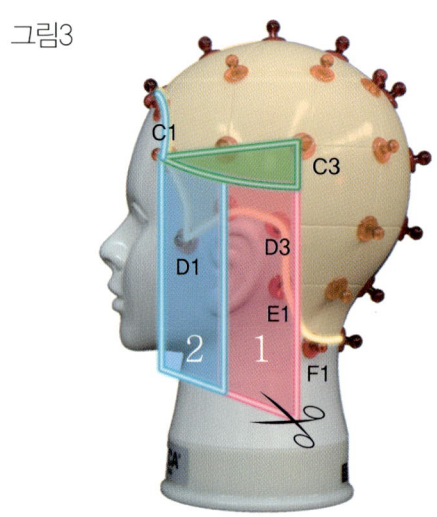

- 사이드는 턱 라인에 따라서 곡선의 흐름이 입체적이고 아름다운 발란스는 시술각에 의해서 디자인이 변할수있다.

사이드 테크닉

사이드 시술각에 따른 변화 2

사이드을 가로, 세로 슬라이스로 커트 할때는 정확한 시술각을 사용하여야 정확한 판넬이 연결 되지만 판넬 연결시 내리게 되면 곡면 때문에 가이드 연결이 길고 짧게 연결되므로 주의 하여야 한다.

그림1

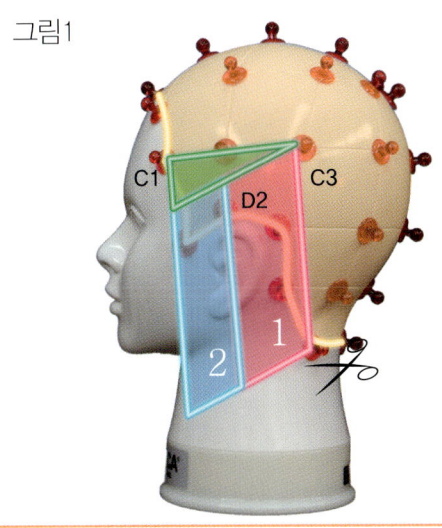

- 사이드 아웃라인
대각 슬라이스에 1번 먼저 (C3~D2) 커트 하고 2번(D2~D1)을 커트한다.

그림2

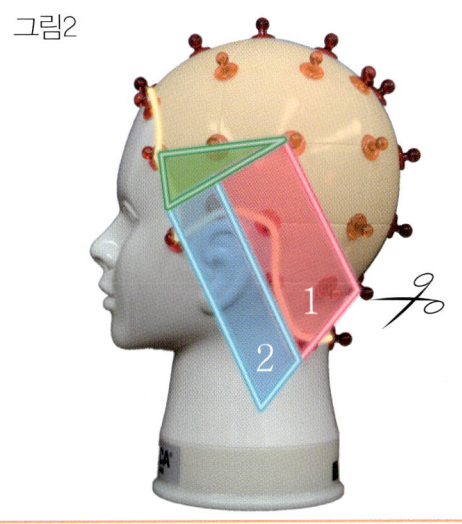

- 대각슬라이스에 직각으로 분배하여 슬라이스와 평행하게 커트해 준다.
- 1번 먼저 커트하고 2번을 커트한다

그림3

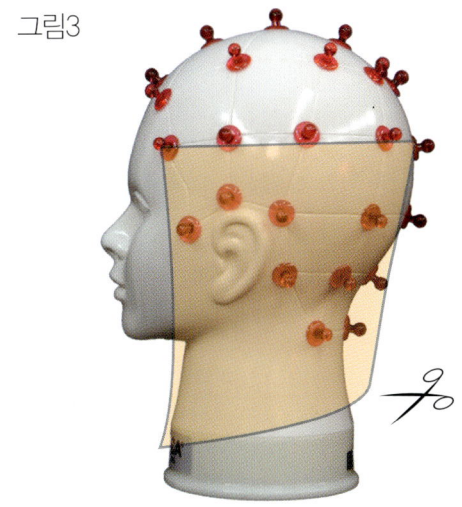

사이드 실루엣 라인은 사이드 이어투이어와 백 사이드와 백부분이 조합이 되어 형성된다.

그림4

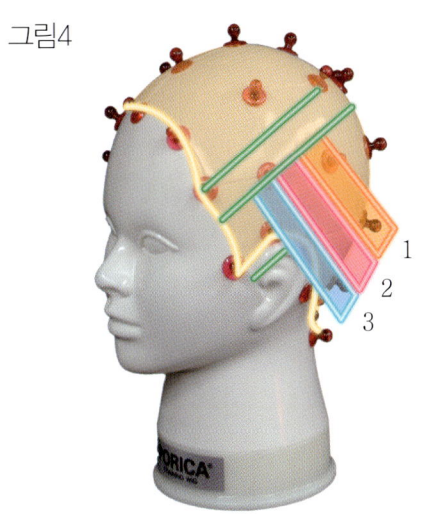

사선 슬라이스를 정확하게 직각으로 빗질을 하여 1번을 커트하고 1판넬의 시술각을 유지하면 2번을 당겨와 1번을 내리고 2번을 커트하고 2번 판넬을 유지하여 3번을 당겨와 2번을 버리고 3번을 시술하여야 가이드 연결이 정확하여 아름다운 실루엣 라인이 된다.

사이드 시술각에 따른 변화 3

사이드 라인은 디자인 변화에 의해서 스퀘어가 필요한 경우와 라운드가 필요할수 있으므로 곡면과 시술각 대입의 차이를 자연스런 실루엣 라인을 형성 시킵니다.

그림1

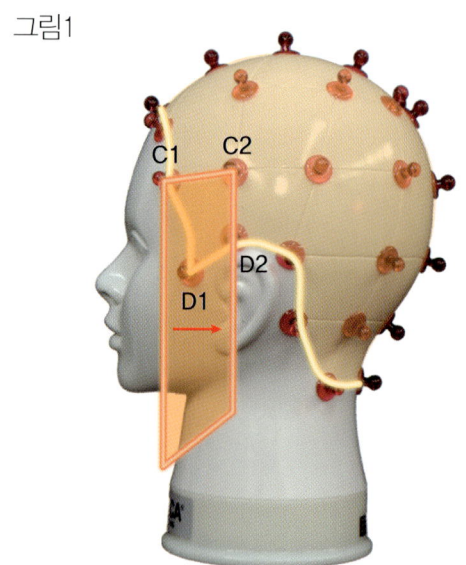

사이드 아웃라인은 E.T.E 선에서 C1에서 C2 번으로 당겨와 커트하면 사이드 아웃라인선은 길어집니다.

그림2

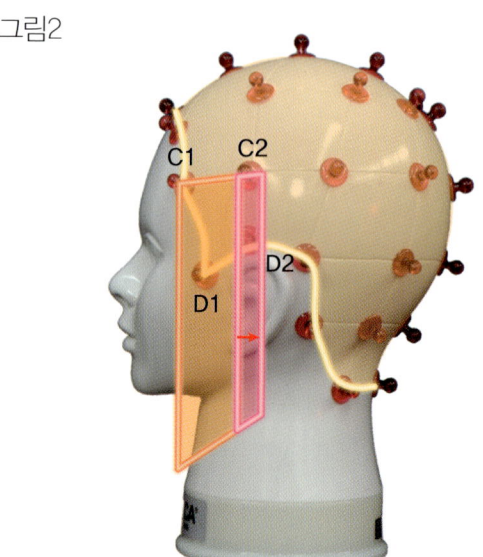

사이드 베이스는 그림 1번보다 길이는 짧다.
사이드 베이스는 한눈끔씩 당겨오면 완만한 전대각 라인이 됩니다.

그림3

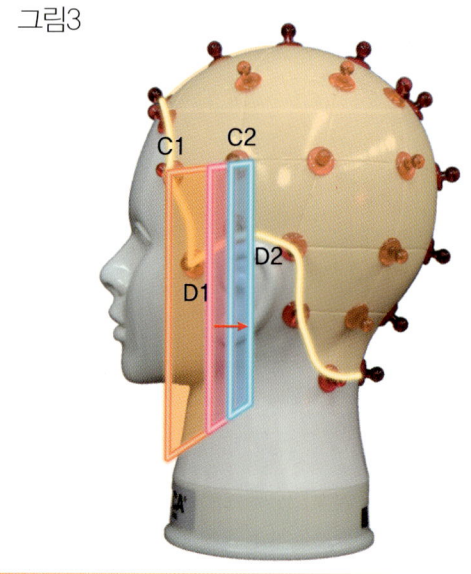

사이드 는 그림과 같이 오프 베이스 당겨오는 만큼 길이는 길어집니다.

사이드 방향성 쉐이핑

두상 골격 쉐이핑 방향성은 디자인 실루엣 라인을 변화게 한다. 디자인 설계를 구성 할때는 어느위치에 가이드를 설정하여 두상 골격의 반대각을 이용하여 어느방향으로 디자인 가이드 라인을 흐르게 할것인지 생각하여야 한다. 바닥과 수평에서 위로 당길 경우 세로 겹침의 가벼움 레이어가 되지만 당기는 각도가 아래로 내려올수록 세로겹침은 무거운 그레쥬에이션이 된다. 당기는 위치 각도의 쉐이핑 방향성 컨트롤 변화에 단차층과 포름의 변화가 만들어 집니다.

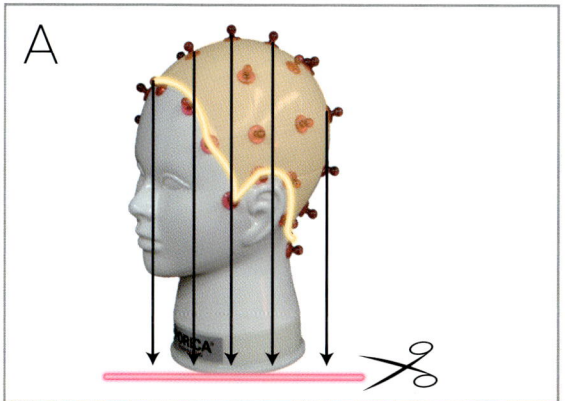

A방향성으로 당길경우 세로 겹침의 무거운 원랭스 평행 아웃라인으로 되며 율동의 느낌은 없다.

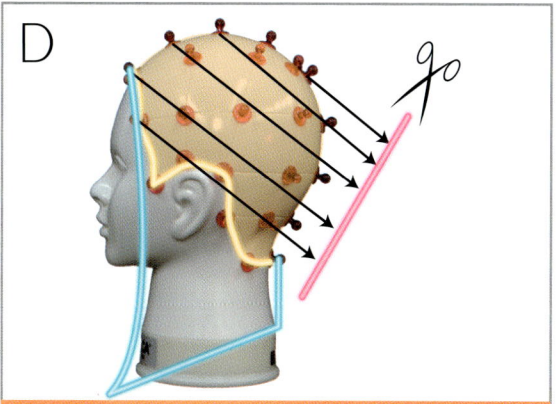

D방향성으로 당길경우 아웃라인은 앞으로 점점 내려가는 세로겹침 그레쥬에이션 라인이 되며 율동감은 앞쪽으로 흐른다.

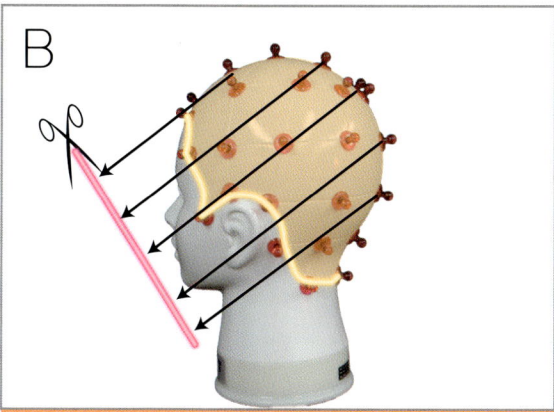

B방향으로 당길경우 아웃라인은 점점 뒤로 내려가는 세로겹침 그레쥬에이션 라인에 율동감은 뒤쪽으로 흐른다.

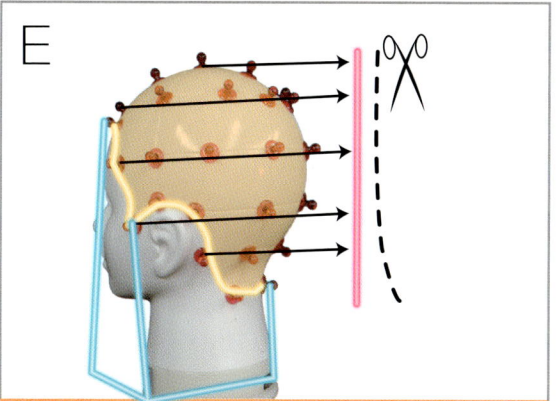

E방향성으로 당길경우 아웃라인은 세로 겹침으로 앞으로 점점 내려가는 무거운 레이어 라인으로 율동감은 앞으로 흐른다.

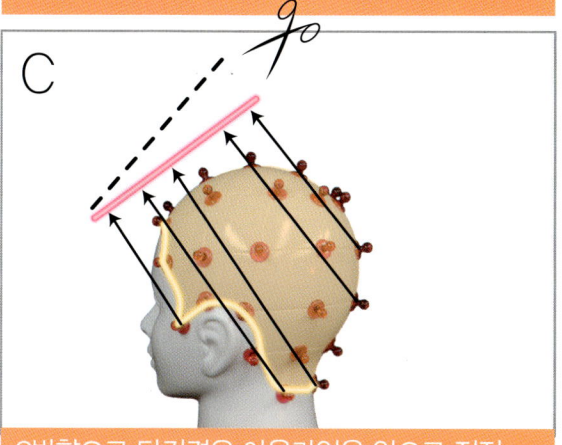

C방향으로 당길경우 아웃라인은 앞으로 점점 올라 가는 세로 겹침의 가벼운 레이어 라인이 형성되며 율동은 무겁게 뒤로 흐른다.

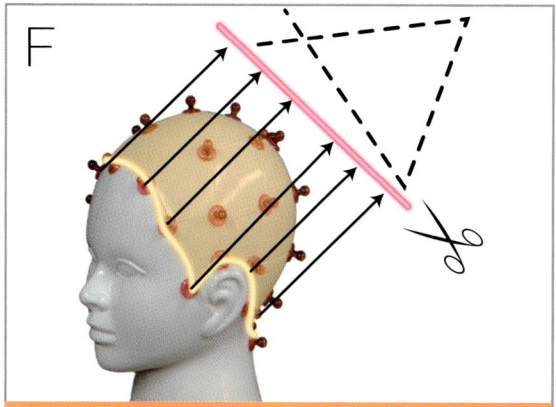

F방향성으로 당길경우 아웃라인은 점점 내려가지만 페이스 앞으로 점점 올라가는 세로 겹침의 레이어 라인이 되면 율동감은 앞으로 흐른다.

한곳으로 당겨있을때 실루엣 변화

디자인 단차를 줄때 사이드 베이스로 한판넬씩 끌어내는 각도가 틀어졌을때는 감각커트가 되기 쉬움으로 오버다이렉션과 리프팅 으로 섹션을 조합하면 디자인의 단차와 라인의 연결이 쉬워집니다.

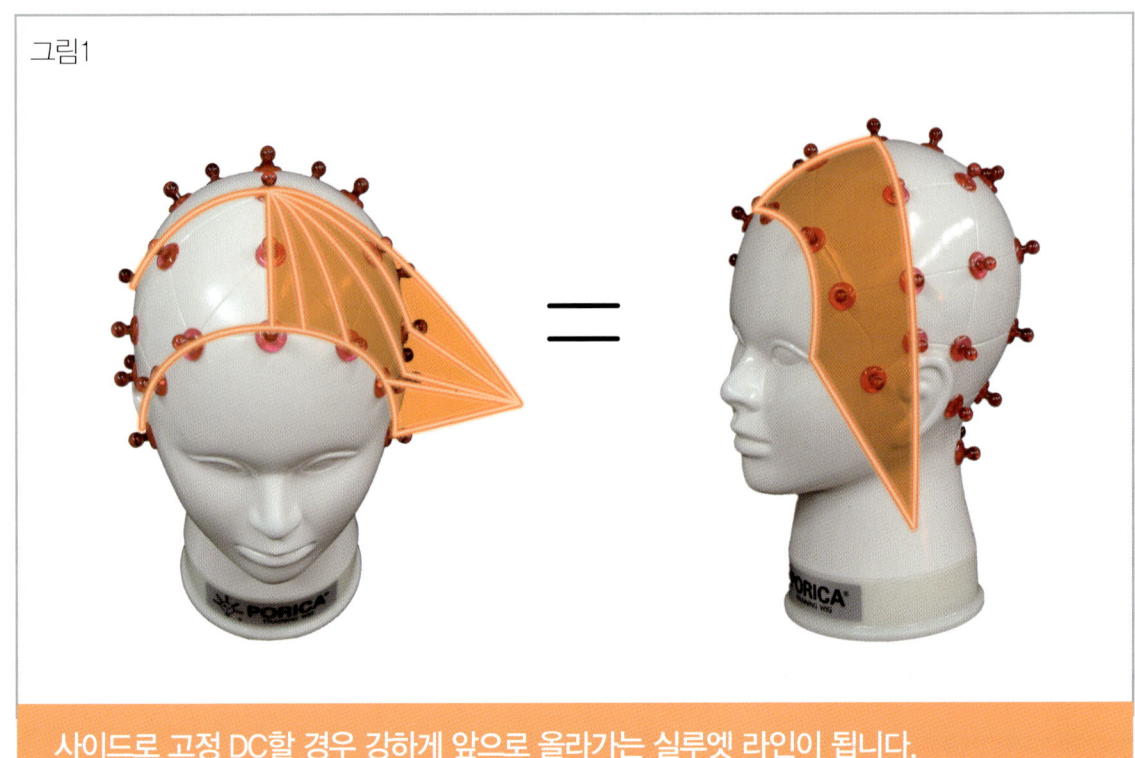

그림1

사이드로 고정 DC할 경우 강하게 앞으로 올라가는 실루엣 라인이 됩니다.

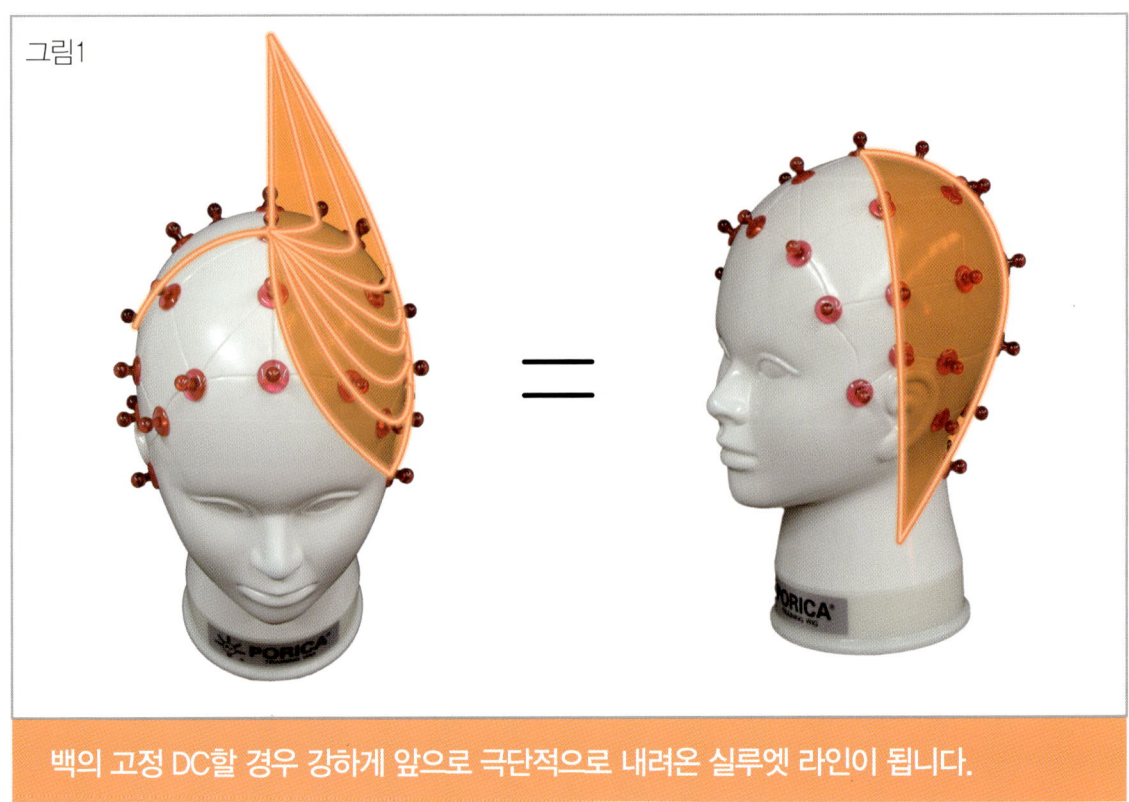

그림1

백의 고정 DC할 경우 강하게 앞으로 극단적으로 내려온 실루엣 라인이 됩니다.

사이드 테크닉

오버다이렉션 활용법

-온베이스보다 각도를 주어서 길이를 만들어 가는 것입니다
-짧은쪽으로 오버다이렉션을 할 경우 반대편이 길어집니다.

그림1

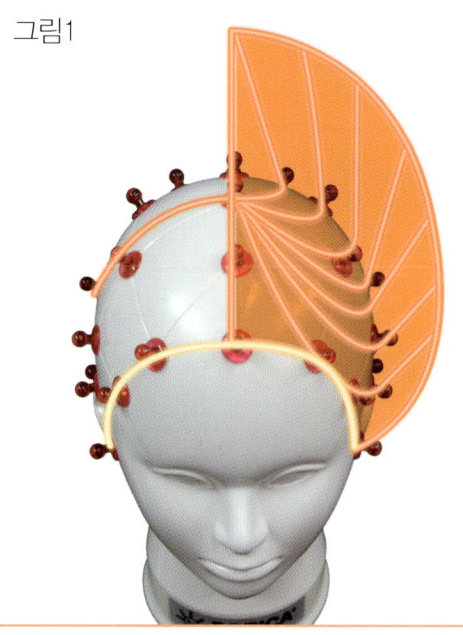

백부분으로 오버 다이렉션하면 백이 짧아지고 사이드 라인이 길어집니다

그림2

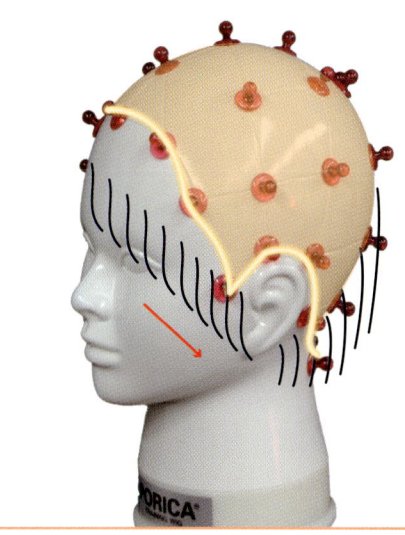

페이스라인 E.T.E로 당겨서 커트하면 앞으로는 경쾌하고 뒤쪽은 무거워 집니다.

그림3

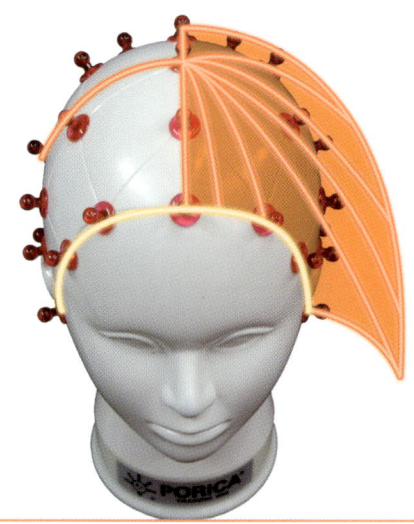

사이드로 오버 다이렉션을 할 경우 사이드 라인은 짧아지고 백 중심이 길어 집니다.

그림4

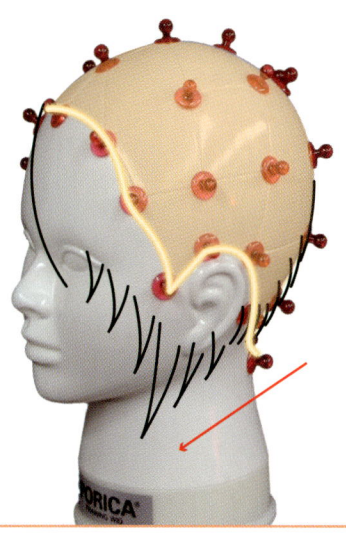

백 사이드로한 판넬 당기면
-백 사이드는 경쾌해지면서 면 E.T.E.P는 무거움이 발생합니다.

Note.

PORICA®

Chapter 12
백부분 테크닉

백부분은

디자인 옆에서 봤을때 사이드 실루엣 라인에 들어간 부분입니다
디자인에서 모류의 잘 움직임을 잘 표현하는 부분이며 아웃라인의 결정권을 갖고 있다.
백 부분은 두상 곡면에 포름 발런스를 골격에 보정하여 디자인을 입체적 표현으로 만들어 주면
아름다운 실루엣 형태로 형성 됩니다.

백 가이드 라인에 미치는 부분

탑부분은 물은 높은데서 낮은곳으로 흐르는 것처럼 두상곡면도 탑의 높은부분에서 낮은부분으로 내려와 겹치게 됨으로 탑의 머리는 앞,뒤 좌우로 떨어져 프론트부분의 낮은부분과 백으로내려와 겹치게 됩니다.

그림1

네이프는 아웃라인을 길이를 결정하는곳이며 움직임이 적은 부분입니다.

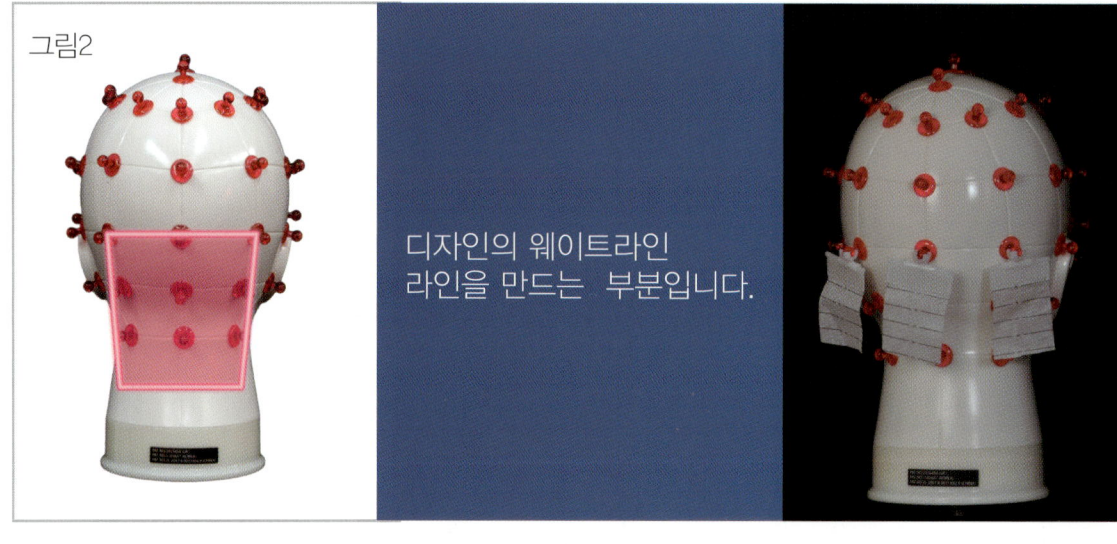

그림2

디자인의 웨이트라인 라인을 만드는 부분입니다.

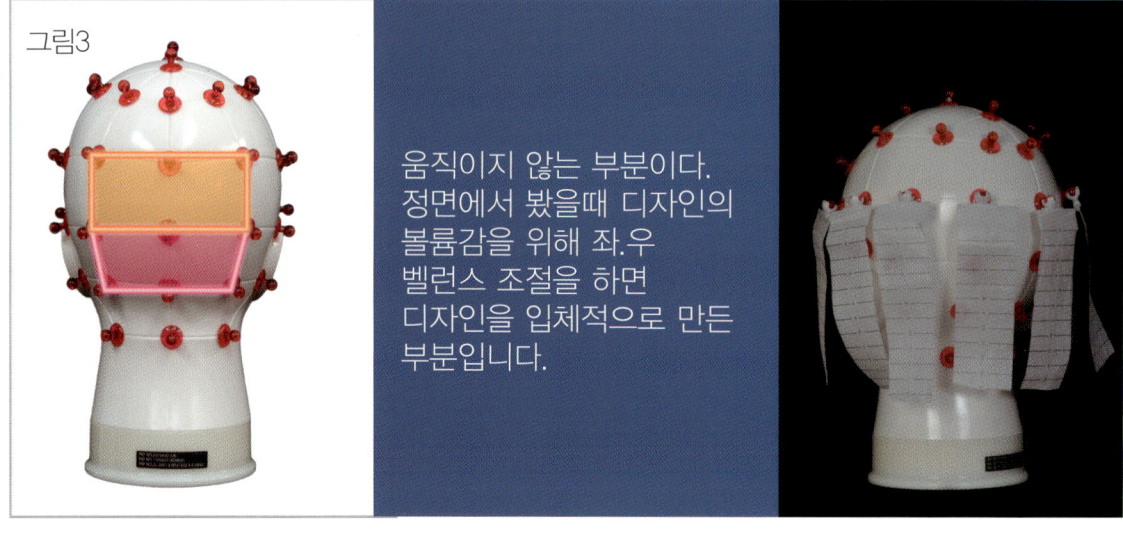

그림3

움직이지 않는 부분이다. 정면에서 봤을때 디자인의 볼륨감을 위해 좌.우 벨런스 조절을 하면 디자인을 입체적으로 만든 부분입니다.

백부분 테크닉

백 가이드 길이 단차와 질감

탑 부분은 신장키에 따라서 포름감을 주여야 할 곡면과 낮추어 주어야 할 부분이다.
햄 라인 곡면에 비해 돌출된 둥근 부분이므로 곡면의 위치에서 판넬의 시술각을 정확하게 끌어내어
커트하여야 떨어진 단면의 층이 자연스럽게 흐름이다.

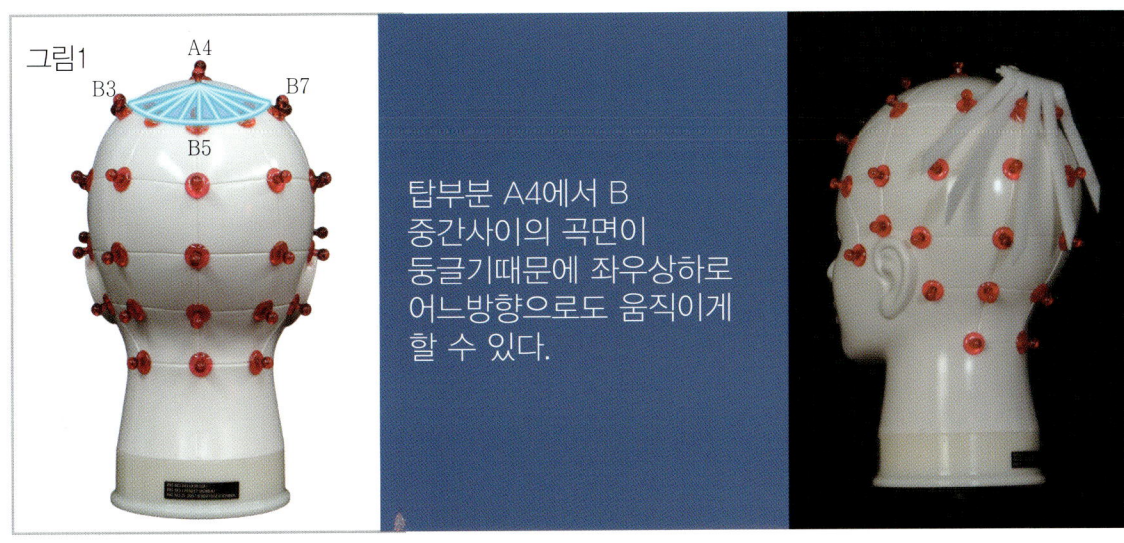

그림1

탑부분 A4에서 B 중간사이의 곡면이 둥글기때문에 좌우상하로 어느방향으로도 움직이게 할 수 있다.

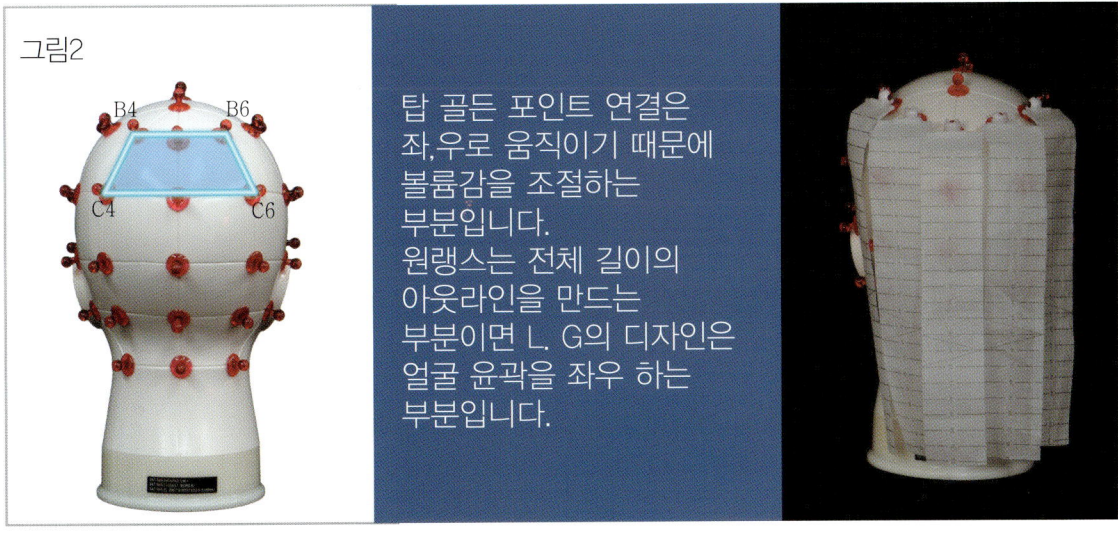

그림2

탑 골든 포인트 연결은 좌.우로 움직이기 때문에 볼륨감을 조절하는 부분입니다.
원랭스는 전체 길이의 아웃라인을 만드는 부분이면 L. G의 디자인은 얼굴 윤곽을 좌우 하는 부분입니다.

백 실루엣라인에 미치는 부분

그림1

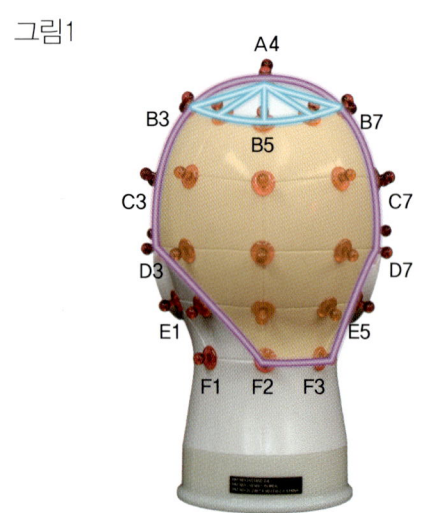

- 백의 실루엣은 T.P A3에서 E.T.E B2~D2 세로선 부분까지 백실루엣라인에 들어간다.
- E.T.E D2에서 정중선 센터 F2 선까지 의해서 컨백스 컨케이스가 표현된 부분입니다.

그림2

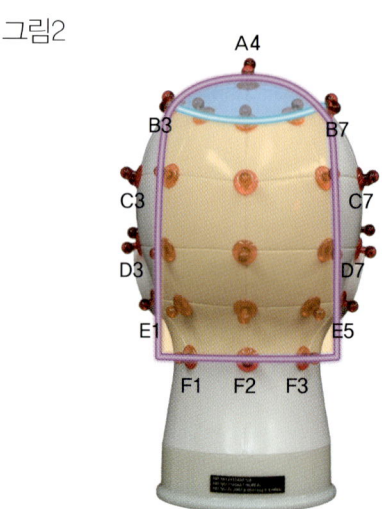

- 백 아웃라인 부분 위치는 T.P(A4) 방사선과 측두부 두개골(B3~B7)가로선과 (B3~F1, B7~F3) 세로선에 의해 백 아웃라인 만들어진 부분이다.
- 귀뒤(E1)선과 정준선센타(F2)에 의해서 컨백스 컨케이브가 표현된 부분입니다.

그림3

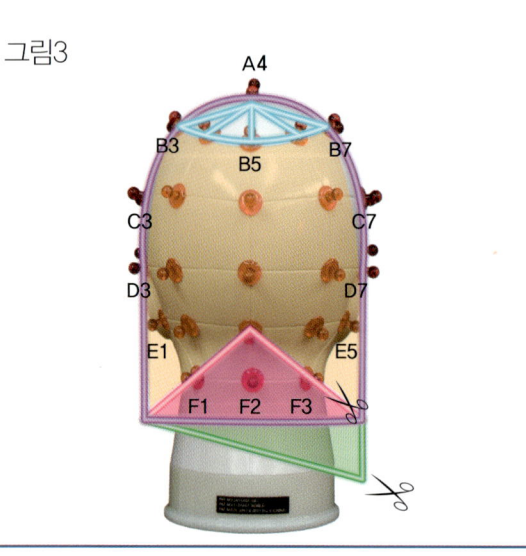

백부분은 켄 케이브, 원랭스 비대층 아웃라인을 시술각에 의해서 변화된 실루엣을 만들 수 있습니다.

그림4

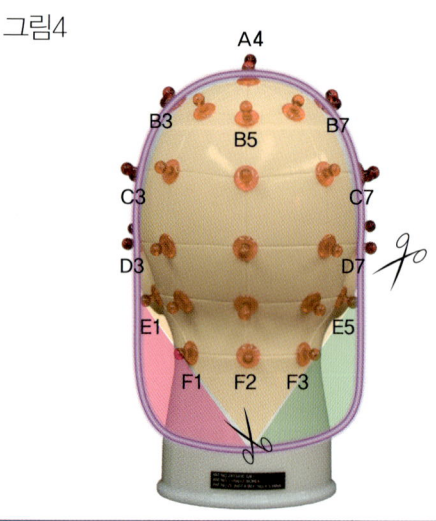

백 부분은 컨백스 U라인 V 아웃라인을 시술각에 의해서 변화된 실루엣을 만들 수 있습니다.

백부분 테크닉

판넬의 시술각 방향에 따라서 나타나는 실루엣 라인의 변화

백 디자인의 형태는 상하 좌우 움직이는 방향성에 따라서 전대각 후대각으로 디자인 형태가 달라진다. 그 방향성은 판넬을 커트하는 상하좌우에 따라서 디자인 형태가 변합니다.

그림1
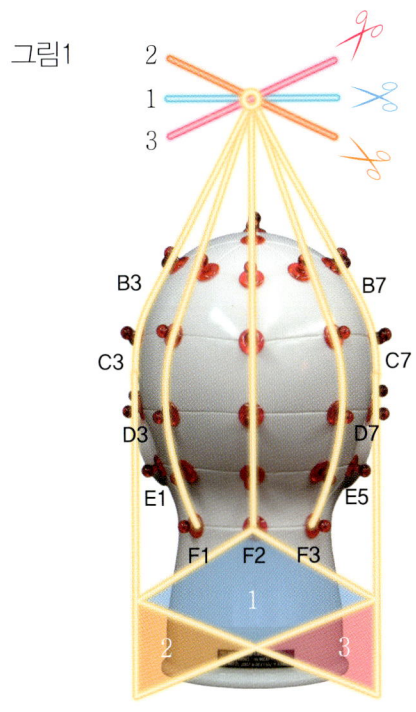

좌B3~F1 까지 우B7~F3 까지를 D4까지 올려 수평은 무거운 전대각 실루엣 라인 형성된다 손 위치에 따라서 가볍게 흐르는 라인의 방향성이 달라집니다.

그림2
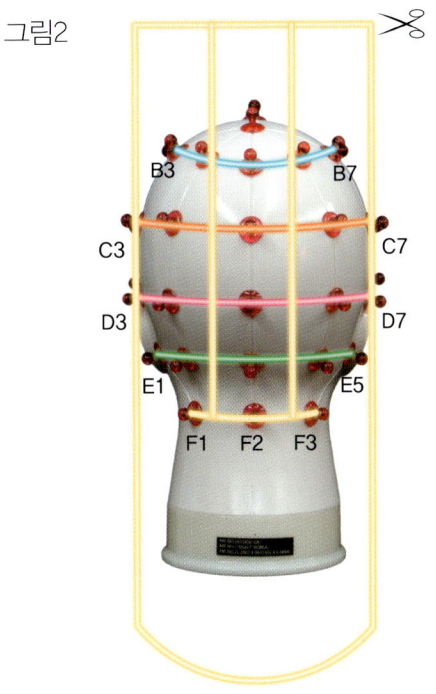

좌B3~F1 까지 우B7~F3까지 위로 올려서 스퀘어가되게 컷하면 층이형성 되지만 무거운 단발 느낌의 후대각 실루엣 라인이 형성됩니다.

그림3
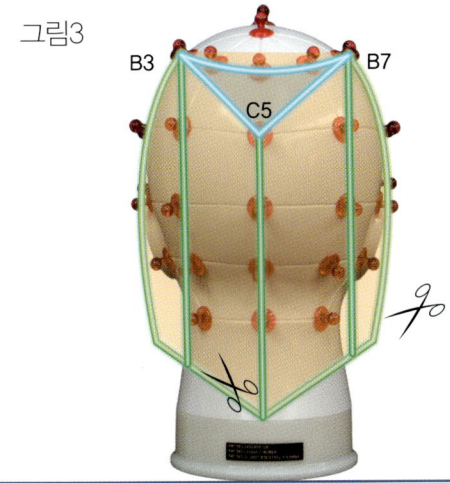

좌우 B3~B7 까지 수평 슬라이스에 백 C5의 대각을 연결하면 V 실루엣 라인이 형성됩니다.

그림4
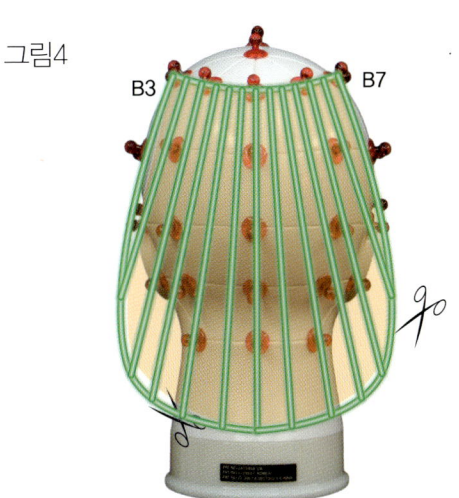

온 베이스는 무거운 선이 남았으나 점선에서 점점 길어집니다.

백부분의 슬라이스 테크닉 1

개인의 모류 방향성은 매우 불규칙하여 모류의 형태에 영향을 미치면 모류는 성장 패턴으로 흐르는 성질이 있다. 임의대로 가로, 세로 슬라이스로 커트하여도 디자인의 모류는 성장 패턴으로 떨어진다 존에루츠 텍스처로 모류를 보정할수 있으나 성장 패턴의 곡면을 이용한 슬라이스로 커트 하여주면 포름감과 밀착이 자연스런 실루엣 라인이 됩니다.

그림1

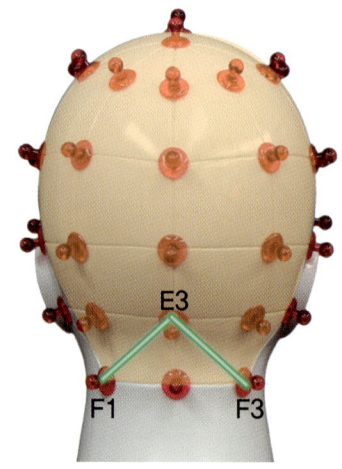

원랭스나 롱레어도 네이프의 곡면의 원거리에 의하여 흘러가므로 처음 컷할때 흐르는 선을 만들어 주면 뒷머리가 들뜨거나 뭉치지 않습니다.

그림2

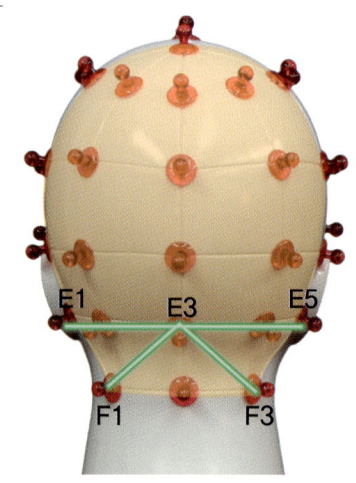

네이프 첫단은 ∧ 슬라이스로 하고 다음단부터는 디자인에 맞는 슬라이스를 사용하여 커트 합니다.

그림3

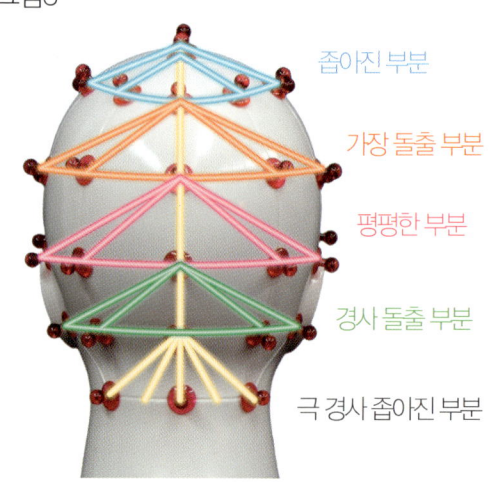

두상의 곡면은 울퉁불퉁한으로 온베이스 컷은 곡면 그대로 들어나지만 자연성장 패턴슬라이스는 곡면의 울퉁불퉁한 부분을 보정되어 커트선이 형성되기 때문에 포름감과 밀착의 실루엣 라인이 나타납니다.

그림4

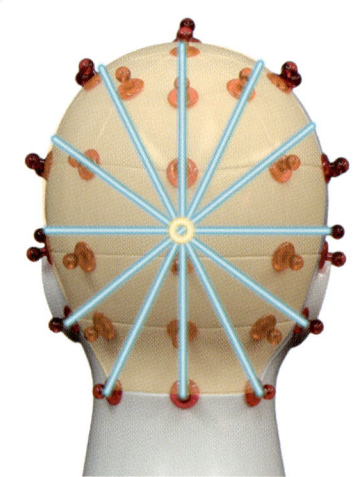

원랭스 무게감있는 디자인에 아웃라인은 변화없이 포름감을 형성하고 싶을때 시술합니다.

백부분 테크닉

백부분의 슬라이스 테크닉 2

그림1

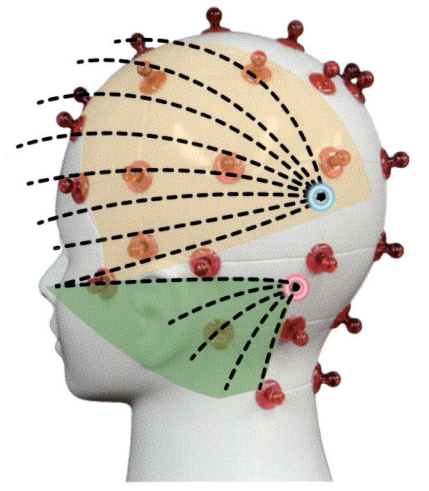

백부분에서 피봇슬라이스로 체크 컷하면 두상곡면의 울퉁불퉁한 면을 커버하여 주면 웨이트 라인의 포름감이 형성시켜주므로 네이프는 더 밀착 시킴으로 실루엣 라인이 더욱 아릅답게 흐릅니다.

그림2

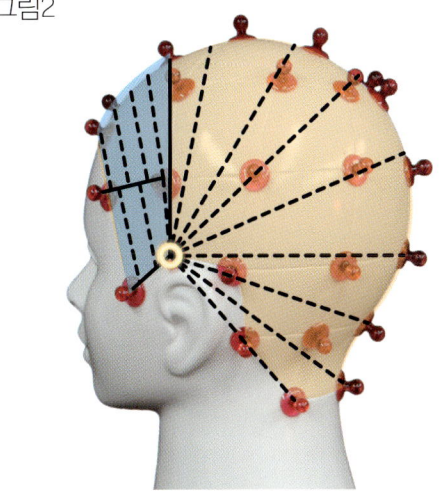

E.T.E에서 피봇은 사이드의 곡면을 입체적으로 보이게 만들어줍니다
숏스타일이나 모이칸 머리에 사용하면 아름다운 실루엣 라인이 됩니다

그림3

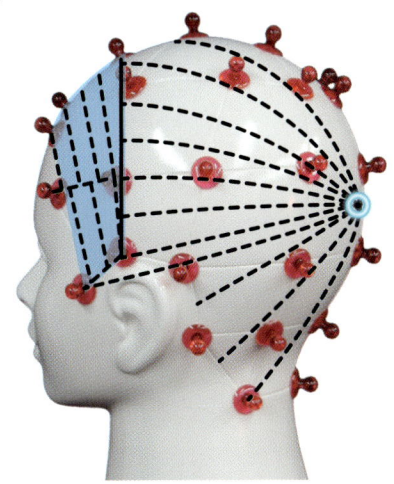

컷의 수직은 곡면 그대로 드려내지만 피봇 슬라이스로 네이프까지 360° 원으로 돌려서 커트하여주면 곡면을 보정하여 실루엣 라인을 포름감 있게 형성시켜 줍니다.

Note.

PORICA®

Chapter 13
네이프 테크닉

네이프는

 가장 움직임이 적은 곳이다. 두상의 모류는 위에서 아래로 떨어지기 때문에 모발의 겹침이 한곳으로 집중되어 모발이 움직임이 어려운 부분이나 롱 머리는 어깨로 닿기 때문에 움직임이 생긴다. 네이프는 커트할때 첫번째 베이스 라인이 되기 때문에 디자인 형태를 결정짓는 부분이다.
네이프 형태라인은 곡면이 가파르기 때문에 하나로 뭉쳐 보이는 특징이 있습니다.
그러므로 시술이 쉬운것 같으면서도 어려운 부분이기 때문에 슬라이스를 조금씩 나누어서
조각 같은 감각으로 스마트하게 보이게 할것인지, 풍성하게 보이게 할건지 판단하여
슬라이스를 선택하여 커트하여야 합니다.

네이프 슬라이스가 디자인에 미치는 영향 1

커트는 귀뒤 네이프 슬라이스에 따라서 웨이트 라인이 달라집니다.
짧은 숏 머리 디자인은 목이 짧은 사람에게는 네이프 선을 길게 하면 목이 더 짧아 보입니다.

그림1

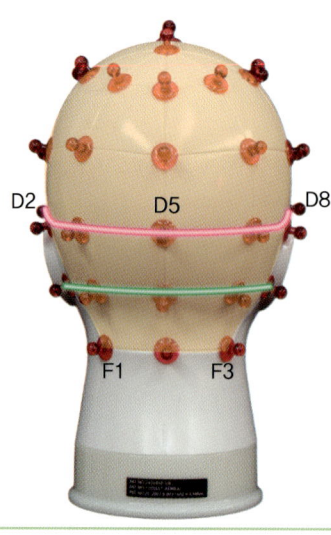

- 네이프길이 웨이트라인 D2~D8 E1~E5까지 먼저 수평으로 섹셔닝을 나누고 F1~F3 네이프 아웃라인으로 수평, 수직, 대각 피봇으로 나누어서 커트한다.
- 네이프 곡면이 움푹들어간 L폭을 계산 하여야 한다.

그림2

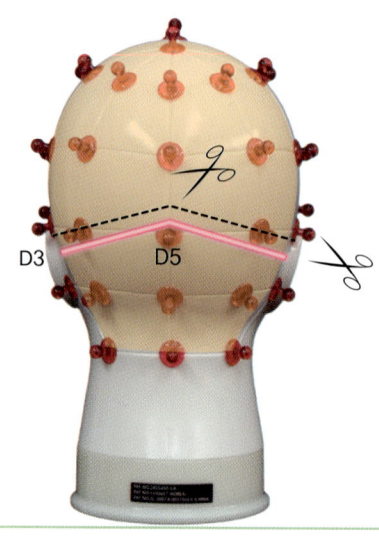

네이프 켄 케이브 웨이트 라인은 수평선에서 D3 부분으로 1cm 내려오면 센타 D5 부분은 1cm 올라가게 파팅을 떠줍니다.

그림3

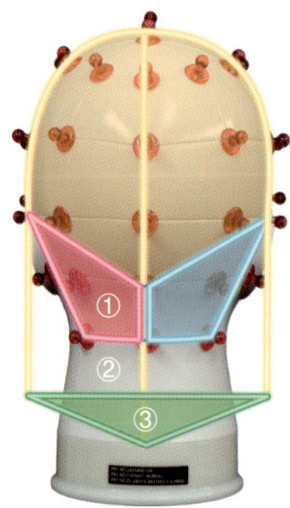

① 백 사이드 슬라이스는 E.T.E 와 정중선을 연결하면 마름모형이 형성된다.
② 목이 두꺼운 사람은 가이드 라인을 2번으로 커트하면 목이 크게 보이고 3번으로 커트하면 가늘게 보인다.
③ 목이 긴 사람은 2번으로 커트하면 짧아보이면 3번으로 커트하면 길이가 길어 보인다.

그림4

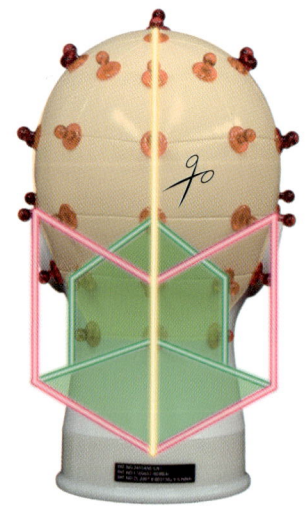

- 백의 포름은 어느위치에 두느냐에 따라서 목이 가늘게 보이는 효과가 있다.
- 웨이트가 올라가면 A라인이 되고 반대로 내려오면 V 라인이 된다.

네이프 테크닉

네이프 슬라이스가 디자인에 미치는 영향 2

네이프의 디자인 표현은 슬라이스를 어떻게 취해 주느냐에 따라서 실루엣 라인 형태가 달라집니다.

그림1

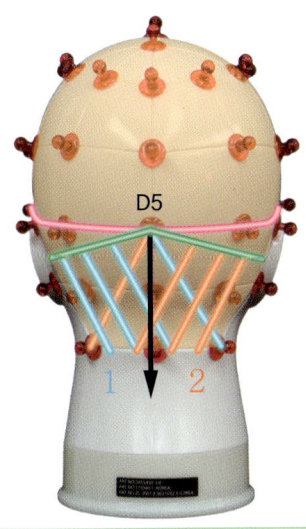

1. 세로 슬라이스도 아닌 세로에 가까운 대각은 세로 슬라이스의 두툼한것 보다 조금 슬림한 라인이 형성됩니다.
2. 네이프는 반대 슬라이스로 다시한번 체크하여 준다.

그림2

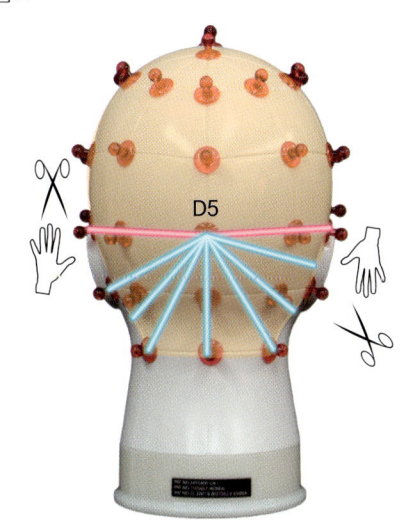

피봇 슬라이스 머리카락은 단면이 아니고 사선이기 때문에 슬림하게 감싸는 느낌으로 밀착된다.

그림3

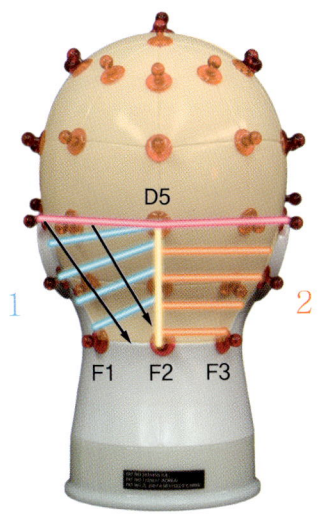

1. 네이프 대각 슬라이스는 E.P 포인트에서 빗질 하여야 켄 케이브 실루엣 라인 길이는 길어진다.
2. 가로 슬라이스는 제일 무거운 실루엣 라인이 형성 됩니다.

그림4

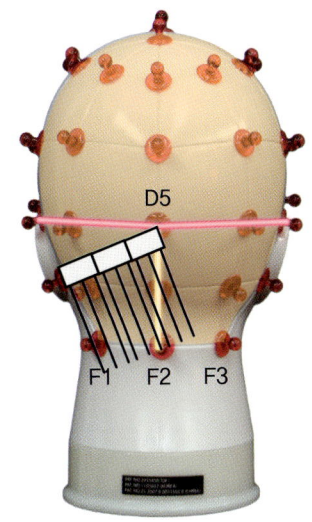

대각 슬라이스에 직각 빗질은 컨 케이브 라인을 자연스런 실루엣 라인을 만들어 줍니다.

네이프 슬라이스가 디자인에 미치는 영향 3

네이프의 첫번째 판넬은 곡면 시술각에 맞추어 주면 무거운 단차의 층 형성이 되지만 L로 판넬을 잡아주면 단층이 자연스런 흐름으로 나타납니다.

그림1

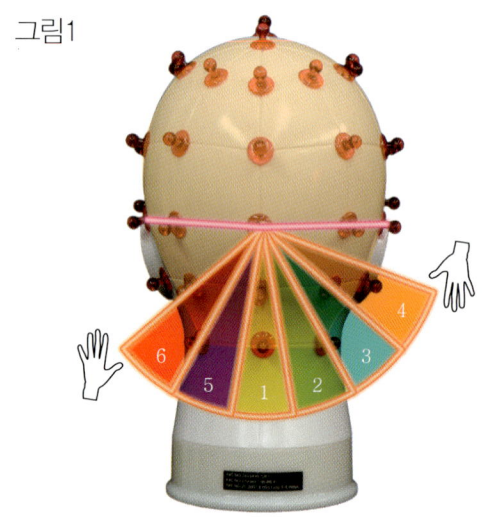

자연시술각 성장패턴으로 컷하면 자연스런 U라인이 자연스런 실루엣이 된다.

그림2

① 곡면이 굴곡으로 되어있어서 G로 커트 하여도 떨어진 모류는 무거운 레이어로 떨어진다.
② 세임 레이어로 상하 길이는 변화 없는것 같아도 떨어진것은 레이어로 떨어진다.
③ 레이어는 떨어진 단차의 폭으로 넓어 지면서 플랫하여 집니다.

그림3

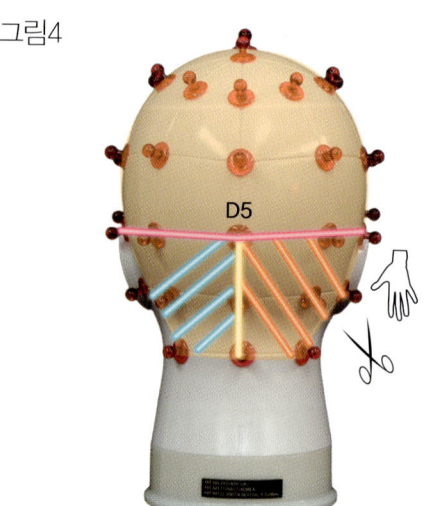

① 세로 슬라이는 세로 흐름이 강조되어 조금 통통하게 보인다.
② 후대각 슬라이스는 백사이드가 움푹 들어간 웨이트라인으로 형성 됩니다.

그림4

사선 슬라이스도 포워드의 기점에 따라서 약간 가늘고 부드럽고 와이드하고 풍성함을 나타냅니다.

네이프 테크닉

Note.

Note.

PORICA

Chapter 14
페이스 실루엣라인 테크닉

페이스라인은

정면에서 봤을때 디자인에 따라 이미지를 크게 좌우 합니다.
헤어스타일 포름은 이미지와 관계 되면 얼굴 이미지에 영향을 줍니다.
얼굴형은 얼굴 윤곽 형태를 말하지만 아무리 같은 얼굴이라도 얼굴 윤곽이 다르면 이미지는 변합니다.
이목구비는 눈코입술등을 말하는데 사람을 구별하는데 중요한 요소입니다.
페이스 헤어라인의 역활은 얼굴 주변 모발이 어떤 라인의 형태가 얼굴에 맞는지 판단하여야 합니다.
얼굴을 적게 보이는 페이스 실루엣 라인 테크닉이 있다.
얼굴이 짧게 보이는 페이스 실루엣 라인 테크닉이 있다.

사이드 가이드 라인 커트 순서 테크닉 1

사이드는 프론트에서 점점 낮아지면 백 사이드도 골격면으로 흐르고 있으므로 앞올림 가이드 라인 시술시 주의 하여야 가파른 후대각 라인이 생기지 않습니다.

사이드 컷 순서

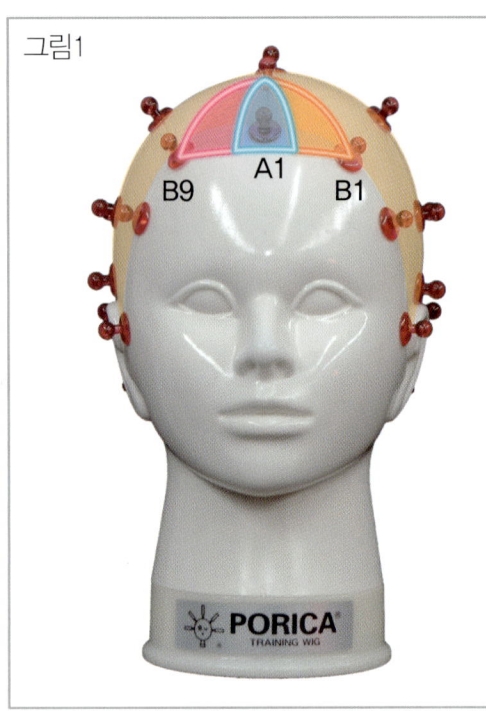

그림1

프론트 아웃라인

프론트는 프론트 센터와 (A1)
프론트사이드(B1,B9) 나누어서 생각한다.
프론트는 이마 주변에 있는 부분이다.

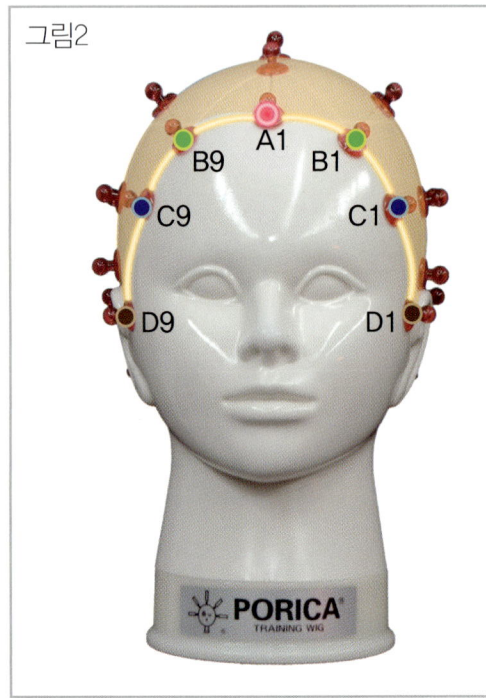

그림2

페이스 실루엣라인

페이스 아웃라인은 프론트 센터와 사이드
코너 포인트를 A1~D1을 연결하여
이목구비의 윤곽 밸런스를 보정하여
얼굴을 작게 보여지는 실루엣 부분입니다.
얼굴과 턱의 면은 입체적인 곡선임으로
직선의 커트보다 곡선으로 연결하면
아름다운 실루엣라인을 만들어집니다.

페이스 실루엣 라인이 영향을 미치는 부분

그림1

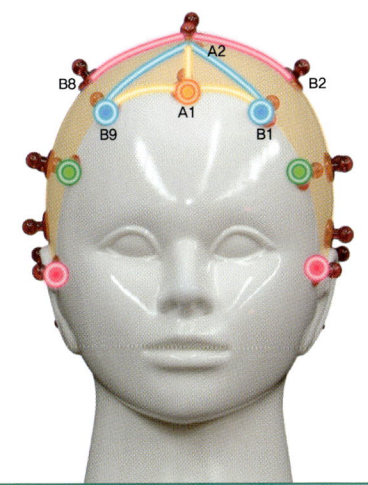

프론트 부분에는 컷을 할수 있는 3선으로 되어있다. 템풀지역에서 사이드 코너 포인트 까지 연결 부분은 컨트롤 할 수 있는 부분이다. 측두선 두개골 B2, B8 의 길이와 포름은 프론트 실루엣에 영향을 미친다. 프론트 실루엣은 E.T.E와 측두부 두개골 B2, B8의 곡면이 튀어난 부분에 의해 프론트 웨이트보다 짧은 층이 생기며 각이진 부분이 됩니다.

그림2

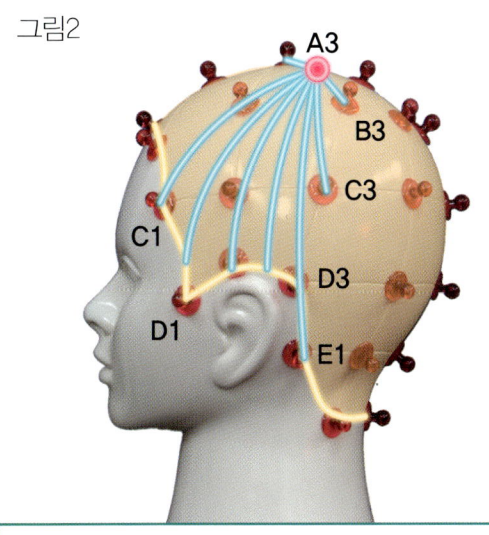

프론트 E.T.E 백사이드의 길이와 포름은 페이스 실루엣과 웨이트 라인에 영향을 미치는 부분이다.
탑포인트에서 프론트 사이드 네이프 부분을 성장 패턴으로 분배하여 커트하는 것은 중요합니다.

그림3

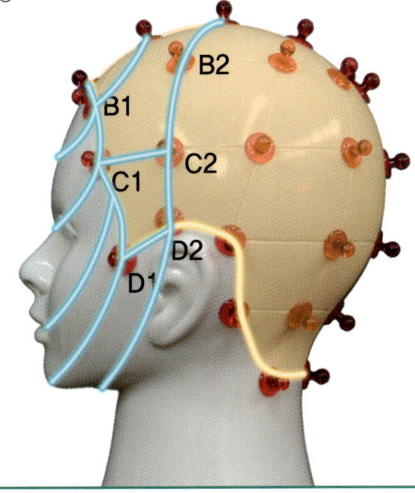

템풀지역과 사이드 코너 포인트 부분은 직선과 곡선의 연결선 길이는 얼굴을 작게 또는 크게 보이게한다.
얼굴 사이드가 평면은 사람은 곡선으로 연결하면 부드럽고 얼굴이 적게 보입니다.

그림4

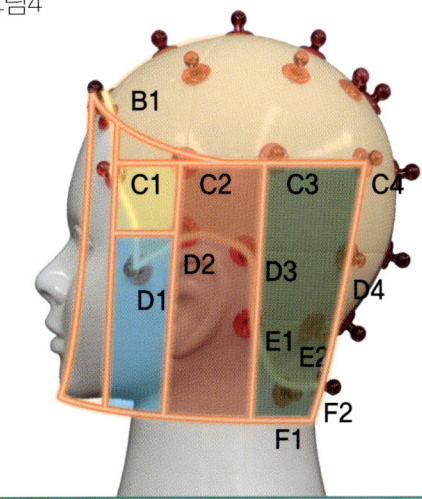

센터 중심에서 두상곡면을 이용하여야 한다.
E.T.E 포인트는 백사이드로 넘어갈때는 사이드 아웃라인 확인하고 자연시술각에 손위치 정확하게 잡아서 컷해야 아웃라인 길이 변화지가 않는다.

프론트 시술각 라인의 테크닉 1

얼굴주변은 프론트뱅과 사이드 뱅으로 연결되어 디자인이 형성 됩니다.
얼굴 윤곽에 맞은 디자인 방법 (매칭)이란 얼굴 윤곽과 이목구비에 맞춰서 달걀형을 만들어집니다.

페이스 실루엣 라인 변화

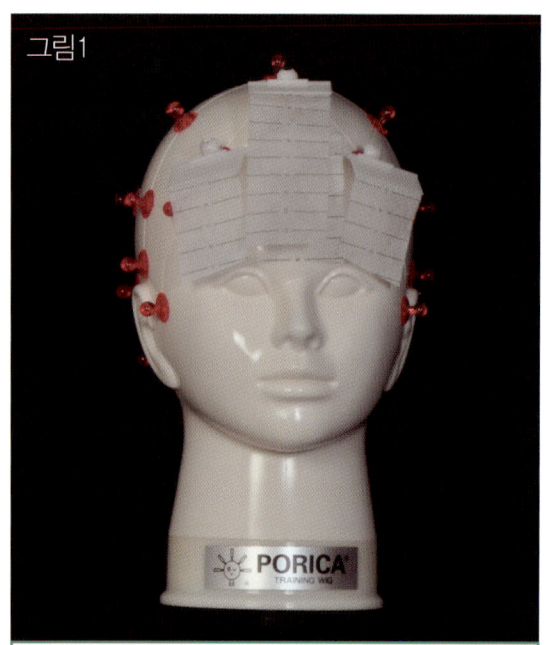

그림1

페이스프론트 아웃라인은 디자인의 얼굴 윤곽을 조정하는 라인으로 이미지를 좌우 합니다.

그림2

프론트 실루엣 라인은 길고 짧은 디스커넥스 길이와 좌우 두께에 따라 이목구비와 이미지를 변화 시킵니다.

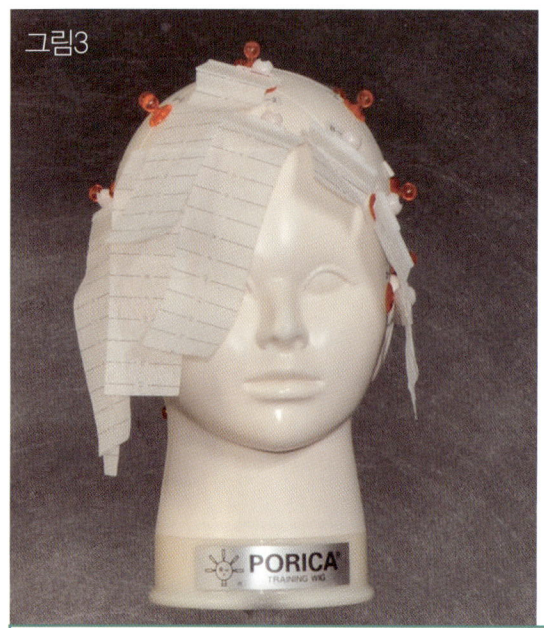

그림3

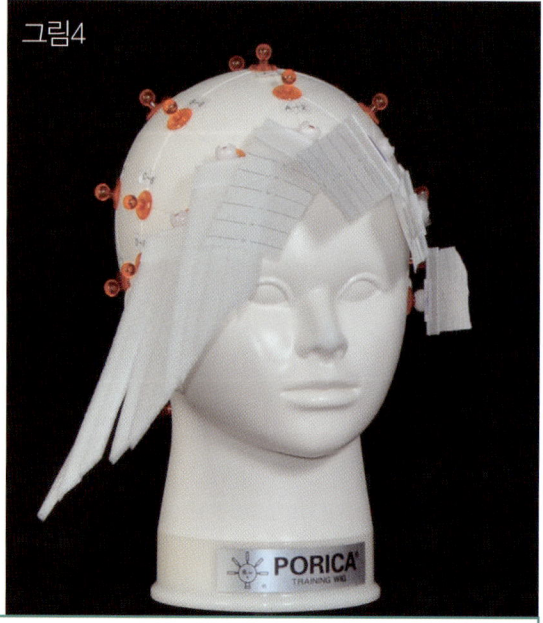

그림4

페이스 실루엣 라인의 디스커넥스는 얼굴 단점을 커버 하면서도 입체감과 율동감 흐름으로 얼굴 이미지의 강약 표현이되면서 개성을 더 살릴수 있는 디자인이 형성됩니다.

프론트 시술각 라인의 테크닉 2

얼굴주변 주의를 디자인할때 프론트와 사이드의 관계를 이해하여야 한다. 프론트와 사이드의 템플 부분과 S.C.P 사이의 단차가 없으면 아웃라인의 모량이 겹쳐서 처지는 프론트 실루엣 라인이 됩니다.

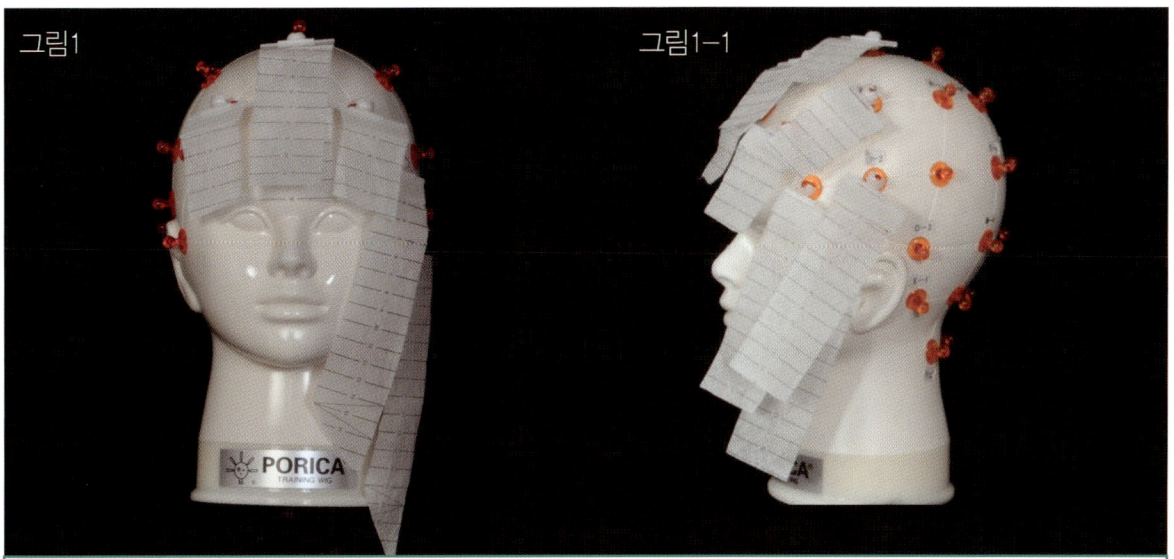

그림1 그림1-1

사이드 부분과 백 사이드 부분은 골면이 둥글게 형성되기 때문에 후대각으로 내려가는 라인을 만들때는 가파른 섹션은 주의하여야 합니다
사이드와 E.T.E.P 부분은 모류의 단차와 포름의 방향성, 얼굴 윤곽 이미지에 영향을 미치는 부분입니다.

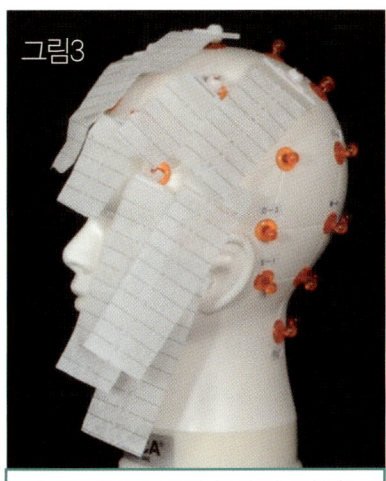
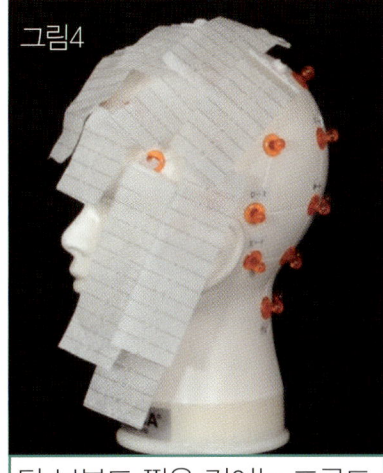
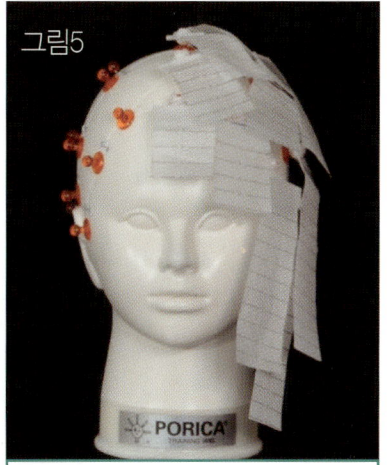

그림3 — 백 사이드 부분의 단차 길이는 프론트 실루엣과 백사이드로 흐르게 됩니다.

그림4 — 탑 부분도 짧은 길이는 프론트 부분과 백 사이드로 흐르게 됩니다.

그림5 — 완성된 페이스 실루엣 라인 입니다.

프론트 시술각 라인의 테크닉 3

프론트와 사이드 실루엣 라인에 단차층이 없으면 얼굴 윤곽 보정에 많은 영향을 미치므로 프론트와 사이드 라인에 그레주에이션으로 무겁게 쳐진 아웃라인에 레이어 단차층을 주어 얼굴 윤곽을 커버 하여야 합니다.

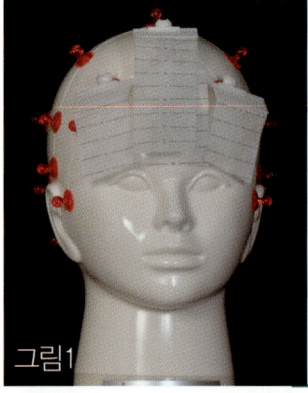

그림1

프론트 부분은 독립적이지만 사이드와 백 부분에 의해서 페이스 실루엣 라인이 형성 됩니다.

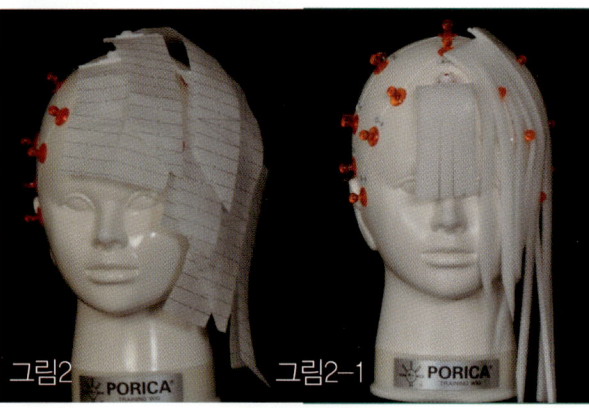

그림2   그림2-1

정면에서 봤을때
프론트 사이드 백부분은 서로 연결성에 의해 얼굴 윤곽을 보정되어 페이스 실루엣 라인을 좌우하는 영향이 있습니다.

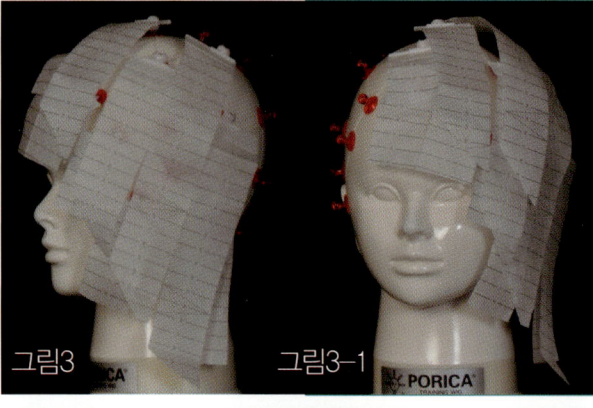

그림3   그림3-1

사이드에서 봤을때
탑 부분에서 내려오는 단차 층의 길이에 따라서 프론트 부분과 백 부분으로 흘려내리면 얼굴 윤곽과 이미지를 좌우하면 페이스 실루엣 라인에 미치는 영향은 다릅니다.

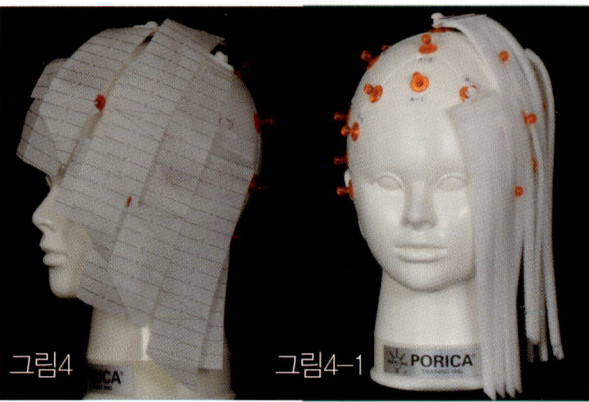

그림4   그림4-1

백 사이드에서 봤을때
탑 부분의 모류의 위치를 프론트 라인 방향으로 보내느냐 백 부분으로 보내느냐에 따라서 볼륨감과 방향성은 페이스 실루엣 라인에 미치는 영향은 다릅니다.

페이스 실루엣라인 테크닉

프론트 가르마 나누는 분할법

얼굴의 가르마는 얼굴면적을 넓으면을 좁게 축소 시키는 역할과 무거운면을 가볍고 발란함과 안전감있게는 얼굴 윤곽을 보정하는 역할도 합니다.

그림1

센터 가르마
위에서 코를 보면서 슬라이스 취합니다.

그림2

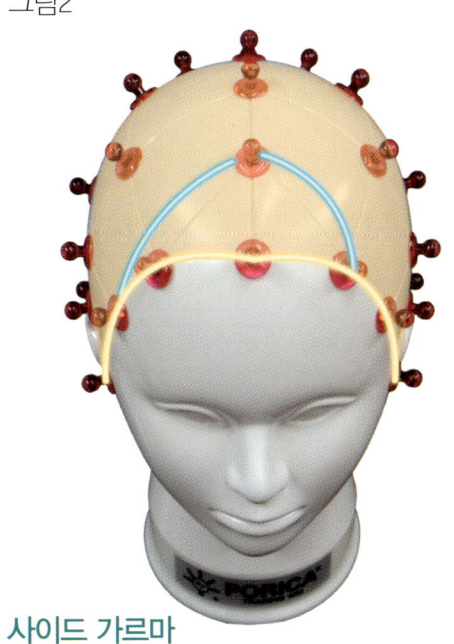

사이드 가르마
눈동자 중심에서 반대쪽 눈꼬리 부분까지 슬라이스를 취합니다.

그림3

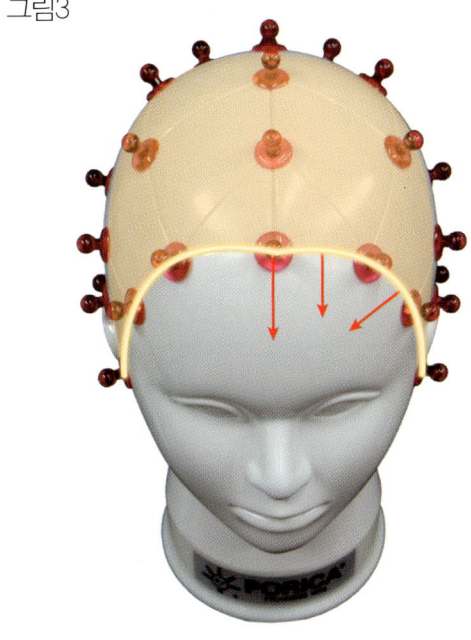

프론트는 햄 라인의 굴곡면을 확인 하여 커트 한다.

그림4

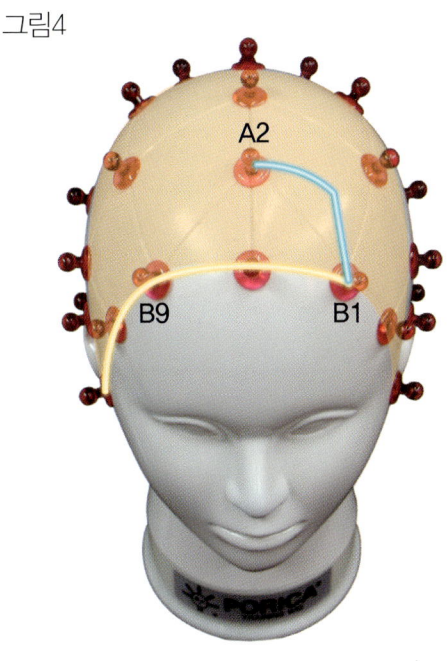

사이드 가르마는 B1에서 5cm 수직으로 나누어주고 A2는 곡선으로 연결 합니다.

뱅 가르마 나누는 분활법

프론트 뱅은 두상 골격면이 둥글기 때문에 자연 시술각으로 빗질 잘하여야 프론트 뱅라인이 자연스럽게 형성됩니다.

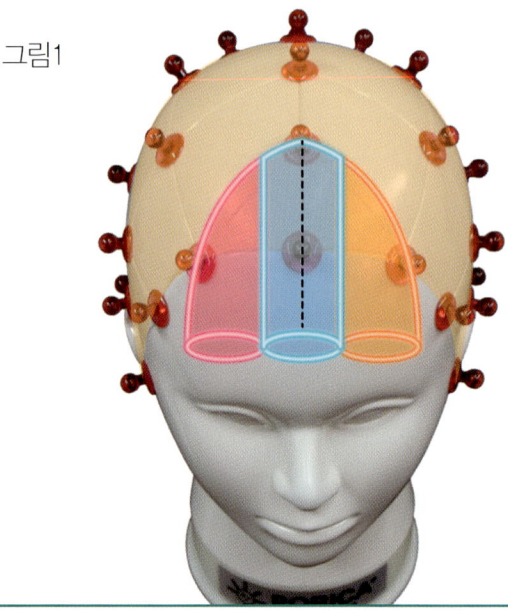

그림1

프론트 뱅 커트하는 테크닉
센터는 눈동자하나 만큼의 간격으로 잡는다.

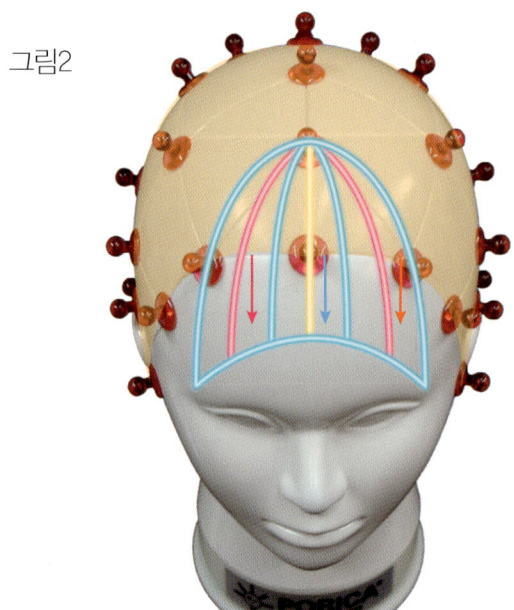

그림2

자연시술각 파팅으로 원핑거 시술각으로 커트해도 프론트 라인의 곡면 때문에
자연스런 켄 케이브라인이 됩니다.

페이스 실루엣라인 테크닉

프론트 큰얼굴 작은얼굴 슬라이스 분활법

큰 얼굴

그림1

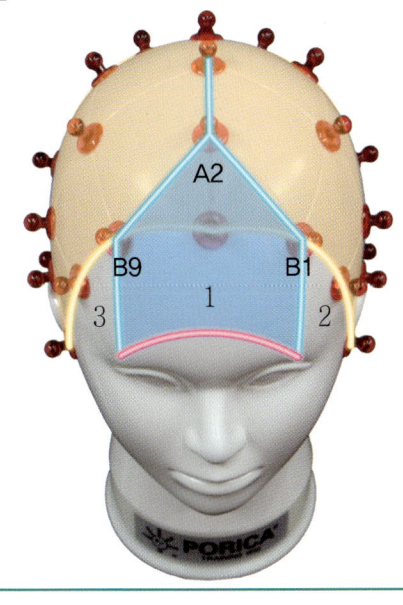

눈 끝선 앞으로 떨어진 선으로 슬라이스 한다.
A2-B1,B9

그림2

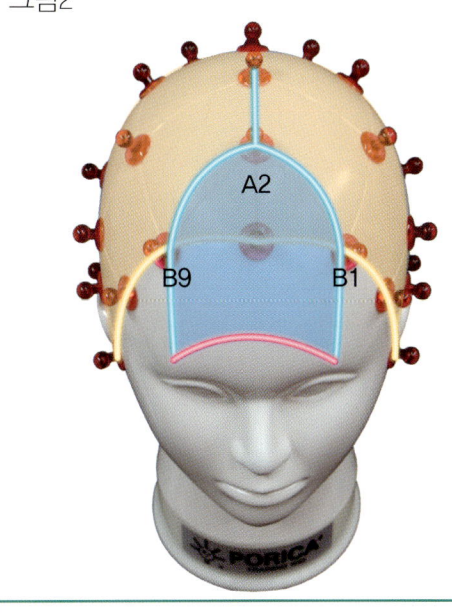

가르마가 없을때는 눈꼬리보다 짧게 슬라이스 합니다.

작은 얼굴

그림3

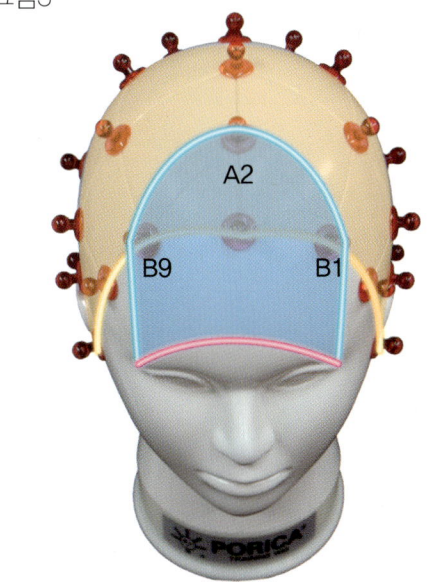

눈썹 끝 길이와 수직으로 슬라이스 합니다.

그림4

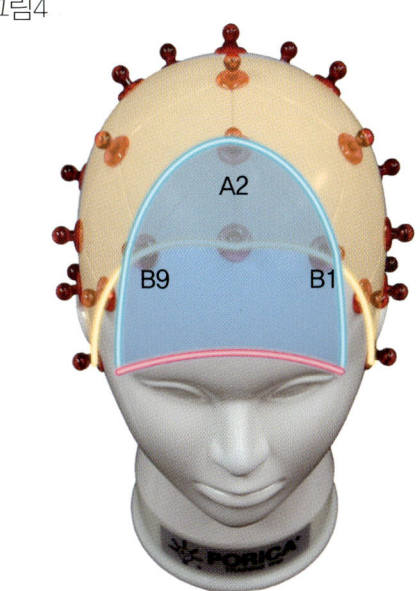

눈썹 끝 보다 1cm 길게 슬라이스 합니다.

프론트 커트하는 테크닉

그림1

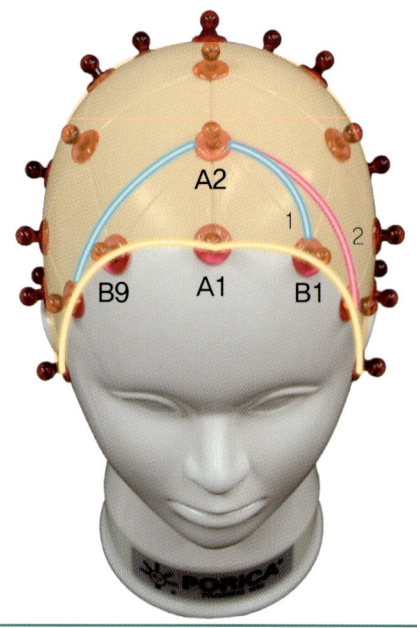

프론트는 넓은 쪽부터 커트 하면 반대쪽은 쉬워진다.

그림2

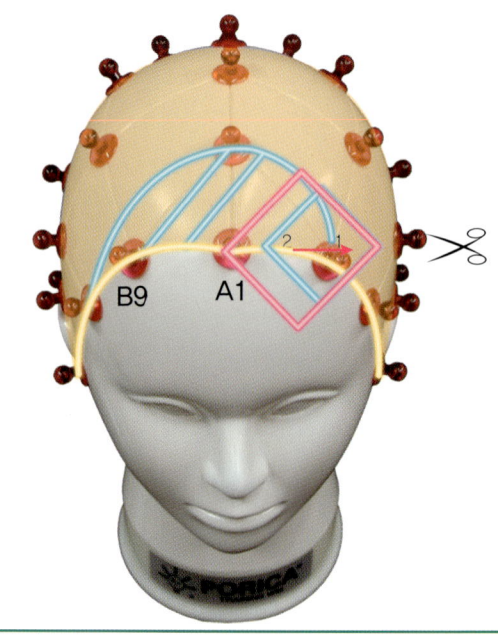

· 슬라이스의 반대방향으로 커트할때는 두상의 곡면대로 커트한다.
· 파팅과 평행하게 온 핑거 시술각으로 커트 한다.

그림3

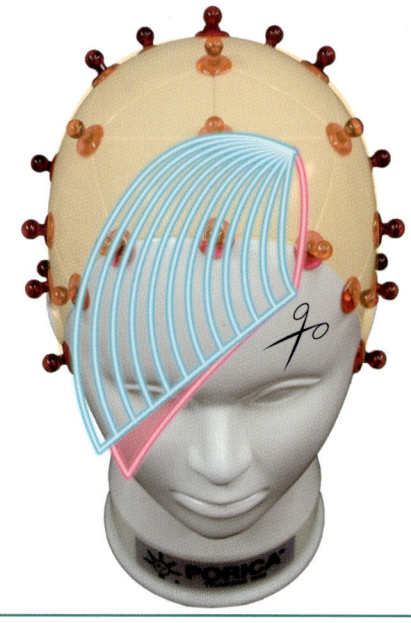

성장패턴으로 빗질 하여도 손위치에 따라서 실루엣은 달라진다.

그림4

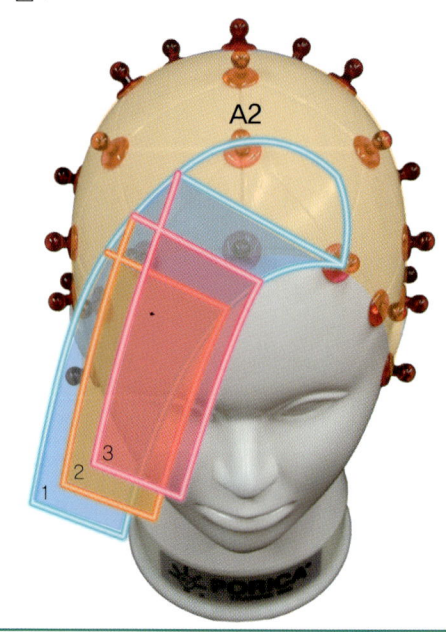

사선 슬라이스에 자연 시술각으로 커트해도 둥근 실루엣 라인으로 떨어진다.

페이스 실루엣라인 테크닉

프론트 무게의 분석 1

프론트 디자인을 고려할때 두상곡면의 특성과 비율을 혼합할때 무게감을 줄것인지 감소 시킬건지는 모류의 무게의 양을 비례하여 S.L L.G로 비입할것인지 생각 하여야 합니다.

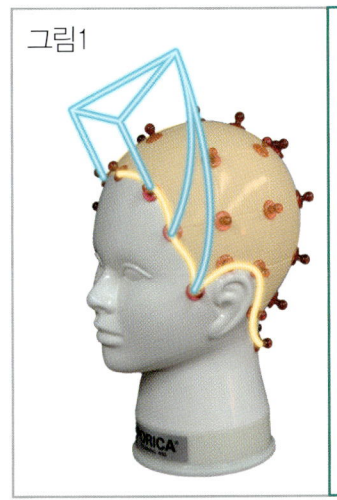
그림1

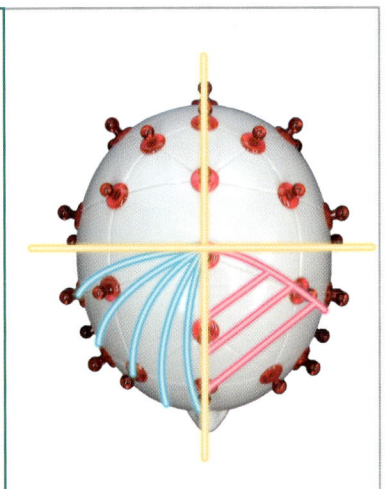

프론트뱅은 대각 슬라이스와 피봇 슬라이스에 레이어와 그레쥬에이션 대입은 비대층 실루엣 라인으로 형성 됩니다.

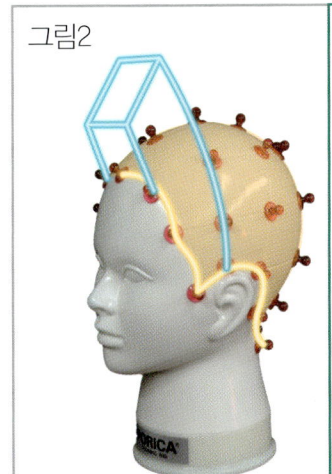
그림2

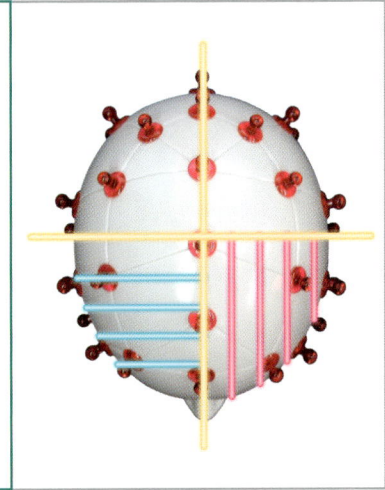

일자형 수평 뱅은 수평 슬라이스로 자연스런 단차의 뱅은 수직 슬라이스에 SL을 대입하면 프론트 뱅 만들기가 쉬워집니다.

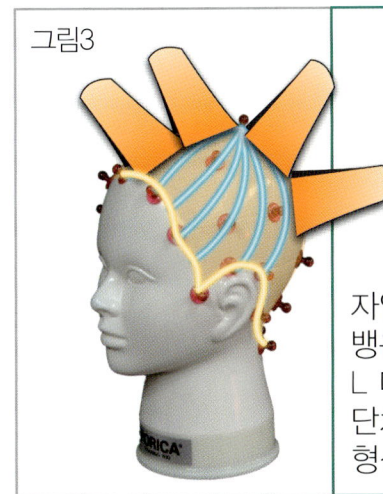
그림3

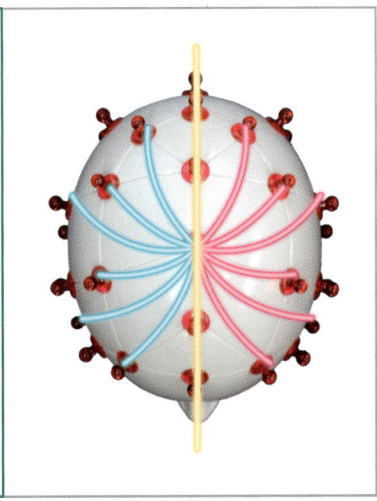

자연스런 단차의 층 형성의 뱅은 라운드 사선 슬라이스에 L 대입으로 자연스런 단차층이 있는 실루엣 라인이 형성 됩니다.

프론트 무게의 분석 2

그림1

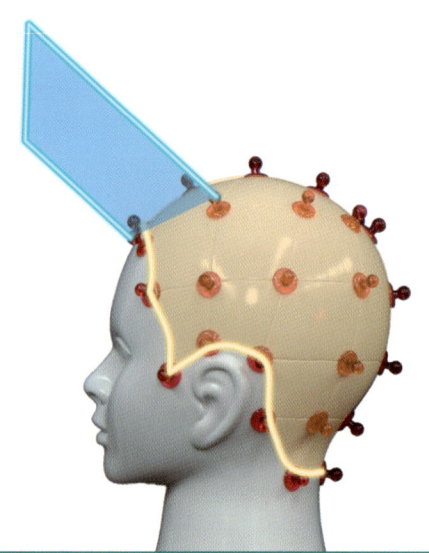

원랭스
위에머리가 겹쳐져서 무거운 뱅이 형성됩니다.

그림2

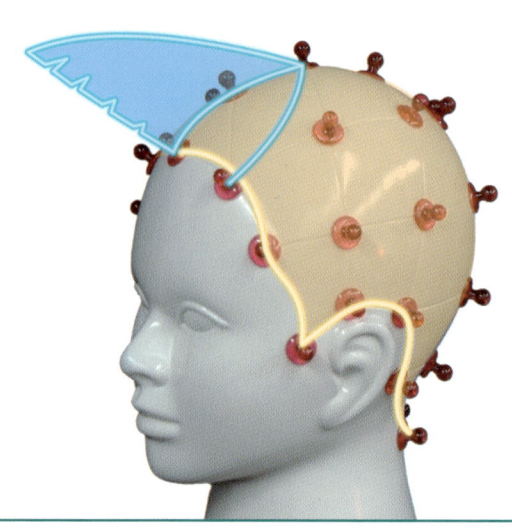

프론트의 뱅은 원랭스와 G는 무거움이형성됩니다. 무거움감 제거는 위 부분을 레이어로 연결하여 주면 자연스러운 층이 형성됩니다.

그림3

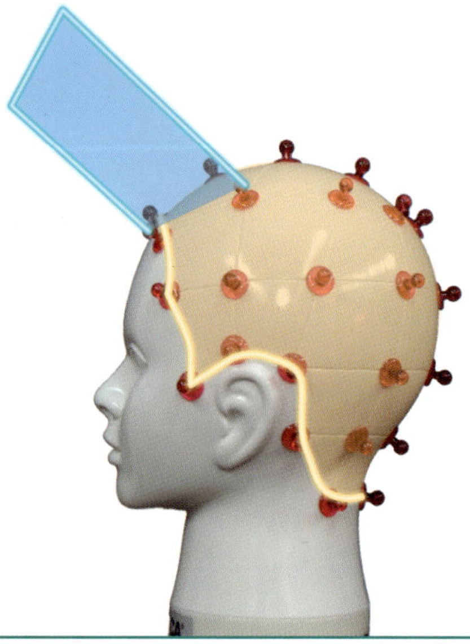

그레쥬에이션
원랭스보다 자연스런 뱅이 형성됩니다.

그림3-1

그레쥬에이션의 무거운 뱅을 위 부분을 조금 L 로 커트하면 자연스런 흐름의 무게감이 형성 됩니다.

페이스 실루엣라인 테크닉

프론트 무게의 분석 3

프론트 형태는 시술각에 따라서 무게감을 줄수도 있다. 무게감은 눈, 광대뼈, 코 특정부의를 강조 시킬수 있으므로 레이어로 무게감을 없게 하여주는 방법도 있다.

그림1

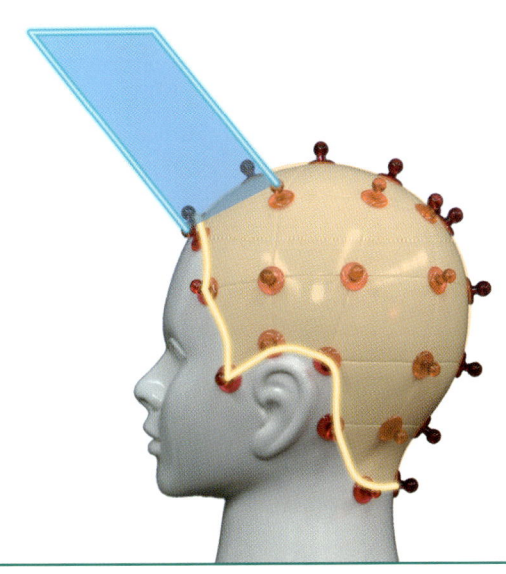

레이어
자연스러운 단차가 형성된 뱅이 됩니다.

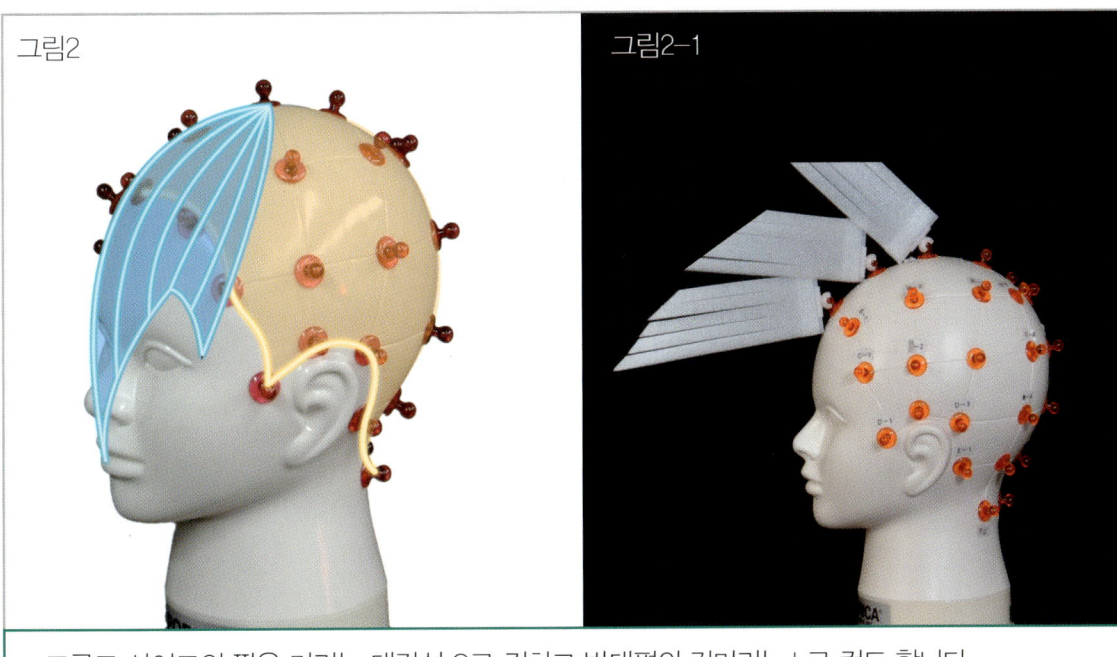

그림2 　　　　그림2-1

- 프론트 사이드의 짧은 머리는 대각선 G로 컷하고 반대편의 긴머리는 L로 컷트 합니다.
- 곡면의 자연 시술각으로 빗질하여 슬라이싱으로 연결할수도 있습니다.

프론트 시술각라인 테크닉 1

그림1

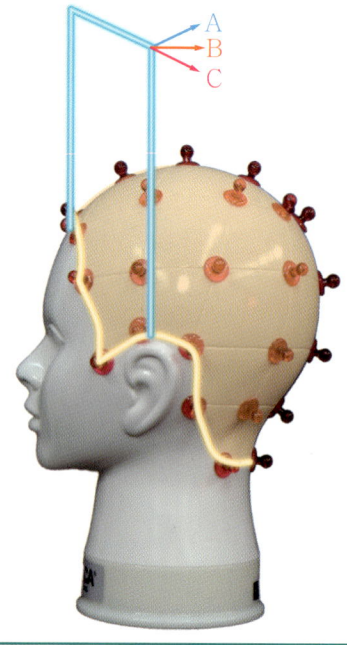

프론트라인을 T.P에서 레이어로 커트면 길이가 짧아져 A, B, C로 떨어진 라인은 단차층이 많은 플랫한 L 실루엣 라인으로 형성된다.

그림2

T.P에서 정중선의 기점으로 좌우로 레이어로 커트할 경우 플랫한 콘케이브라인이 형성된다.

그림3

T.P 부분으로 한곳에 모아서 커트 할 경우 콘 케이브 라인이 형성 되면 폭의 길이는 길어 집니다.

페이스 실루엣라인 테크닉

프론트 시술각라인 테크닉 2

그림1

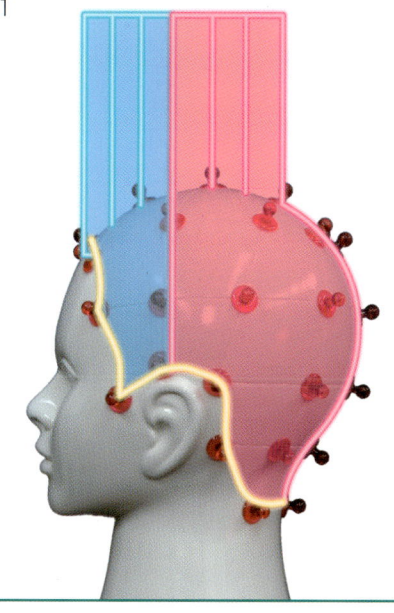

프론트라인을 스퀘어로 커트 할 경우 사각의 코너가 생겨 길이 양감이 발생하여 떨어진 실루엣 라인은 단차층이 많은 레이어가 된다.

그림2

탑 부분의 아웃라인도 전체 라인의 정중선 0°에서 좌우대칭으로 나누어 커트하면 프론트 라인이 나온다.
두상위로 똑바로 서 스퀘어 할 경우 양쪽 코너에 떨어진 실루엣은 무겁고 길어진 레이어가 형성된다.

그림3

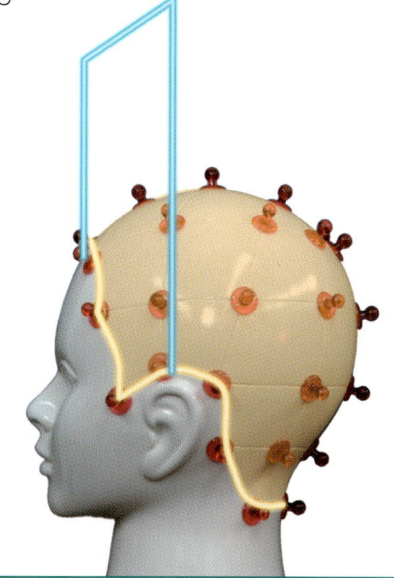

그림4

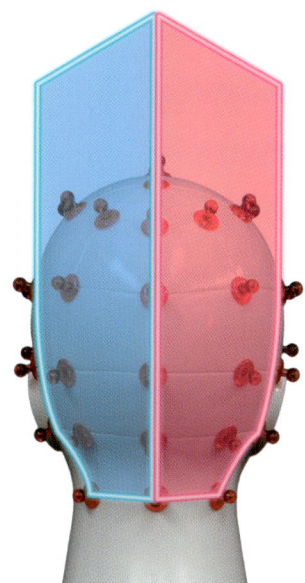

프론트 라인 90도 G 커트 할 경우 떨어진 실루엣은 포름감 있는 무거운 뱅이 형성된다.
1번으로 커트할경우 백이 길어진 컨벡스 실루엣이 됩니다.

Note.

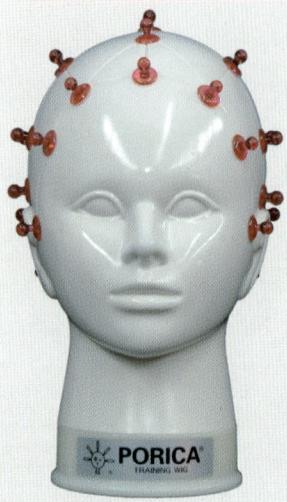 

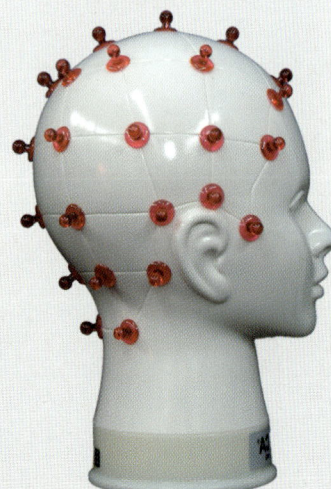 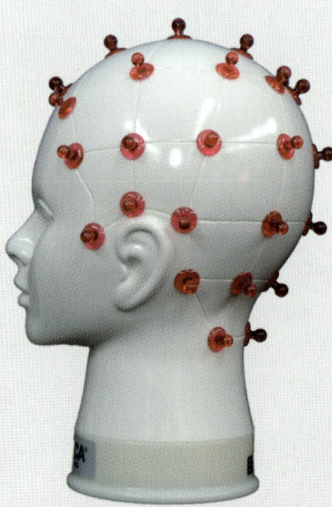

Chapter 15
One Lenght Design

원랭스의 수평라인에 웨이트가 없는 딱딱하면서도 플랫한 특징인 스타일 입니다.

Chapter 15

디자인 분석 설계 구조 그래픽

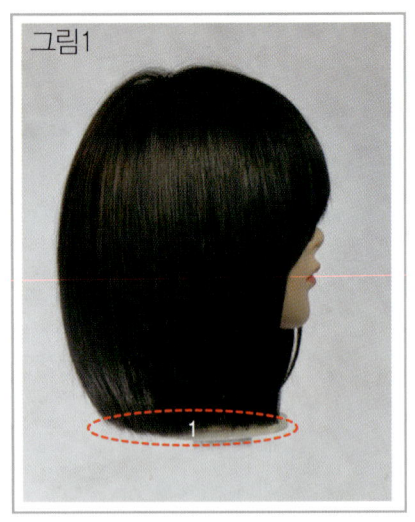

그림1

1) 무거운 실루엣 라인

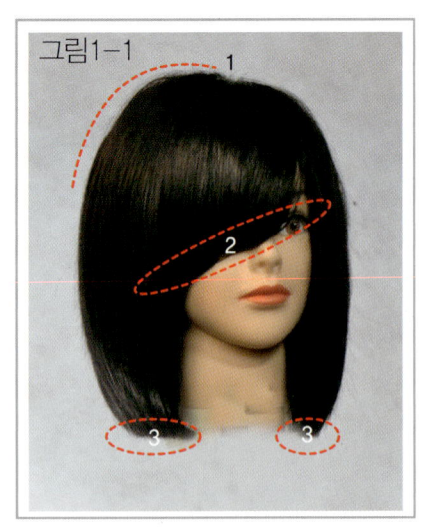

그림1-1

1) T.P의 포름감 주의

2) 곡선의 입체감 있는 프론트 라인

3) 좌.우 실루엣 라인 확인

A 컷의 시작점
☞ 원랭스는 평행으로 아웃라인을 결정하여 컷을 시작한다.

B 어느부분에 어떤 슬라이스 적용점
☞ 사이드 가로 수평 슬라이스로 적응하면 네이프는 가로에 가까운 사선 슬라이스로 끌어내어 얼굴 주변에 단차를 줍니다.

C 디자인 부분이 시술각 적용점
☞ 프론트 – 원 핑거 시술각
☞ 네이프 – 사이드 – 탑 포인트는 두상곡면의 0°로 커트하여 줍니다.

구조 그래픽

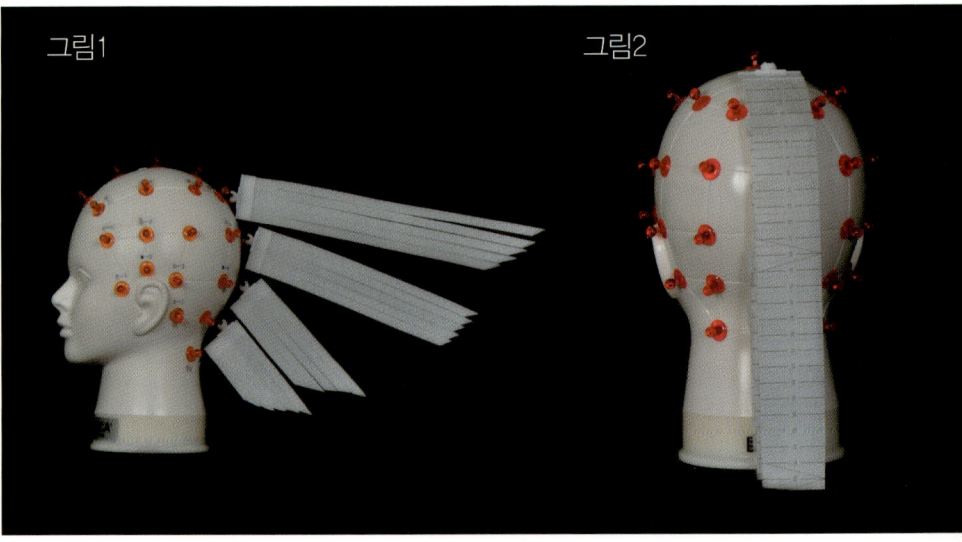

그림1　　　　　그림2

디자인 분석 설계 구조 그래픽

그림1

프론트 뱅 눈동자 중심으로 삼각슬라이스 합니다.

그림2

백 사이드는 가로에 가까운 사선 슬라이스 투섹션과 네이프로 나누어 줍니다.

그림3

네이프 시술각은 0° 수평으로 컷합니다.

그림4

점점 사선 되게 낮게 하여 줍니다.

그림5

콤 컨트롤 커트할수 있다.

그림6

이어백 부분은 시술각을 조심하여야 합니다.

그림7

가로에 가까운 사선 슬라이스와 평행하게 컷합니다.

그림8

백 사이드 코너부분 수평 라인 되도록 시술각을 낮게 합니다.

그림9

탑 부분은 성장패턴으로 빗질 합니다.

그림10

사이드는 둥글려 있는 곡면을 주의하여 커트 원핑거 시술각으로 커트합니다.

그림11

프론트 부분은 원핑거 시술각으로 커트 합니다.

그림12

프론트 사이드는 반대로 당겨야 커트합니다.

Note.

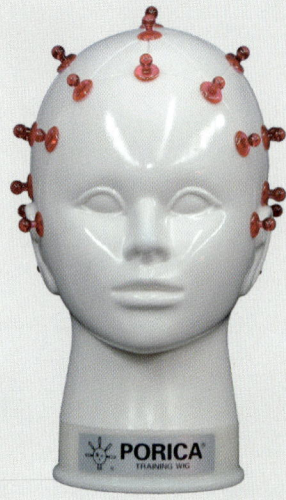
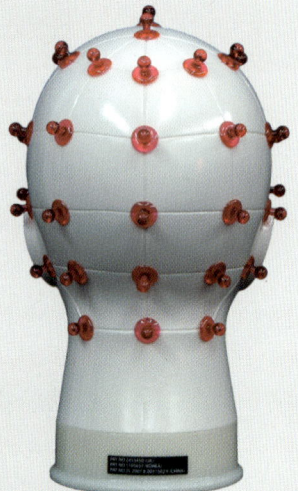
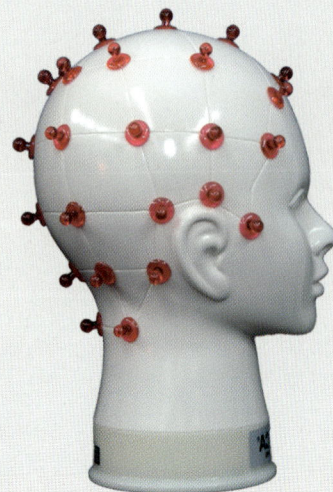
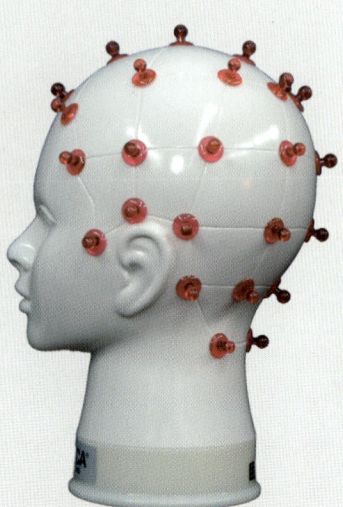

Chapter 16
Round One Lenght Design

얼굴 주변의 둥근 라인과 백의 동글 형태로 되어있는
후대각 둥근 디자인입니다.

PORICA

디자인 분석 설계 구조 그래픽

1) 앞으로 점점 올라감

1) 둥근 입체적 포름

1) 이너시닝 두개골라 사이드햄 라인

A 커트 시작점
☞ 둥근 라인의 라운드진을 백센타에서 컷하면 앞으로 점점 올라가기 어렵기 때문에 햄 라인 2cm 라인을 커트한 다음에 E.T.E.P 기점으로 컷 시작합니다.

B 어느부분에 어떤 슬라이스 적용점
☞ 햄라인 형태에 맞쳐서 E.T.E.P에서 백 사이드로 아웃라인 실루엣을 만들어 갑니다.
☞ 라운드 슬라이스와 평행하게 커트해 나아 갑니다.

C 디자인 부분에 시술각 적용점
☞ 백센타 사이드 프론트 부분은 라운드 모양 슬라이스로 15° 시술각으로 컷합니다.

구조 그래픽

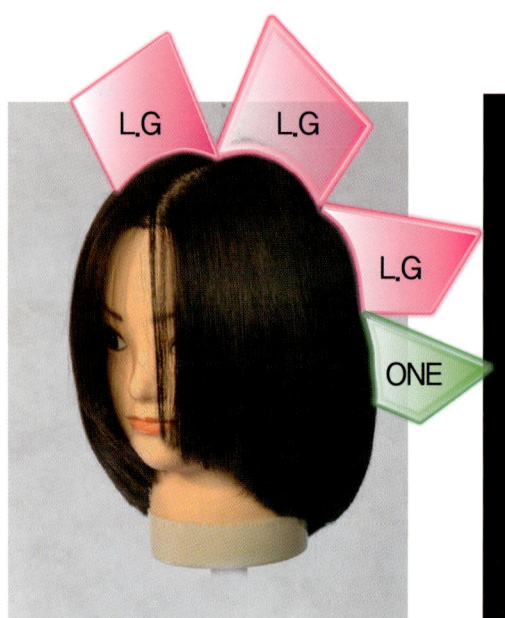

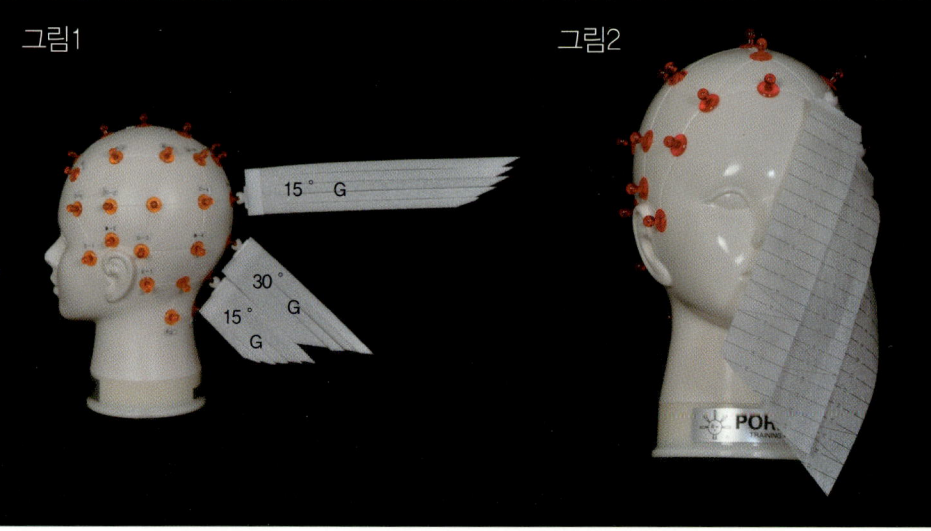

디자인 분석 설계 구조 그래픽

그림1
햄 아웃라인 슬라이스와 라운드 슬라이스를 나누어 줍니다.

그림2
햄 라인을 E.T.E.P 에서 지점을 커트 합니다.

그림3
백 부분은 자연시술각으로 커트해 갑니다.

그림4
프론트 부분은 슬라이스와 평행하게 온핑거 시술각으로 커트 합니다.

그림5
E.T.E 부분은 곡면이 둥글게 튀어나와 있어 빗질을 잘하여야 단차가 생기지 않는다.

그림6
백센타는 슬라이스와 평행하게 하여야 라운드가 자연스럽게 형성됩니다.

그림7

그림8
크러스트지역은 두개골이 튀어나와 있으므로 빗질을 잘하여 시술 하여야 단차가 형성되지 않습니다.

그림9
점점 슬라이스는 평행하게 낮은 시술각으로 커트 합니다.

그림10
탑 부분은 성장 패턴으로 빗질하여 2cm 밑에서 커트 합니다.

그림11
그림12
탑 부분은 성장 패턴으로 빗질하여 둔 상태에서 크레스트 지역 밑으로 커트 하여 줌으로서 라운드 형태가 안전감있는 실루엣라인이 형성 됩니다.

Note.

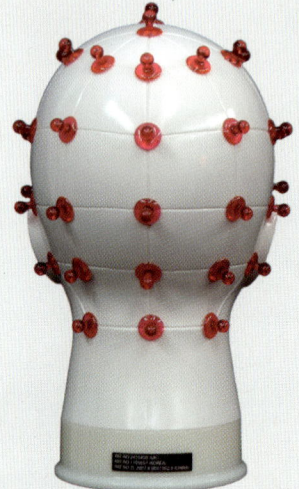
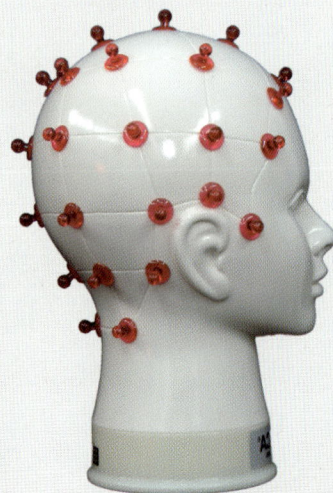
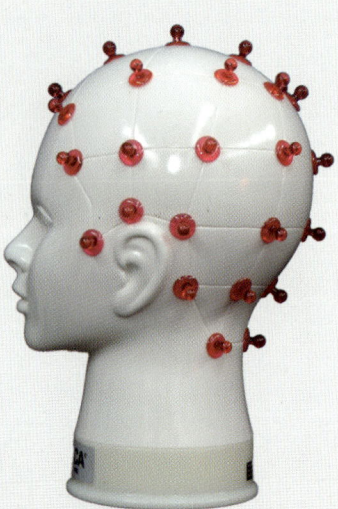

Chapter 17
Long One Length Design

롱 디자인 원섹션은 무게감이 아래쪽으로 발생하지만 이 디자인은 아래쪽 무게감이 아닌 율동감을 나타내는 질감 테크닉을 사용하여 찰랑찰랑 모속감의 방향성이 따로 따로 움직임을 나타내는 스타일 입니다.

PORICA®

디자인 분석 설계 구조 그래픽

1) 이너시닝

1) 수직라인

1) 자연스런 둥근라인

A 커트 시작점
☞ 프리핸드로 모발과 모발의 사이를 틈을 내주어 율동감이 후대각으로 내려가고 있기 때문에 사이드에서 시작점을 하는것이 라운드 라인을 나타내기 쉽습니다.

B 어느부분에 어떤 슬라이스 적용점
☞ 유 라인에 피풋 슬라이스의 성장 패턴으로 빗질하여 자연스런 흐름이 되게 커트 합니다.
☞ 유 라인 피풋 슬라이스 연장선 흐름으로 슬라이스를 나누어서 커트 하여줍니다.

C 디자인 부분에 시술각 적용점
☞ 성장 패턴에 자연시술각으로 모류의 흐르는 방향으로 떨어지게 커트 합니다.
☞ 30° 시술각으로 커트하여 주어야 층이 형성되지 않으면서 모속끼리 틈이 생겨 율동감이 나타나게 합니다.

구조 그래픽

슬라이싱

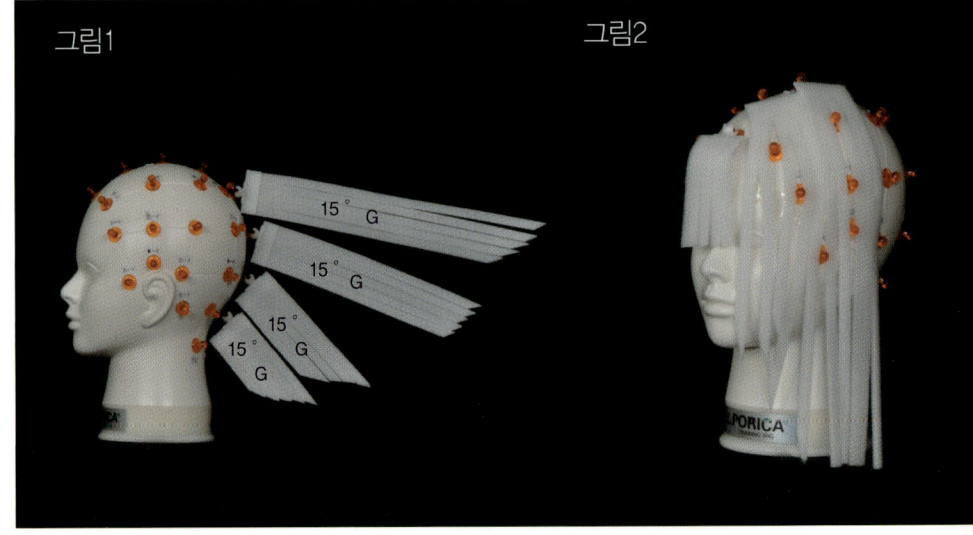
그림1　　　그림2

디자인 분석 설계 구조 그래픽

그림1

그림2

원섹션으로 커트할수 있으나 조금더 쉽게하기 위하여 투섹션으로 나눕니다.

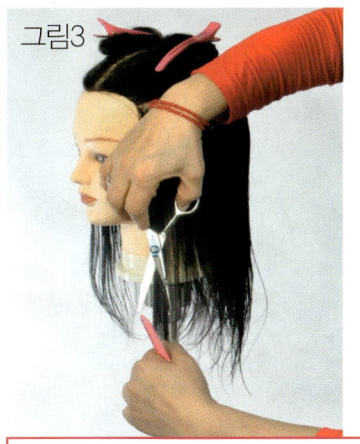
그림3

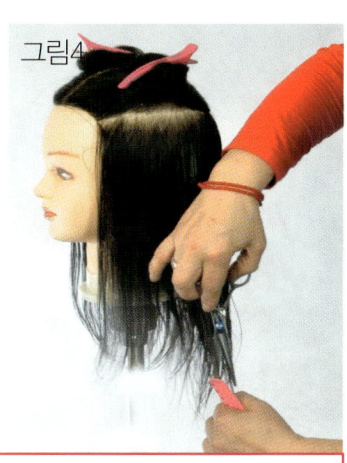
그림4

탑 부분의 피봇 슬라이스 연결성을 생각하여 곡면의 모류와 모질의 방향성을 체크하여 탑부분과 같은 연결성 슬라이스로 판넬을 잡아 모속의 사이를 슬라이딩으로 커트를 합니다.

그림5

낮은시술각으로 커트 하여야 많은 단차의 층이 생기지 않습니다.

그림6

탑부분은 피봇점으로 나누어 두었습니다.

그림7

사이드 E.T.E.P는 온핑거 시술로 하여야 단차가 많이 나지 않습니다.

그림8

백 사이드는 두상이 튀어나와 있으므로 빗질을 정확하게 하여야 연결성에 단차의 층이 생기지 않습니다.

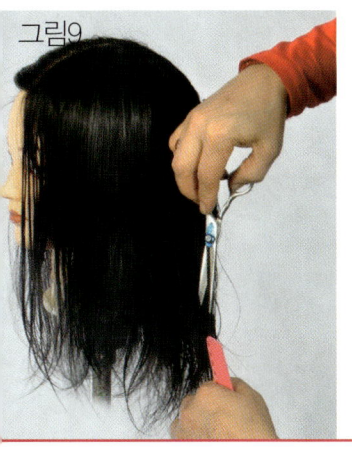
그림9

그림10

백부분은 두상이 둥글게 튀어 나와 있으므로 빗질의 방향성이 정확하게 하여 원핑거 시술각으로 커트하여야 단차의 층이 생기지 않습니다.

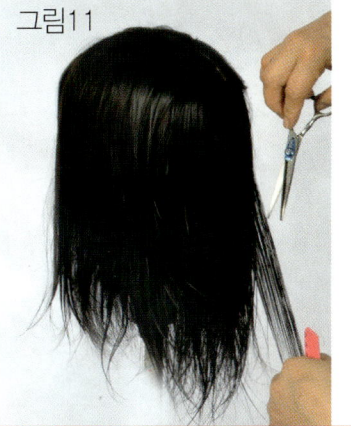
그림11

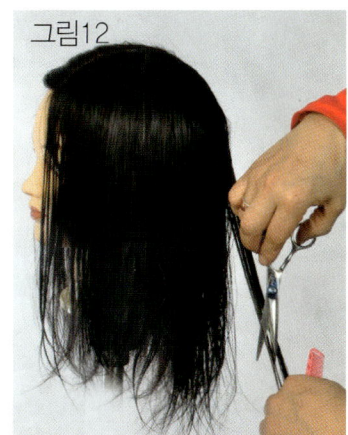
그림12

탑 부분은 성장 패턴의 방향성으로 빗질하여 원핑거 시술각으로 간지 (모속을 사이 사이 남기고 틈) 을 내주어야 단차의 층이 생기지 않으며 매끄러운 율동이 머리결 흐름이 나타납니다.

Note.

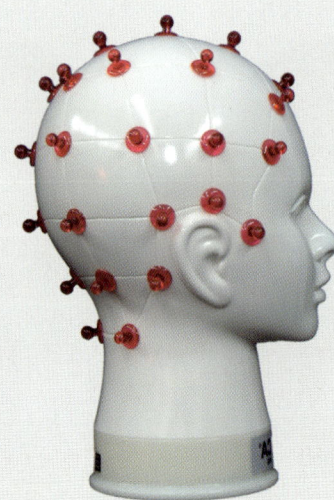
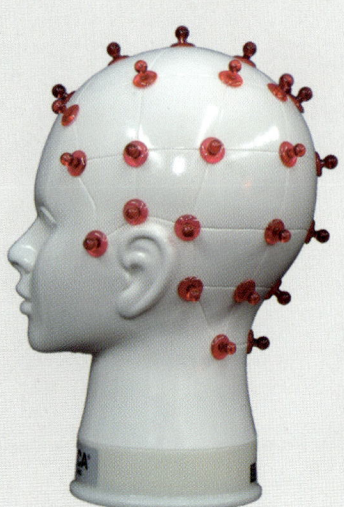

Chapter 18

Long Layer Design

두섹션은 이미지 변화와 매칭의 중요 포인트 입니다.
웨이트 Layer 투섹션의 구조는 포름감이 위쪽에
발생하지만 이디자인은 낮은 시술각 슬라이딩 테크닉으로
포름감이 낮게 형성되어 경쾌하고 부드러운 곡선의 흐름을
나타내는 스타일 입니다.

PORICA®

디자인 분석 설계 구조 그래픽

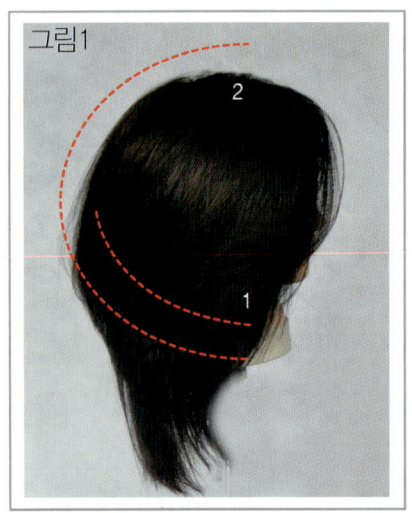
그림1
1) 플랫한 웨이트 라인
2) 페이스라인 단차의 흐름

그림1-1
1) 앞으로 내려간 아웃라인

그림1-2
1) 이너시닝 두개 골라 웨이트 라인의 밑 Layer 시닝

A 컷의 시작점
☞ 어느 위치에서 컨트롤 하느냐에 따라서 포름의 무게 중심의 위치는 변하기 때문에 높지 않게 하기 위하여 T.P에서 L로 시작점 커트를 합니다.

B 어느부분에 어떤 슬라이스 적용점
☞ 피봇슬라이스로 세로 겹침이 되어 포름감이 높지 않게 나타 냅니다.
☞ 세로 슬라이스로 곡선의 부드러움과 샤프한 모속감의 율동을 나타내기 위하여 슬라이스 테크닉을 사용하였습니다.

C 디자인 부분이 시술각 적용점
☞ 온베이스에 Same Layer로 백부분에 포름감 형성을 나타내게 합니다.
☞ 슬라이딩은 시술각 30°로 하여야 가파르지 않고 완만한 무게감의 실루엣 라인이 나타납니다.

구조 그래픽

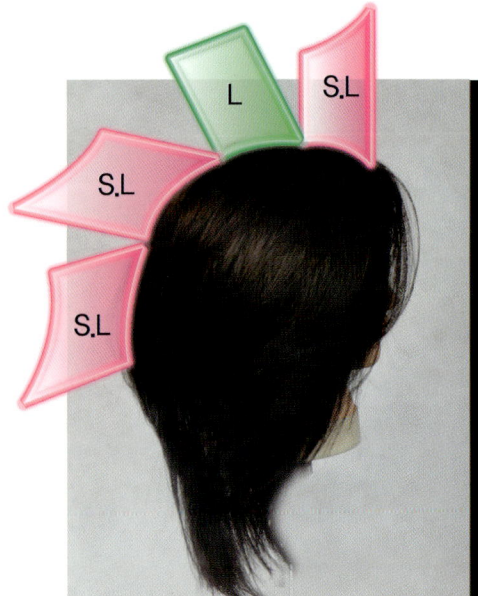

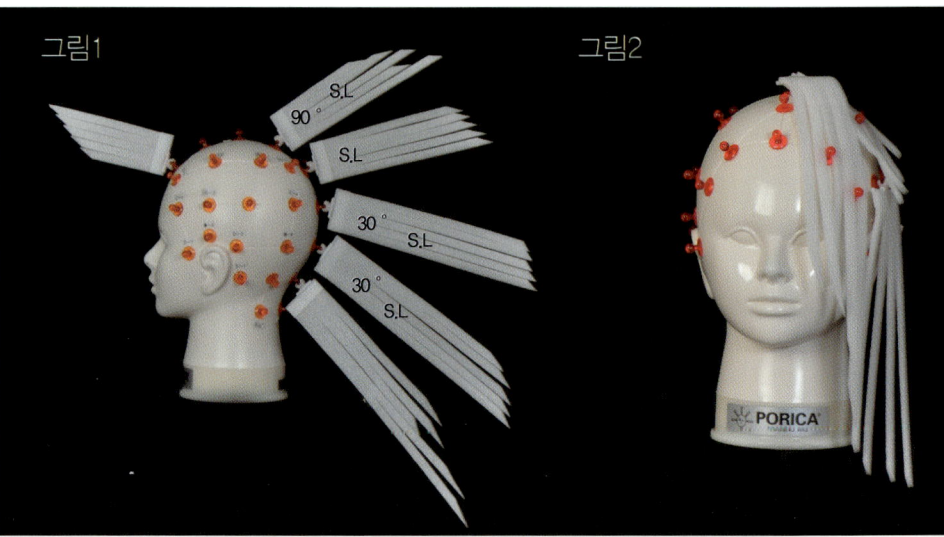

그림1   그림2

디자인 분석 설계 구조 그래픽

그림1
사이드 가르마는 왼쪽 눈동자 중심에서 시작하여 오른쪽 눈썹 끝 템플 지역에서 나누어 줍니다.

그림2

그림3
투섹션 위에 탑 부분을 먼저 내려놓습니다.

그림4
탑부분은 피봇 슬라이스에 온베이스 로 커트하여 줍니다.

그림5
백센터의 중심선은 곡면이 둥길기 때문에 짧아지지 않게끔 빗질을 잘하여야 합니다.

그림6
탑부분은 커트가 끝난 라인 1cm을 남겨놓고 다시 고정 합니다. 1cm 가이드 라인 으로 슬라이딩 커트를 합니다.

그림7
투섹션 아래 부분은 높은 시술각으로 커트하면 가파르게 나타남으로 시술각을 30°로 낮추어 커트 합니다.

그림8

그림9
슬라이딩 테크닉은 시술각 30°로 커트하여도 일반컷의 45° 이상의 시술각이 나타납니다.

그림10

그림11
백의 중심선은 곡면이 튀어나와 있기 때문에 주의하여 빗질하여 층이 생기지 않습니다.

그림12
프론트 부분은 자연 시술각 으로 슬라이딩 테크닉으로 시술합니다.

Note.

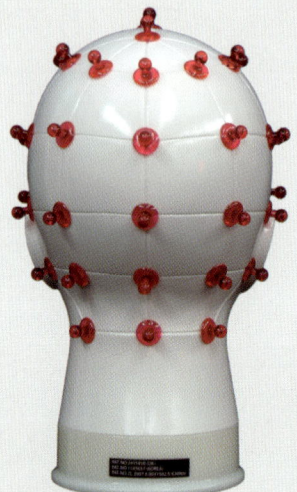
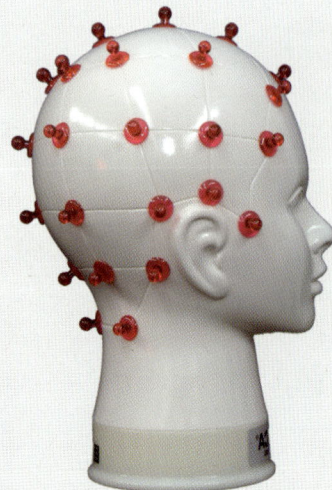
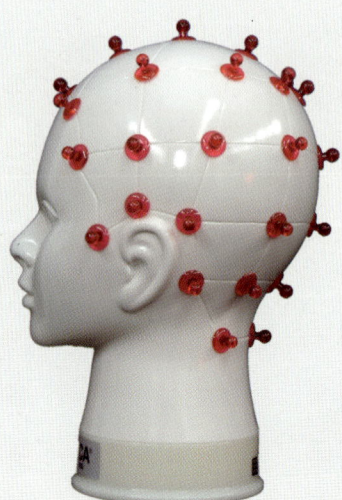

Chapter 19
Layer Design

레이어 스타일은 포름감을 어느위치에 컨트롤 포인트를 주느냐에 따라 아웃라인이 무겁고 가벼운 변화가 나타 남으로 포름 위치가 G 나 L에 따라서 L은 가파른 인상과 활동적이며 샤프한 인상을 주면 G는 차분하면서도 엘레강스한 인상을 줍니다.

PORICA®

Chapter 19

디자인 분석 설계 구조 그래픽

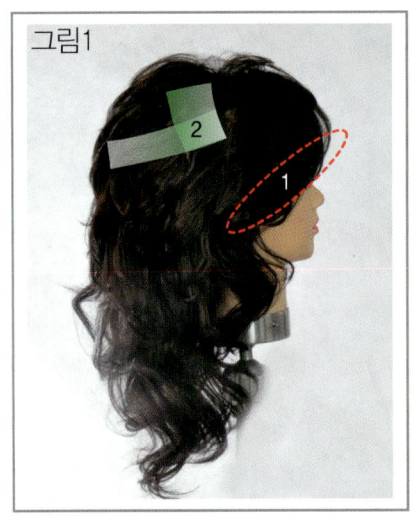

그림1

1) 뱅의 자연스런 흐름
2) 전체적으로 조금씩 이너시닝

그림1-1

1) 뱅의 자연스런 흐름
2) 사이드의 자연스런 단차의 흐름

그림1-2

1) 백의 포름감
2) 라운드 흐름의 아웃라인

A 커트 시작점
☞ 세로 겹침과 가로의 겹침의 단차는 포름의 변화와 길이를 컨트롤 하기 때문에 햄 아웃 라인의 E.T.E.P 에서 가이드 라인 기점에서 시작합니다.

B 어느부분에 어떤 슬라이스 적용점
☞ 가로 피봇 슬라이스로 가로 슬라이스의 무거움과 피봇 슬라이스의 입체적 포름감이 나타납니다.
☞ 가로 슬라이스는 세로의 플랫한 느낌보다 조금의 볼륨감이 형성됨으로 자연스런 백 사이드와 연결 라인이 나타납니다.
☞ 가로 세로 슬라이스는 단차의 층과 포름의 형태를 둥그스름한 면과 율동감이 생겨나게 합니다.

C 디자인 부분에 시술각 적용점
☞ 백센터 사이드 네이프 율동감을 나라 내지만 가로 슬라이스에 온베이스 시술각 커트는 무거움과
☞ 입체적 포름 세로 슬라이스는 두상곡면 그대로 나타나는 현상이 있습니다.
☞ 가로 세로 슬라이스에 온베이스 시술각은 얼굴의 윤곽을 컨트롤 할수 있습니다.

구조 그래픽

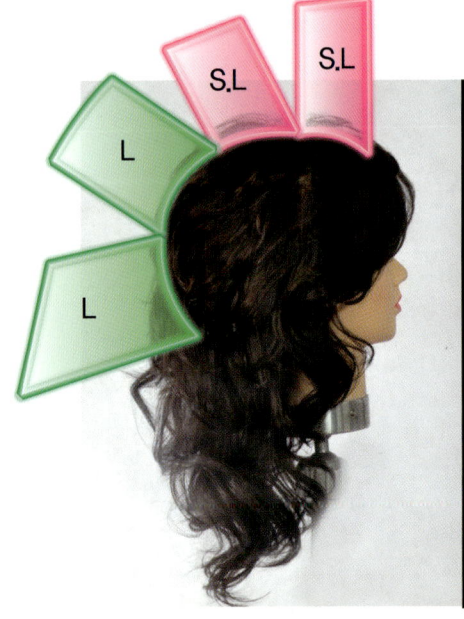

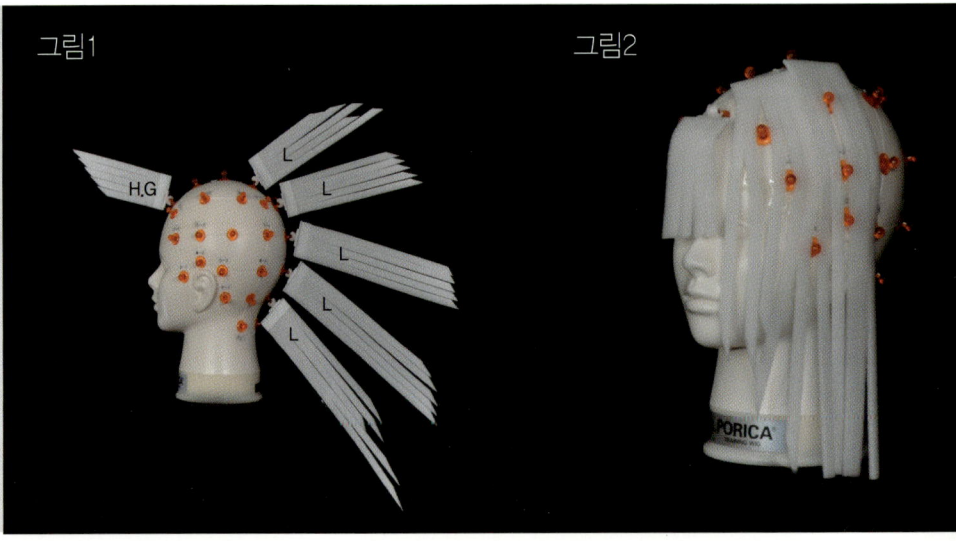

그림1   그림2

디자인 분석 설계 구조 그래픽

그림1, 그림2: 사이드 가름마에 정중선에서 두섹션을 나누어 줍니다.

그림3, 그림4: 햄라인 2cm로 나누어서 자연시술각에서 E.T.E.P에서 기준점을 잡아주고 사이드 코너 포인트와 백 사이드로 내려가면서 가이드 라인 컷하여 줍니다.

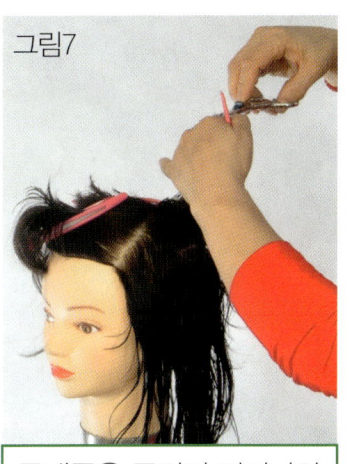

그림5, 그림6: 세로 슬라이스로 온 베이스 컷을 하면 세로 겹침으로 웨이트 라인이 플랫하게 나타나지만 가로 슬라이스에 온베이스 컷을 하면 조금 무거우면서도 입체적 웨이트 라인이 형성 됩니다.

그림7: 두개골은 곡면이 튀어나와 있으므로 빗질을 주의하여 컷해야 시술각이 어긋나지 않습니다.

그림8: 네이프는 가로 슬라이스에 온 베이스 Same Layer로 커트하여주면 조금 무게감 있는 아웃라인이 나타납니다.

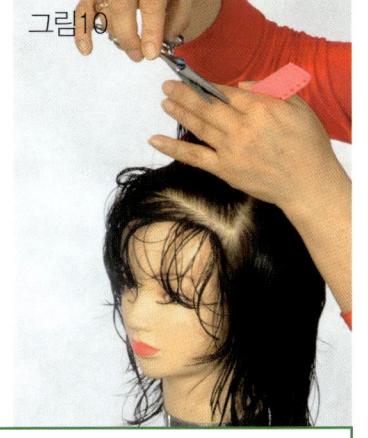

그림9, 그림10: 프론트는 수평 슬라이스로 나누어 온베이스 Same Layer로 뒤쪽에 서서 커트하여 주면 곡면의 흐름되로 볼륨감이 형성되어 얼굴이 축소되어 보입니다.

그림11, 그림12: 프론트와 백 부분의 자연스런 연결이 될수있게 ㄴ로 체크하여 줍니다.

Note.

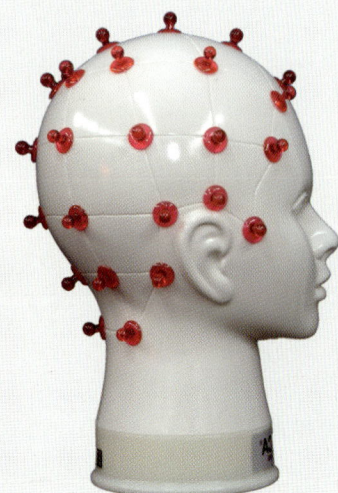
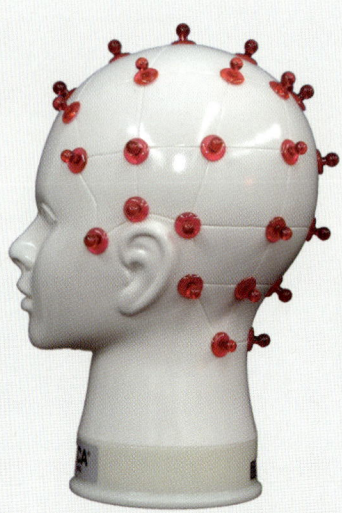

Chapter 20
Long Layer Design

롱 디자인은 길이가 길수록 포름은 플랫하게 되며 레이어 단차가 잘 보이지 않게 되면 전체가 긴 경우는 형태가 잘보이지 않습니다 모류는 짧은쪽에서 긴쪽으로 움직이는 성질이 있기 때문에 긴 모발은 율동감이 생김으로 너무 지나치게 쳐내기를 하면 아웃라인이 슬림하게 되고 오버는 무거운 스타일이 됨으로 주의하여야 합니다.

PORICA

Chapter 20

디자인 분석 설계 구조 그래픽

그림1

1) 이너시닝 두개골 튀어나옴 모량제거

그림1-1

1) 자연스런 프론트 흐름
2) 자연스런 사이드 라인

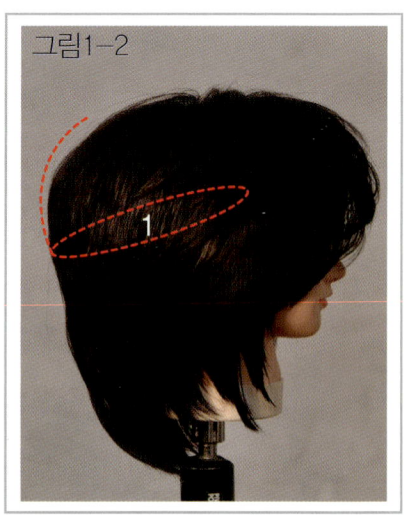

그림1-2

1) 입체적 포름

A 커트 시작점
☞ 레이어 스타일의 투섹션은 탑부분과 네이프 부분을 연결 시킬수도 있고 안시킬수도 있다.
☞ 아웃라인의 가이드 설정은 E.T.E에서 설정하여 사이드와 백 가이드로 연결하며 자연스런 아웃라인이 되게 합니다.

B 어느부분에 어떤 슬라이스 적용점
☞ 햄아웃라인은 2cm 간격으로 슬라이스를 나누어 커트하고 투섹션 밑으로는 온베이스로 자연스런 층이 형성되게 커트합니다.
☞ 세로 슬라이스로 플랫하면서도 율동감있게 커트하여 줍니다.
☞ 가로 슬라이스로 가이드 아웃라인을 만들고 세로 슬라이스로 컷하면 포름감있는 단차가 형성됩니다.
☞ 세로 슬라이스로 커트 하여서 자연스런 단차의 흐름을 만듭니다.

C 디자인 부분에 시술각 적용점
☞ 세로 슬라이스와 탑 피봇 슬라이스에 온베이스 90°S.L로 커트 하여서 포름감과 율동감의 형성을 나타나게 합니다.
☞ 세로 슬라이스에 온베이스 90°로 S.L로 플랫하고 율동감 있게 커트 합니다.
☞ 가로 슬라이스에 자연시술각 아웃라인을 만들고 세로 슬라이스 온베이스 90°S.L로 커트 합니다.
☞ 세로 슬라이스에 온베이스 90°시술각에 S.L로 단차의 흐름이 흘러가게 커트 합니다.

구조 그래픽

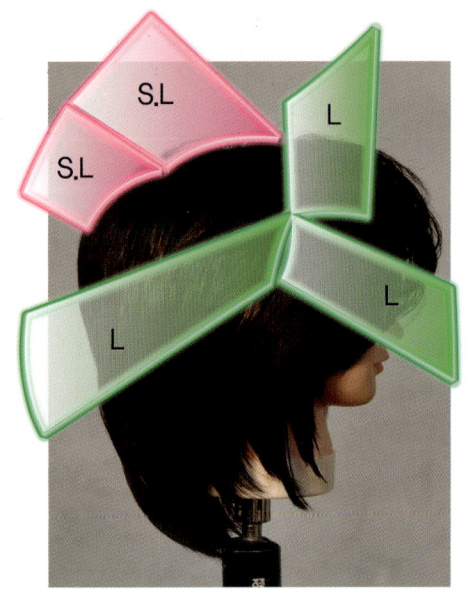

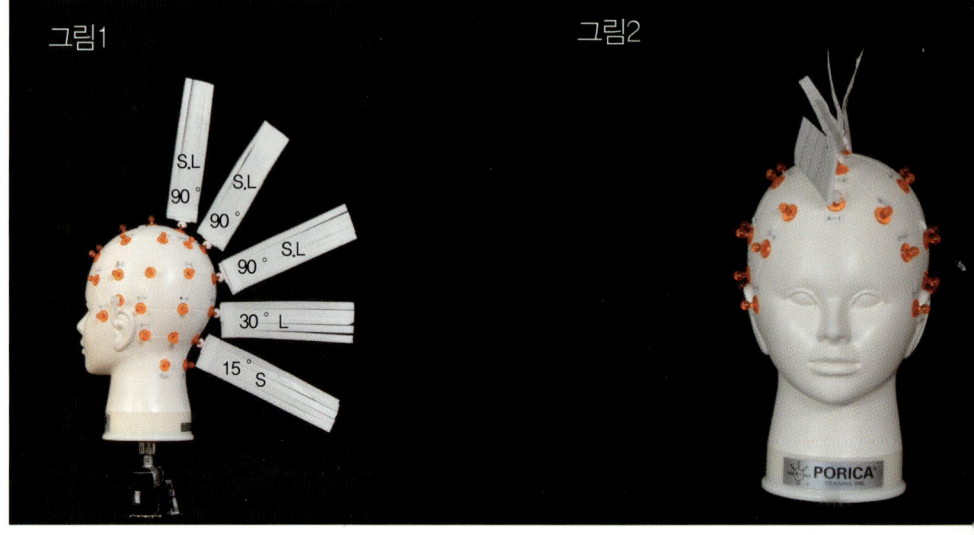

그림1   그림2

디자인 분석 설계 구조 그래픽

그림1
두섹션을 나누어주고 프론트와 네이프를 나누어 줍니다.

그림2

그림3
햄 아웃라인에서 E.T.E.P 에서 가이드를 설정하여 자연시술각으로 가이드를 설정하여줍니다.

그림4
세로 슬라이스에 온베이스 S.L로 커트하여 줍니다.

그림5
백센터는 세로 슬라이스에 온베이스로 L로 커트하여 단차를 만들어 갑니다.

그림6

그림7
탑부분은 피봇 슬라이스에 온베이스로 백의 포름감과 율동감을 형성되게 커트 합니다.

그림8

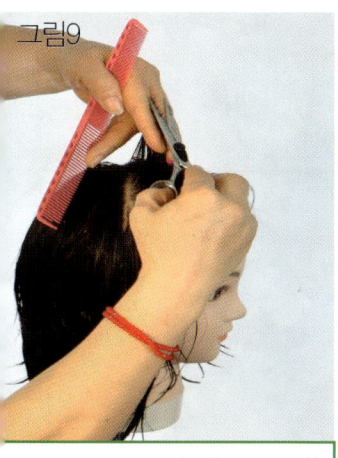
그림9
탑 프론트 넘어오는 부분은 곡면이 둥글기 때문에 피봇 슬라이스를 주의하여 나누어야 합니다.

그림10
프론트 부분은 세로 슬라이스에 온베이스로 L 이 되게 커트 합니다.

그림11
탑 중심으로 비스듬이 넘겨서 코터를 제거 합니다.

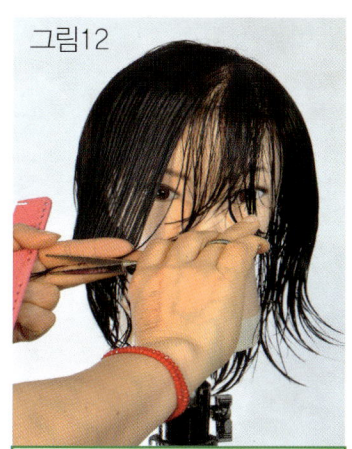
그림12
프론트 실루엣 라인 성형커트를 체크 합니다.

Note.

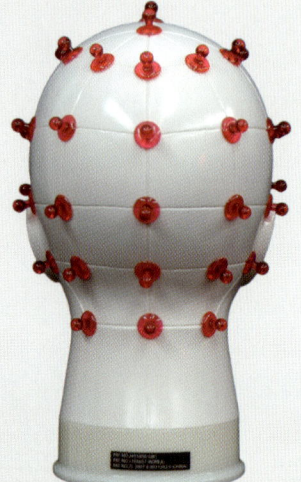
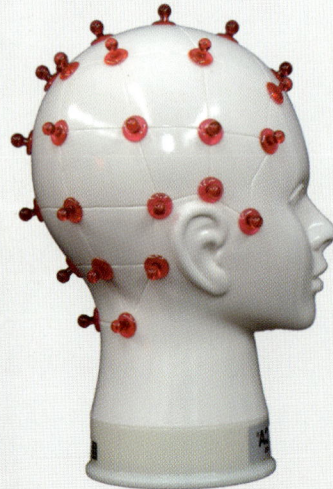
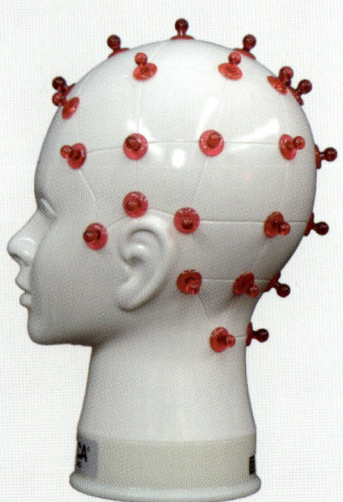

Chapter 21
Layer Discus Design

레이어 구성은 사이드 벨런스와 백 웨이트 볼륨감 위치에 따라서 얼굴 윤곽이 보정되는 효과에 부드러운 곡선 흐름과 야성적이고 입체적인 샤프한 스타일 입니다.

PORICA®

디자인 분석 설계 구조 그래픽

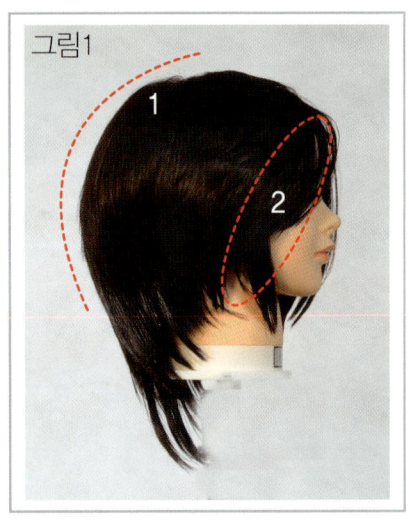

1) 웨이트 라인 둥근 입체각
2) 자연스런 흐름 단차

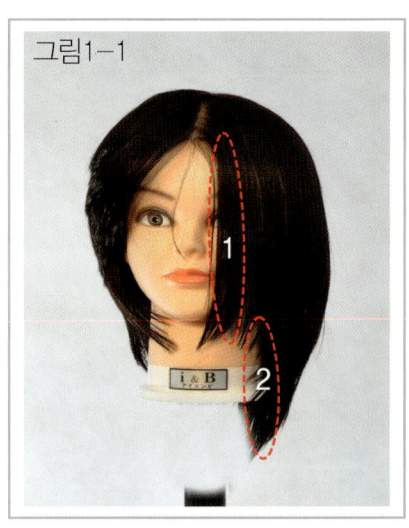

1) 스퀘어
2) 디스커넥션 단차

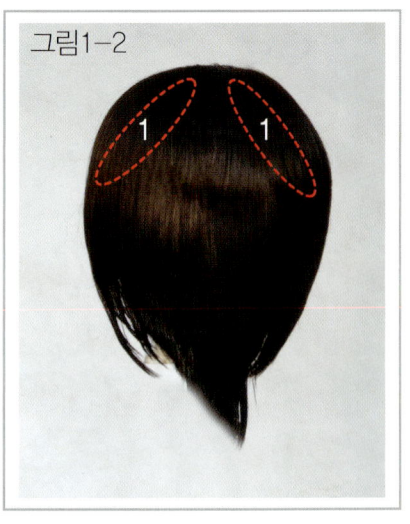

1) 이너시닝

A 커트 시작점
☞ 좌.우 사이드에서 백의 중심으로 디스커넥스를 좌측 긴 라인부터 길이를 설정하여야 좌우
☞ 디스커넥스 아웃라인 벨런스 라인이 자연스럽습니다.

B 어느부분에 어떤 슬라이스 적용점
☞ 햄라인을 따라서 슬라이스를 나누어주고 두섹션의 밑부분은 중심선 센터 기준점으로 디스커넥스 하여주고 탑부분은 피폿 슬라이스로 커트하여 줍니다.
☞ 좌우 디스커넥스 라인을 좌측 긴쪽은 가로 슬라이스 우측
☞ 짧은쪽은 세로 슬라이스에 온베이스 S.L로 백 정준선 라인으로 디스커넥스 라인이 나타나게 커트하여 줍니다.
☞ 가로 가이드 라인과 세로 슬라이스로 무거우면서도 가벼운 입체감을 형성시킵니다.

C 디자인 부분에 시술각 적용점
☞ 햄라인 슬라이스를 자연시술각으로 커트하여주고 백부분은 가로 슬라이스에 30°G로 탑부분은 피폿슬라이스에 온베이스컷으로 포름감과 경쾌한 라인을 완성합니다.
☞ 좌 긴쪽은 가로 슬라이스에 30° 시술각 우측 짧은 쪽은
☞ 세로 슬라이스에 온베이스 SL로 입체적이면서 포름감을 형성된 아웃라인으로 만들어 집니다.
☞ 정중선 센터중심으로 좌.우 디스커넥스가 형성되게 가로 슬라이스에 30°에 좌우 아웃라인이 디스커넥스로 완성됩니다.
☞ 수평 슬라이스에 원핑거 시술각으로 커트하여 세로 슬라이스로 체크하여 줍니다.

구조 그래픽

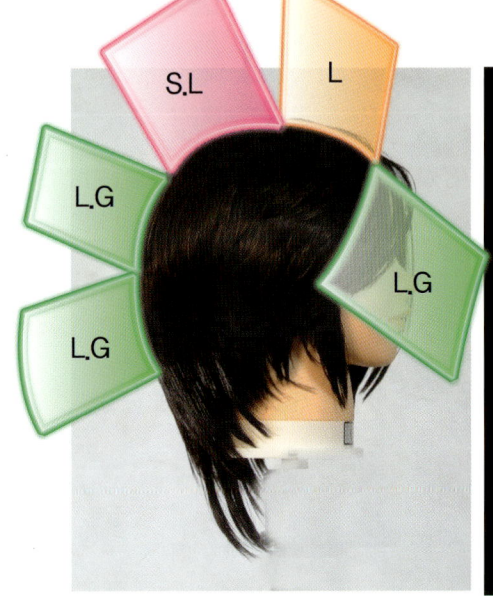

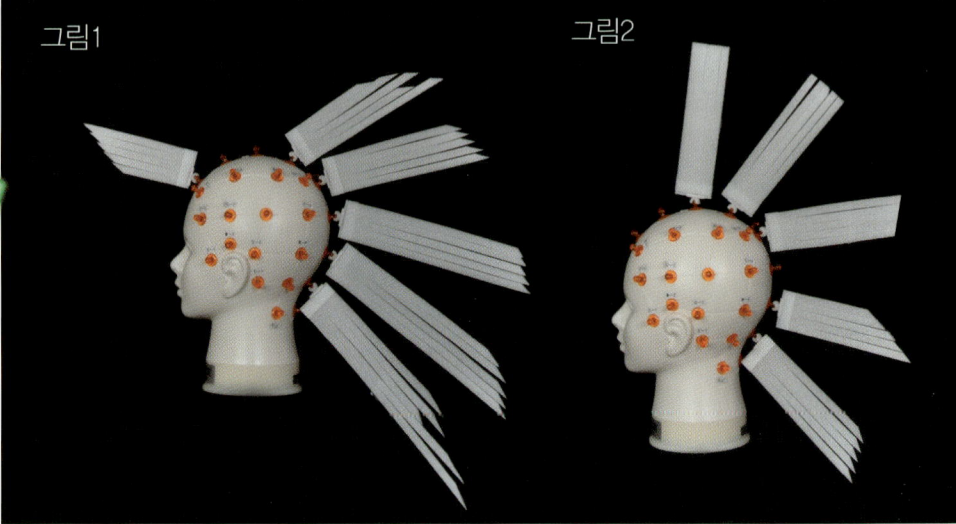

디자인 분석 설계 구조 그래픽

그림1

센터 가르마에 사이드와 투 섹션으로 나누어 줍니다.

그림2

그림3

헤어라인을 자연 시술각으로 가이드 라인을 설정하여 줍니다.

그림4

오른쪽 백 부분까지는 라운드 아웃라인을 되게 손으로 시술각을 만들어 점점 더 길어지게 커트 해줍니다.

그림5

두섹션까지는 시술각이 30°되면서 백 부분이 점점 길어지게 컷트하여 줍니다.

그림6

좌측아웃라인이 우측 아웃라인보다 짧게 가이드를 만들어 줍니다.

그림7

그림8

사이드 온베이스로 S.L로 커트하여 자연스런 사이드 단차의 층을 만들어 줍니다.

그림9

탑 부분은 피봇 슬라이스로 온베이스 커트하여 포름감과 입체감을 나타나게 합니다.

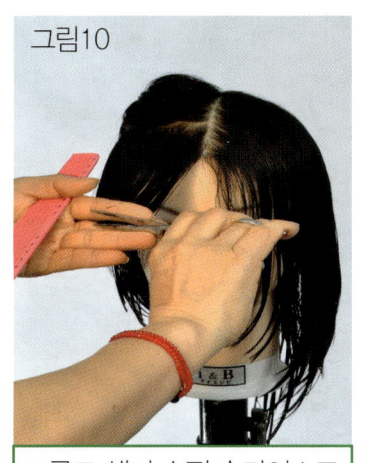
그림10

프론트 센터 수평 슬라이스로 원핑거 시술각으로 커트 하여 줍니다.

그림11

세로 슬라이스로 탑과 연결하여 줍니다.

그림12

프론트와 사이드 실루엣 라인을 성형 커트로 체크하여 줍니다.

Note.

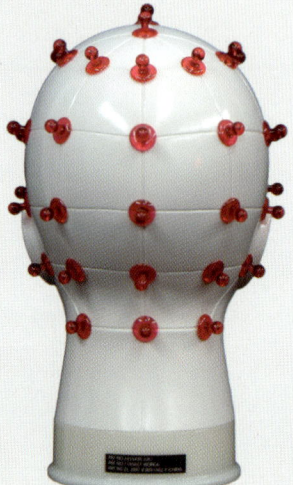
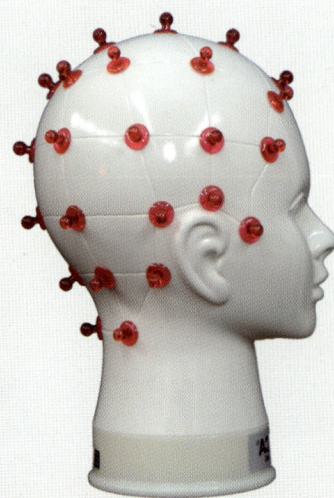
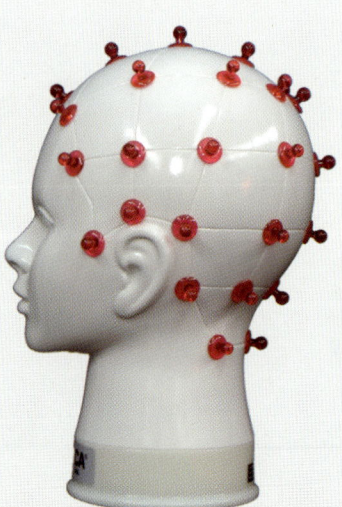

Chapter 22

Gradution on Same Layer Design

햄라인은 2cm 무거우면서도 경쾌한 아웃라인이 되게 원랭스하여주면 아래쪽 레이어는 무겁게 위쪽 Gradution은 경쾌하게 컷하는것이 좋으며 Layer on Same Layer의 조합은 미묘한 밸런스를 주의 하여야 합니다.

Chapter 22

디자인 분석 설계 구조 그래픽

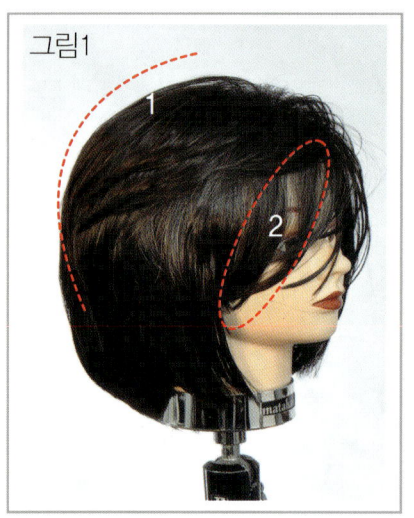

그림1
1) 입체적 포름
2) 프론트 자연스런 흐름

그림1-1
1) 자연스러운 단차

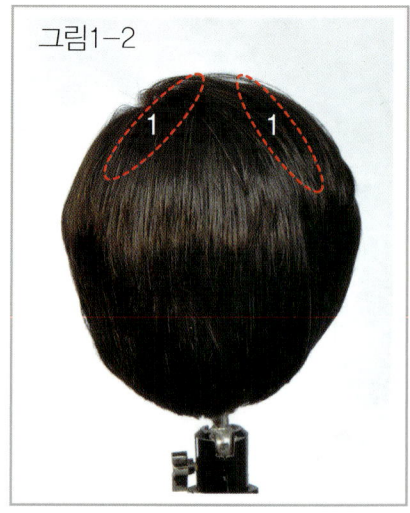

그림1-2
1) 이너시닝

A 커트 시작점
- 보브레이어 디자인이기 때문에 네이프에서 가이드 라인을 할수 있으나 E.T.E.P에서 가이드 설정하여
- 커트하여주면 사이드의 전대각 라인과 백 아웃라인이 자연스럽게 연결 됩니다.

B 어느부분에 어떤 슬라이스 적용점
- 두섹션 밑 부분은 가로 슬라이스로 무거운 보브레이어 느낌을 주어 위 부분은 세로 슬라이스로 포름과 율동감을 나타냅니다.
- 세로 슬라이스로 무거움과 가로 슬라이스로 가벼움과 경쾌함을 주었습니다.
- 가로 슬라이스로 보브레이어 무거운 라인을 만들었습니다.
- 사선 슬라이스와 비대층을 만들어서 탑과 연결을 위하여 세로 슬라이스를 하여 주었습니다.

C 디자인 부분에 시술각 적용점
- 가로 슬라이스에 15°~45° 시술각 단차주어 세로슬라이스 온베이스로 S.L로 체크하여 경쾌한 율동감을 나타내었다.
- 가로 슬라이스 시술각 15°~45°로 단차를 주어 무거운 라인을 세로 슬라이스 온베이스 S.L로 자연스러운 율동감을 주었습니다.
- 가로 슬라이스에 시술각 15°~30°로 단차를 주어 무거우면서도 샤프한을 주었습니다.
- 사선 슬라이스 원핑거 시술각으로 한곳에 모아 비대층 만들고 세로 슬라이스 온베이스 L연결 하였습니다.

구조 그래픽

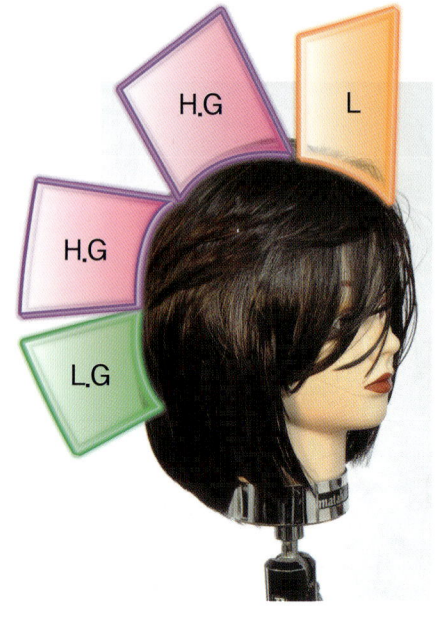

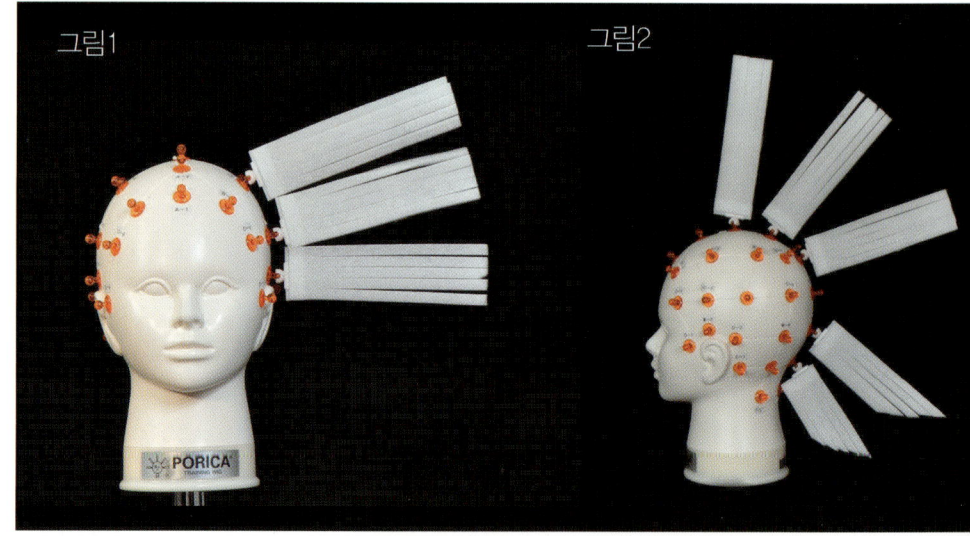

디자인 분석 설계 구조 그래픽

그림1
두섹션을 나누어주고 프론트와 네이프를 나누어 줍니다.

그림2

그림3
E.T.E.P에서 가이드 라인 설정을 합니다.

그림4
사이드 가이드 라인 원베이스 시술각으로 시술하여 줍니다.

그림5

그림6
두섹션 라인까지 손가락 하나 5° 손가락둘 30° 손가락셋 45° 시술각으로 커트하여서 가이드 라인 단차의 포름을 만들어 갑니다.

그림7 그림8
두섹션위의 탑부분은 세로 슬라이스로 온베이스 S.L로 커트 골든 포인트의 포름감을 형성하게 합니다.

그림9
사이드도 세로 슬라이스에 온베이스 컷으로 체크하여 줍니다.

그림10
프론트 부분은 사선 슬라이스에 평행하게 라인은 길게 한곳에 모여서 커트 합니다.

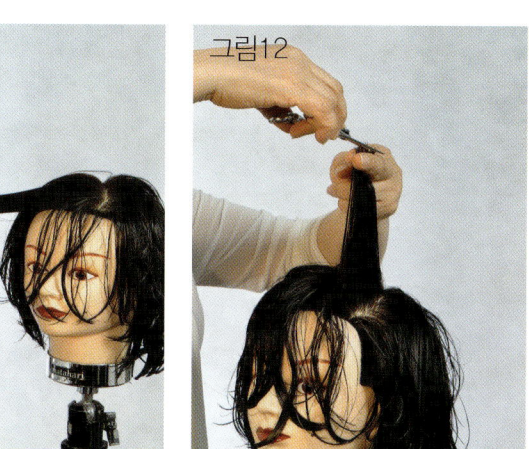
그림11 그림12
프론트 컷 끝나고 아웃라인과 탑부분을 세로슬라이스로 연결 체크하여 줍니다.

Note.

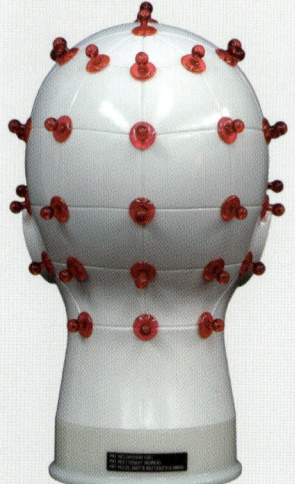
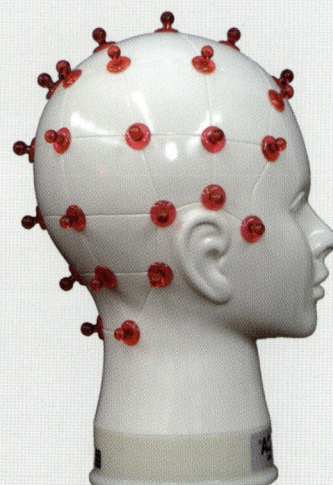
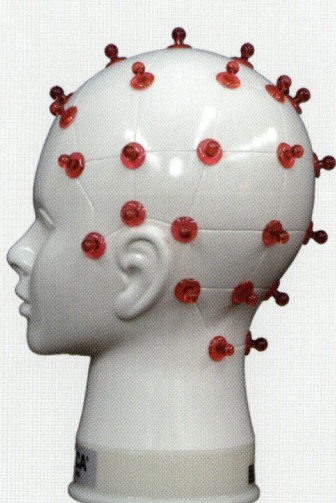

Chapter 23
Gradution Design

프론트의 뱅과 단차 없는 사이드와 평행한 원랭스 라인과 급격한 웨이트 라인이 점점 내려오는 스타일입니다.

PORICA®

Chapter 23

디자인 분석 설계 구조 그래픽

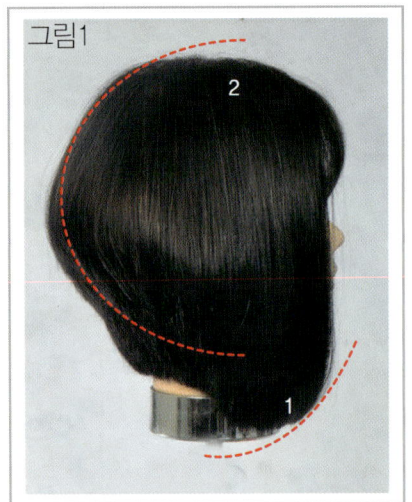

그림1
1) 스퀘어라인
2) 입체적 포름감

그림1-1
1) 프론트 일자형
2) 급격한 웨이트 라인

그림1-2
1) 이너시닝 네이프 밀착

A 컷의 시작점
☞ 백센터에서 급격하게 내려가 사이드가 원랭스 라인이 나타나므로 백센터에서 시작은 할수있고 사이드 원랭스
☞ 시작점에서 시작하여서 올라갈수도 있습니다.

B 어느부분에 어떤 슬라이스 적용점
☞ 백 센터는 피봇 슬라이스에 백센터에서 점점내려오는 웨이트 라인 사이드는 피봇 슬라이스에 연장선장에서
☞ 평행하게 빗질하여 컷하므로 사이드에 극격한 라인을 만들수 있다.
☞ 네이프 피봇 슬라이스에 완만한 아웃라인을 정하여 갑니다. 프론트 수평 슬라이스에 평행하고 일자로 커트 합니다.

C 디자인 부분이 시술각 적용점
☞ 백센터 피봇슬라이스에 후두골 부분에 웨이트 라인이 오게 시술각 45°로 들어줍니다.
☞ 사이드 피봇 연장선에서 자연시술각으로 원랭스 라인이 나타나게 합니다.
☞ 네이프 피봇 슬라이스에 온베이스로 슬림하고 포름감이 형성되게 하여 줍니다.
☞ 프론트 수평 슬라이스에 온핑거 시술각으로 일자되게 시술합니다.

구조 그래픽

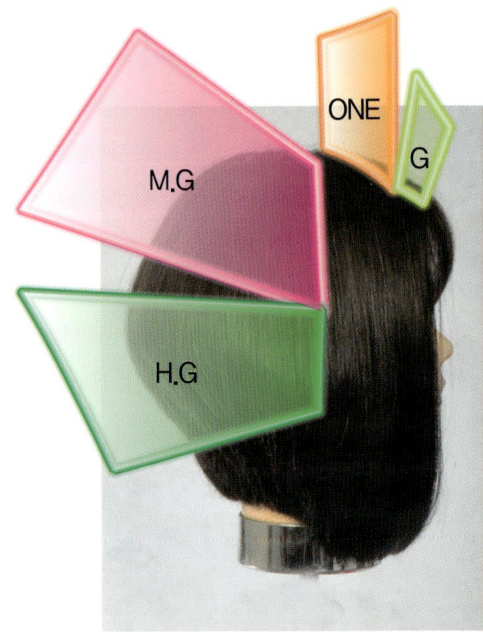

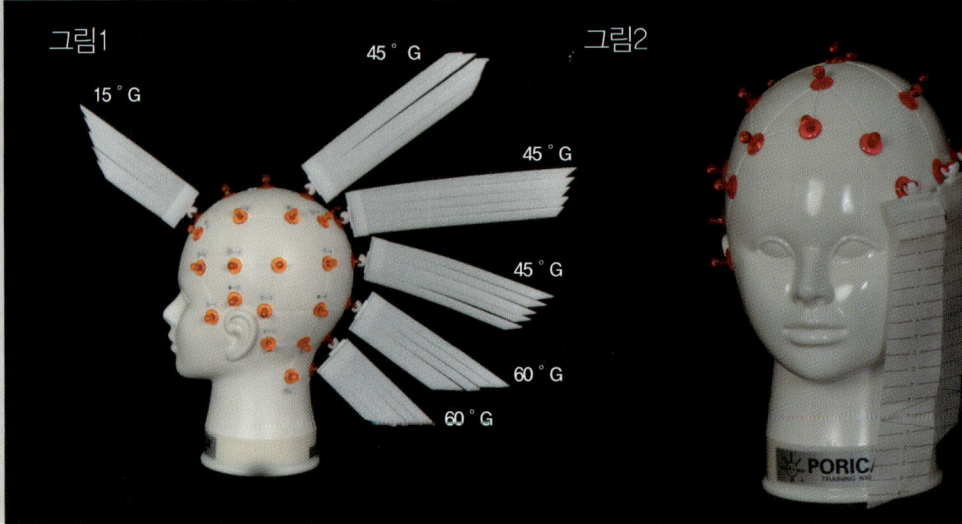

그림1 그림2

디자인 분석 설계 구조 그래픽

그림1
두섹션 슬라이스와 귀백의 슬라이스로 나누어 줍니다.

그림2
네이프 아웃라인은 피봇 슬라이스로 나누어주고 온베이스로 커트하여 슬림하고 밀착되게 커트하여 줍니다.

그림3
네이프 코너 포인트는 올라가지 않게끔 빗질의 방향성과 손의 위치를 정확하여야 합니다.

그림4
백 부분도 피봇 슬라이스로 나누어서 웨이트라인을 입체적으로 만듭니다.

그림5
이어백의 위치는 삼각 슬라이스가 나누어져 있어야 이어백이 밀착되는 역할을 하여 줍니다.

그림6
T.P에서 피봇 슬라이스로 커트하여 내려옵니다. 사이드는 자연시술각에 손 평행하게 커트하여 줍니다.

그림7

그림8
T.P 와 사이드 삼각 슬라이스는 중요합니다.

그림9
극격한 웨이트 라인을 부드러운 입체감 있는 라인이 형성되게 손의 위치가 중요합니다.

그림10
마지막 T.P의 머리를 백센터로 끌어와 체크 합니다.

그림11
프론트 센터는 수평이 되게 프론트 사이드도 수평이 되게 컷하면 곡면의 각도에 따라서 앞머리 라인이 자연스런 라인이 형성됩니다.

그림12

Note.

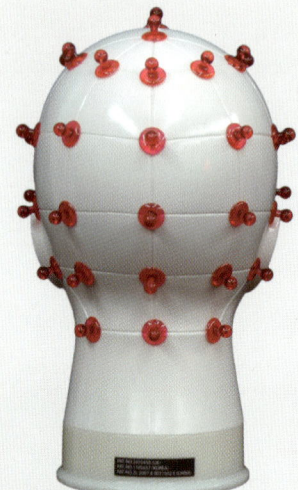
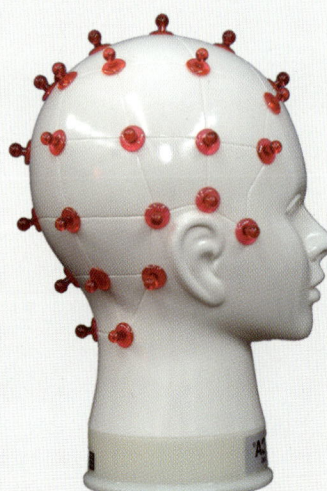
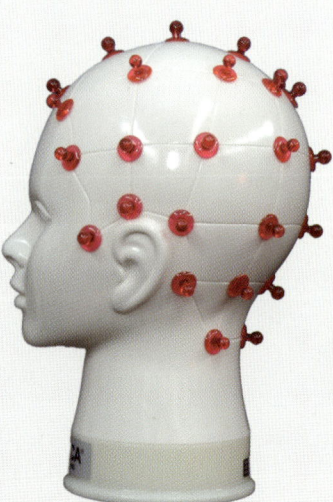

Chapter 24
Gradution Design

백 부분의 높은 웨이트 포인트에서 사이드로
극격하게 내려오는 강한라인에 좌우 디스커넥스란
아웃라인으로 샤프한 분위기 스타일 입니다.

Chapter 24

디자인 분석 설계 구조 그래픽

그림1

1) 높은 시술각

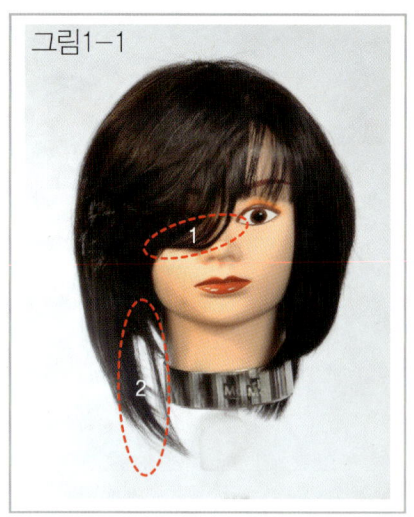

그림1-1

1) 자연스런 흐름
2) 사이드 디스케넥스

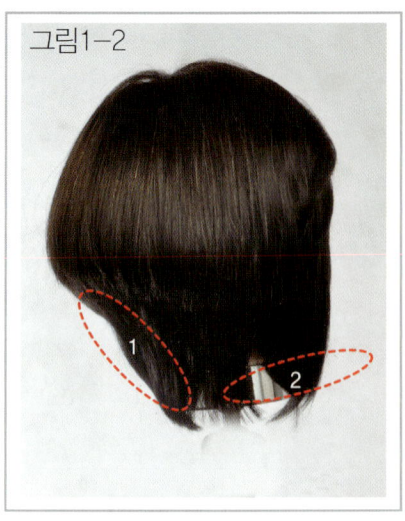

그림1-2

1) H.G 시술각
2) 가파른 시술각

A 커트 시작점
☞ 사이드로 급경사가 되기 때문에 백센터 부터 시작합니다.

B 어느부분에 어떤 슬라이스 적용점
☞ 네이프는 사선 슬라이스 입체적으로 만든다
☞ 사이드 좌측 – 평행에 가까운 사선 슬라이스
☞ 우측 – 가파른 사선 슬라이스
☞ 프론트 사선 슬라이스 V

C 디자인 부분에 시술각 적용점
☞ 프론트쪽 15° 시술각으로 아웃라인 샤프하게 합니다.
☞ 네이프 온베이스 시술각으로 컷트 합니다.
☞ 사이드 백센터에서 H.G컷하고 사이드로 올수록 L.G 시술각으로 가파르게 입체적으로 포름을 만듭니다.

구조 그래픽

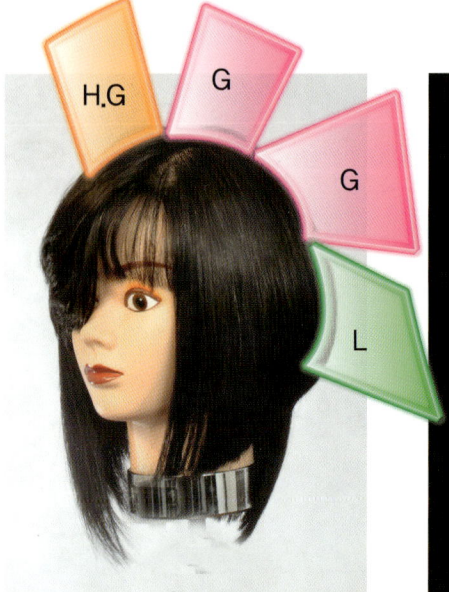

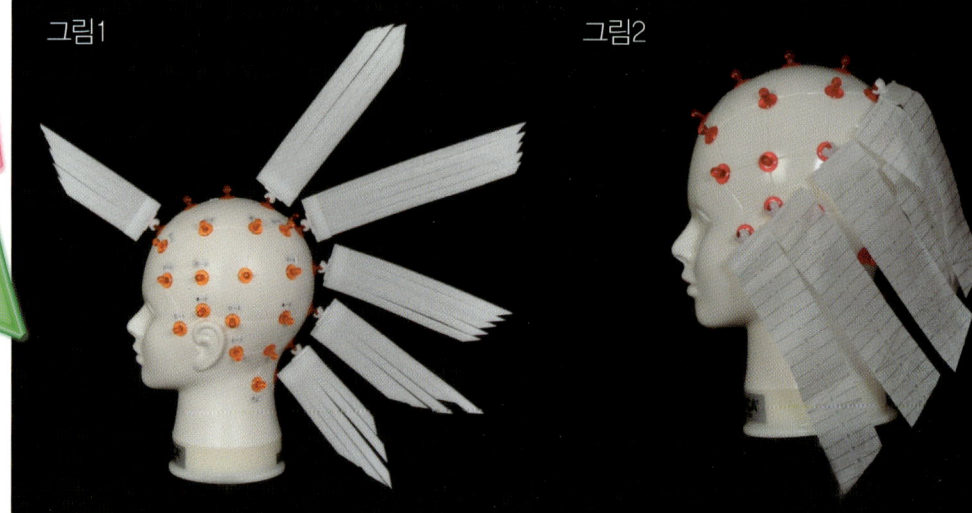

그림1   그림2

디자인 분석 설계 구조 그래픽

그림1

백은 왼쪽 눈동자 중심에서 오른쪽 눈꼬리부분까지 슬라이스 합니다.

그림2

골든 포인트에서 이어투포인트까지 사선 슬라이스 합니다.

그림3

네이프 아웃라인 컷트 합니다.

그림4

이어백 부분 가로에 가까운 세로 슬라이스로 컷한다.

그림5

후두골 밑에 사선 슬라이스를 웨이트라인 M.G 컷트하며 내려갑니다.

그림6

둥근형태 만들면서 사선 슬라이스로 서서히 연결 하여 갑니다.

그림7

사이드 아웃라인에 가까울수록 낮은 시술각으로 컷합니다.

그림8

T.P 부분은 65°로 컷트하여 둥근 형태을 만든다.

그림9

사이드 섹션은 무게감 있는 낮은 시술각으로 아웃라인을 만듭니다.

그림10

사이드 좌측은 무거운 G와 우측은 가벼운 L로 비대층을 만들어 줍니다.

그림11

프론트 부분은 사선 슬라이스와 평행하게 15° 시술각으로 커트합니다.

그림12

프론트 다음 섹션은 디스케넥스로 길게 커트한다.

Note.

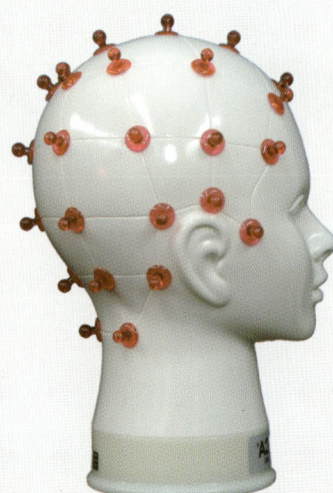 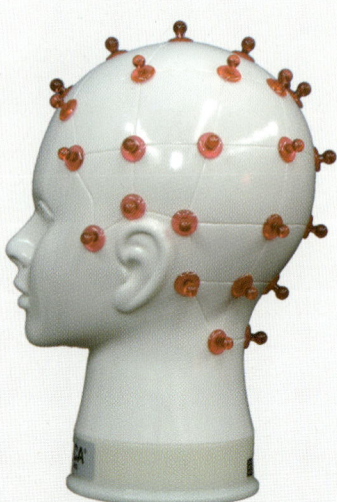

Chapter 25
Gradution Design

백은 완만하게하고 좌측 사이드로 향하는 아웃라인은
급격하게 내려가는 강한 라인으로 나타낸다.
우측 사이드는 점점 내려오는 자연스런 아웃라인
느낌의 스타일 입니다.

PORICA®

디자인 분석 설계 구조 그래픽

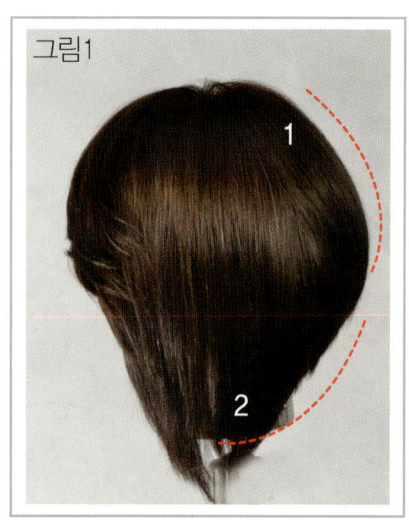

그림1
1) 웨이트 포름감
2) 웨이트 아웃라인 급격한 라인

그림1-1
1) 프론트 흐름
2) 원랭스 라인

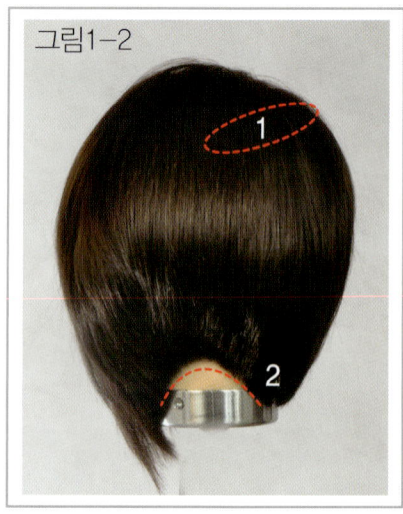

그림1-2
1) 이너시닝
2) 네이프 급격한 커브

A 커트 시작점
☞ 백 센터의 G와 사이드의 극격한 아웃라인으로 내려감으로 아웃라인을 결정하고 시술각을 주어야 합니다.

B 어느부분에 어떤 슬라이스 적용점
☞ 백센터는 피봇 슬라이스로 전체적으로 단차가 형성되어 자연스런 흐름으로 나타납니다.
☞ 사이드도 백부분의 피봇 슬라이스 연결 라인으로 두상곡면의 흐름으로 떨어집니다.
☞ 네이프 피봇 슬라이스로 포름감과 목 부분의 밀착이 형성됩니다.
☞ 프론트 사선 슬라이스로 평행하게 시술각을 주지 않고 단차를 만들어 줍니다.

C 디자인 부분에 시술각 적용점
☞ 백 센터에서 사이드까지 극격한 라인 형성은 백에서 45 시술각으로 판넬을 담겨와야 합니다.
☞ 앞으로 끌어내어 15 시술각으로 형태선 정리하여 줍니다.
☞ 온 베이스 G로 컷하여 포름감과 밀찰이 되게 합니다.
☞ 프론트는 15° 시술각으로 자연스런 사이드 흐름으로 연결 시킵니다.

구조 그래픽

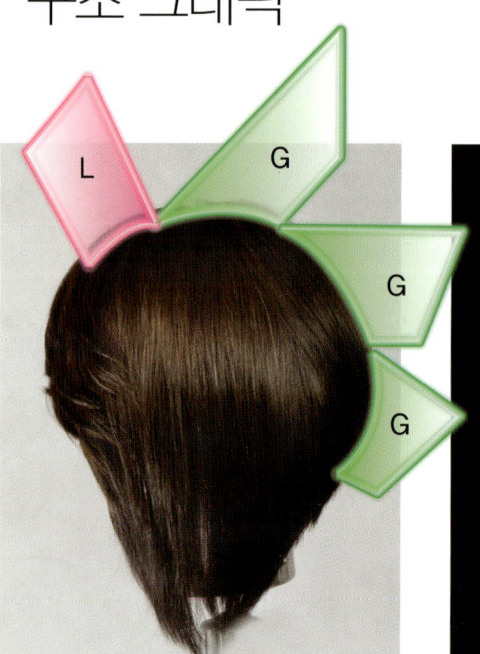

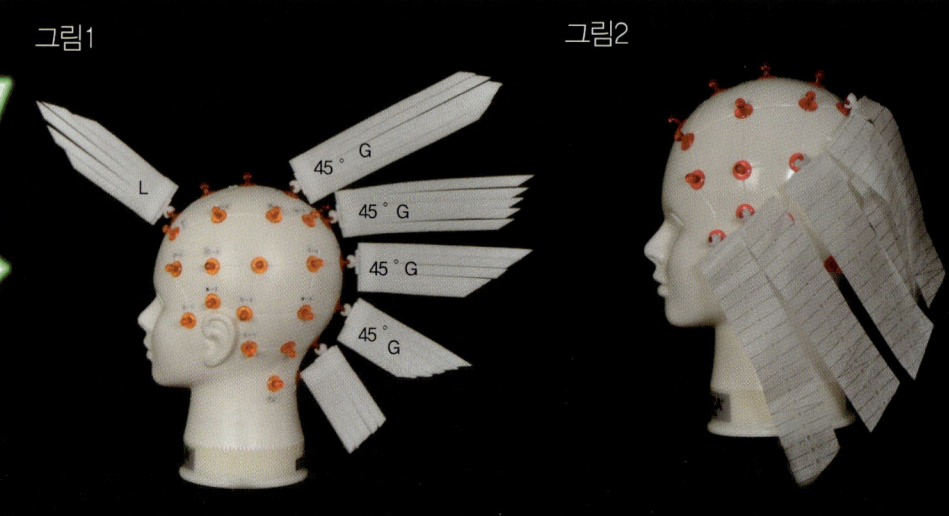

그림1   그림2

디자인 분석 설계 구조 그래픽

그림1

프론트는 오른쪽 눈동자 중심에서 왼쪽 눈동자 끝으로 슬라이스 나누어 줍니다.

그림2

템플지역과 귀 뒷부분을 나누어서 슬라이스를 나누어 줍니다.

그림3

네이프는 피봇 슬라이스로 온 베이스 컷으로 아웃라인 가이드를 만듭니다.

그림4

백의 슬라이스는 피봇으로 웨이트 라인을 만들어 갑니다.

그림5

그림6

백 부분도 피봇 슬라이스로 나누어서 커트하면 두상곡면을 커버하여 백부분의 포름감과 네이프의 밀착이 나타납니다.

그림7

사이드와 E.T.E.P의 빗질과 손의 위치가 중요한 부분입니다.

그림8

T.P의 피봇 슬라이스로 자연스러운 연결을 위하여 온 베이스 커트 하여 줍니다.

그림9

프론트 부분은 사선 슬라이스로 온핑거로 가이드 잡아 줍니다.

그림10

사선 슬라이스로 프론트 가이드와 같은 라인에서 커트 하여주면 반대 사이드 라인으로 자연 스럽게흐르는 아웃라인이 나타납니다.

그림11

사이드의 자연스런 아웃라인을 주기위해 시술각을 들어 줍니다.

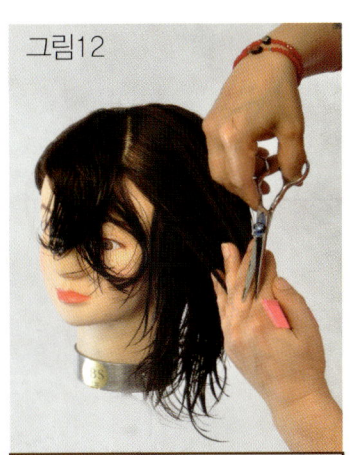

그림12

페이스 실루엣 라인을 자연스런 라인과 얼굴 축소를 위하여 마이너스 시술각으로 형태선 정리를 합니다.

Note.

 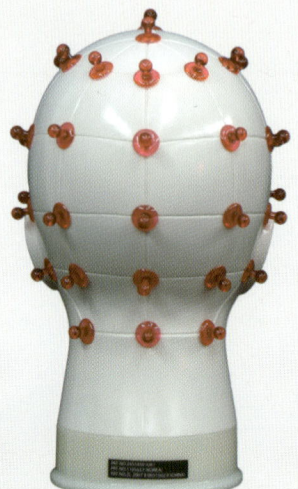

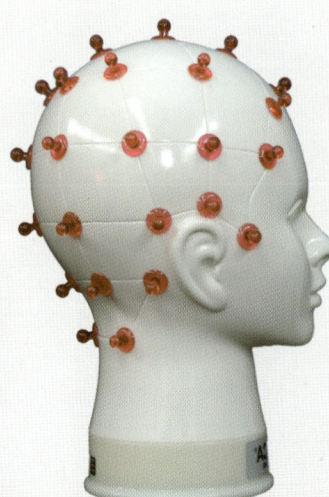 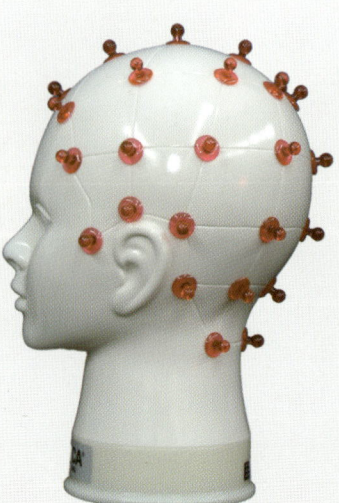

Chapter 26
Bob Gradution Design

그레쥬에이션의 백부분의 완만한 곡선과 사이드의
스퀘어 실루엣 라인으로 전체적으로 곡선을
느끼면서도 샤프한 스타일 입니다.

PORICA®

Chapter 26

디자인 분석 설계 구조 그래픽

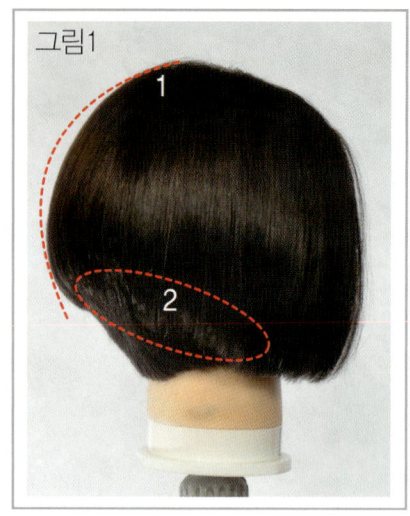

그림1

1) 입체적 포름
2) 백사이드 조금 평행

그림1-1

1) 사이드 아웃라인 평행

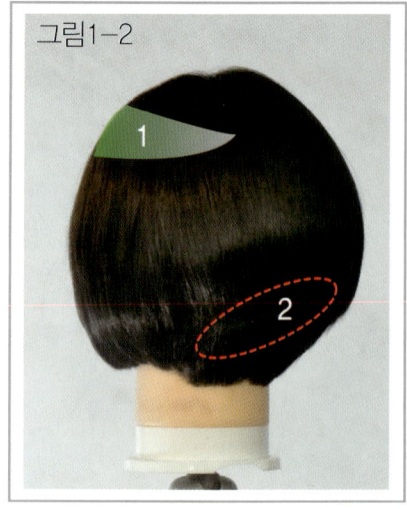

그림1-2

1) 시닝 두개골
2) 둥글고 무겁게

A 커트 시작점
☞ 백부분에 G가 들어있어 앞으로 점점 내려가므로 백부터 시작하는 것이 입체적으로 웨이트라인이 만들어 집니다.

B 어느부분에 어떤 슬라이스 적용점
☞ 백센터는 가로에 가까운 사선 슬라이스로 평행에 가까운 벨런스로 입체적인 곡선을 되게 사이드는
☞ 가로에 가까운 사선 슬라이스로 전체적 곡선을 느낄수 있게 합니다.
☞ 네이프는 가로 슬라이스로 무거움과 입체적으로 흐름이 나타나게 합니다.

C 디자인 부분에 시술각 적용점
☞ 백센터 시술각 30°로 둥근 웨이트 라인을 형성되게 합니다.
☞ 사이드 시술각 15°로 백웨이트 라인에서 사이드로 서서히 시술각을 낮추어 샤프하게 합니다.
☞ 네이프 시술각은 30°로 곡선의 흐름을 나타 낼수 있게 합니다.

구조 그래픽

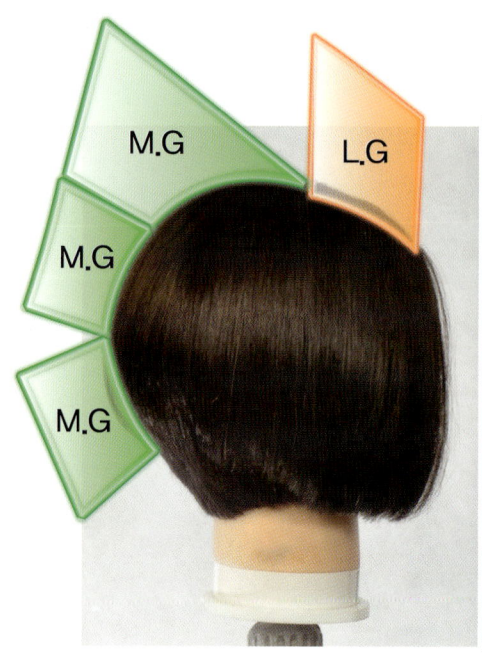

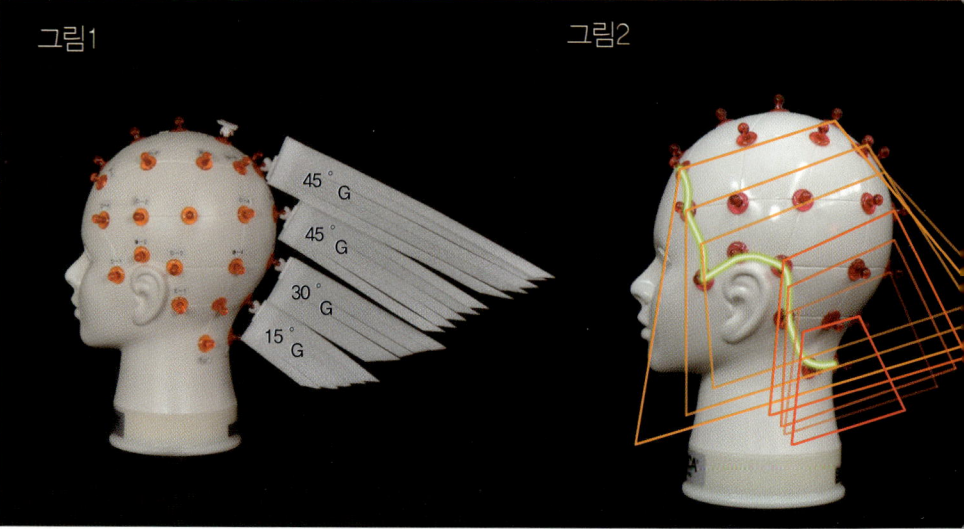

그림1   그림2

디자인 분석 설계 구조 그래픽

그림1

프론트 센터 템풀에서 백 부분 네이프에 슬라이스를 나눈다.

그림2

그림3

네이프 아웃라인을 설정 합니다.

그림4

네이프의 무거운 커트선을 콤컨트롤로 체크 합니다.

그림5

가로에 가까운 사선 슬라이스로 웨이트 라인 30° 시술각으로 커트 합니다.

그림6

백사이드 부분은 사선 슬라이스로 뒤 부분은 길이가 짧아지지 않게끔 시술각을 들지 않습니다.

그림7

가로에 가까운 슬라이스로 곡선의 흐름이 나타나게 합니다.

그림8

E.T.E.P는 두상이 라운드로 둥글기 때문에 빗질을 하여야 아웃라인과 평행이 됩니다.

그림9

사이드 라인은 E.T.E.P와 부드러운 흐름되게 커트 합니다.

그림10

사이드와 백 사이드 흐르는 부분은 곡면대로 빗질을 잘하여야 스퀘어가 나타납니다.

그림11

가로에 가까운 사선 슬라이스 평행하게 커트하여 주면 자연스런 흐름의 라인이 형성 됩니다.

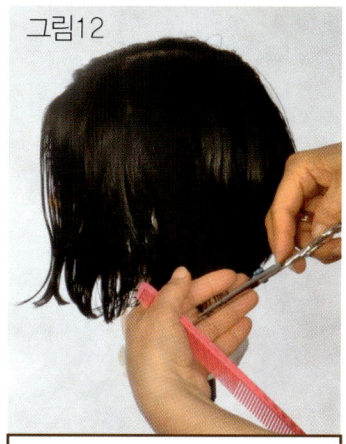

그림12

탑 부분은 성장 패턴되로 빗질을 잘 하여서 컷하면 웨이트 라인의 곡선의 흐름이 샤프하게 됩니다.

Note.

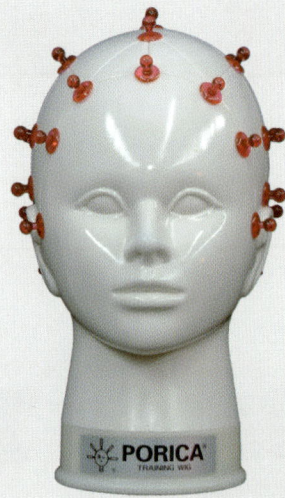

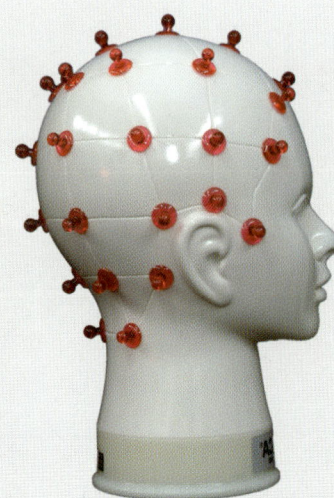
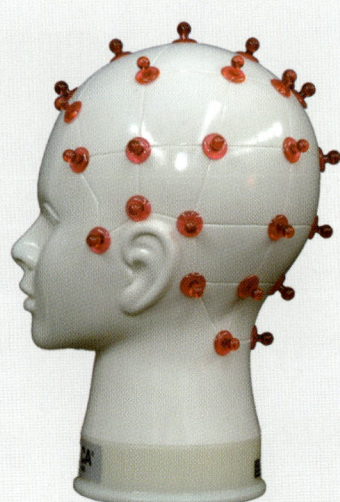

Chapter 27
BoB / Horizontal Diagonal Design

스퀘어란 웨이트 포인트에서 사이드로
직선적으로 점점 내려가 샤프한 인상의
포름 라인으로 형성된 디자인입니다.

PORICA

Chapter 27

디자인 분석 설계 구조 그래픽

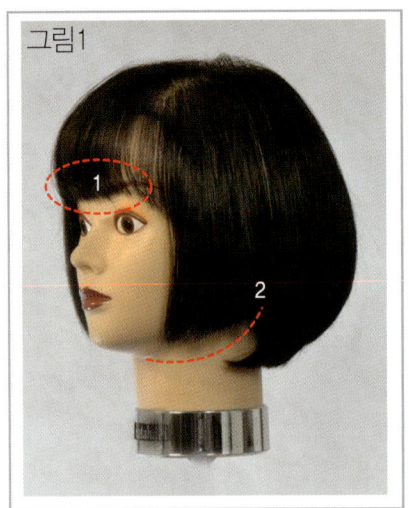

그림1
1) 작은 뱅
2) 사선 스퀘어 라인

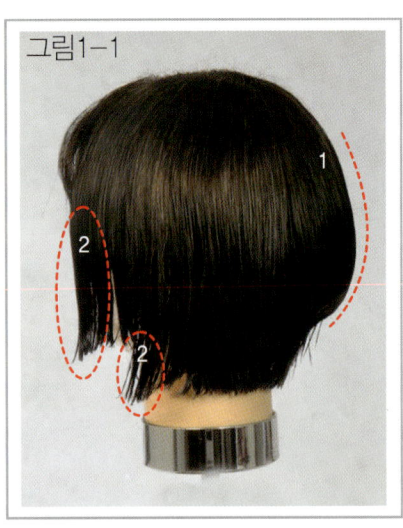

그림1-1
1) 입체적 포름
2) 사이드 귀뒤 세로 & 스퀘어 코너

그림1-2
1) 이너시닝 튀어나온 두개골라 네이프 밀착

A 컷의 시작점
☞ 사이드로 점점 내려가기 때문에 백부분 G가 형성되어서 백을 시작점으로 합니다.
☞ E.T.E.P 에서 시작점으로 할수도 있습니다.

B 어느부분에 어떤 슬라이스 적용점
☞ 세로 슬라이스로 귀뒤까지 사선 슬라이스와 연결한다.
☞ 가로 슬라이스로 직선적인 아웃라인을 만듭니다.
☞ 가로 슬라이스로 웨이트 라인과 평행한 곡선과 무게감으로 만듭니다.

C 디자인 부분이 시술각 적용점
☞ 낮은 시술각으로 사이드와 연결하여 입체감을 나타냅니다.
☞ 낮은 시술각으로 백 사이드와 연결하여 평행하게 합니다.
☞ 원핑거 시술로 무게감과 입체감 포름을 만듭니다.
☞ 원핑거 시술로 페이스라인을 샤프하게 합니다.

구조 그래픽

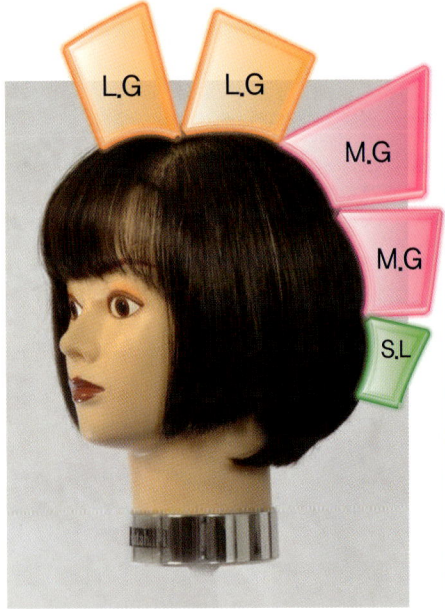

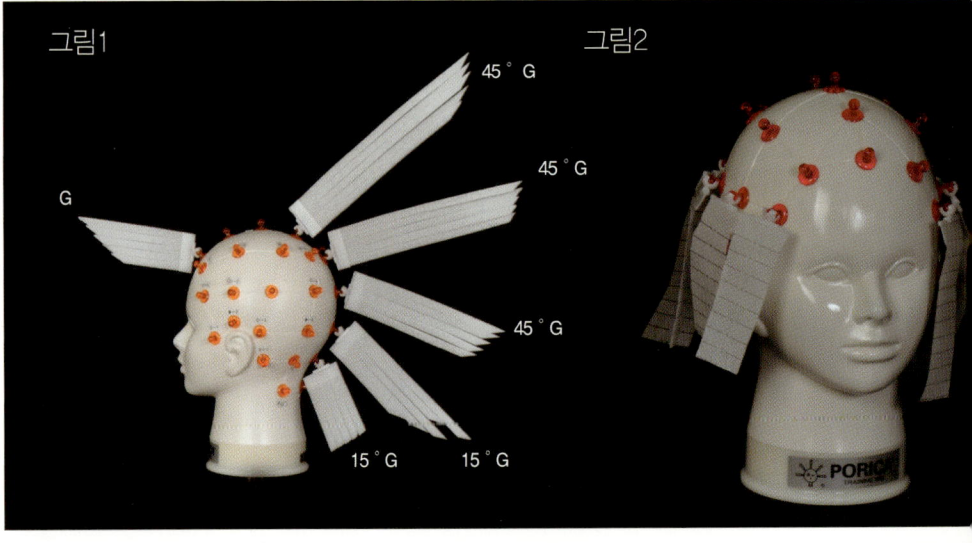

디자인 분석 설계 구조 그래픽

그림1
프론트 뱅은 눈동자 중심으로 삼각슬라이스 합니다.

그림2
백 사이드는 가로에 가까운 사선 슬라이스와 투섹션과 네이프로 나누어 줍니다.

그림3
네이프는 온핑거 시술각으로 컷합니다.

그림4
낮은 시술각으로 수평으로 컷합니다.

그림5
귀 뒷부분은 사선 시술각을 슬라이스로 15°로 하여야 합니다.

그림6
가로에 가까운 사선 슬라이스와 평행하게 커트 합니다.

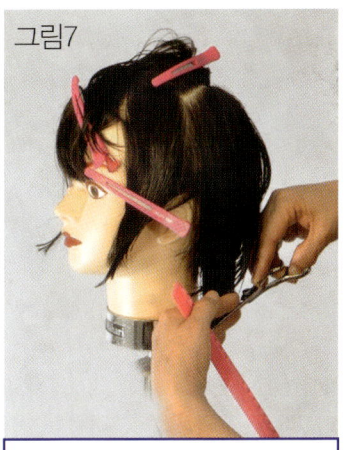
그림7
백 사이드 부분은 약간 사선으로 당겨 컷합니다.

그림8
탑 부분은 90°로 무게감을 정리합니다.

그림9
사이드 낮은 시술각으로 컷합니다.

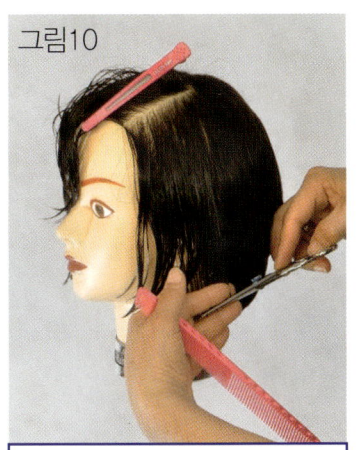
그림10
둥글려 있는 곡면을 주의하여 컷합니다.

그림11
프론트 센터 온핑거 시술각으로 컷 합니다.

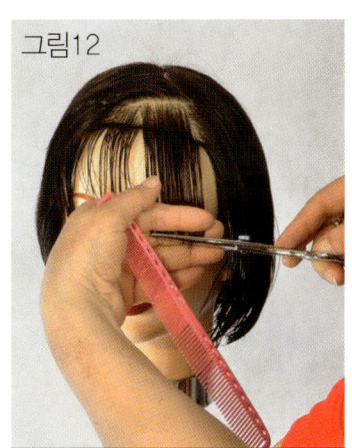
그림12
프론트 사이드 수평으로 커트합니다.

Note.

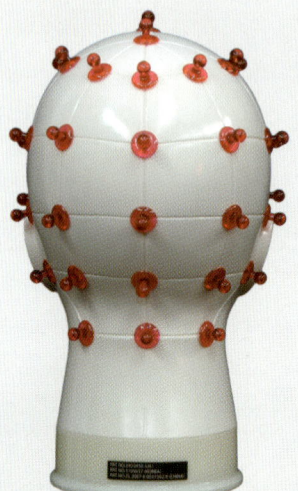
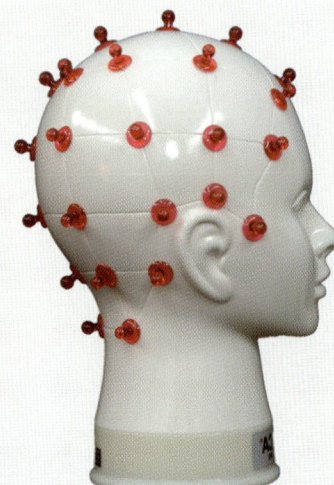
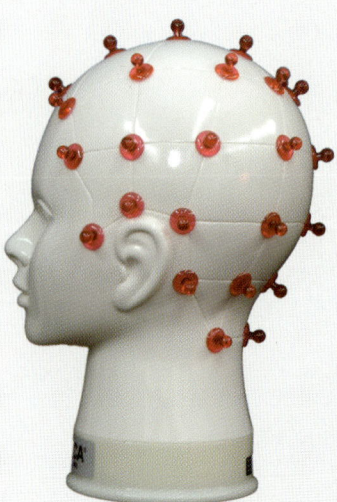

Chapter 28
Round BoB Design

프론트 라운드의 무거운 뱅과 사이드 스퀘어의 무거운 아웃라인의 형태와 네이프의 높은 웨이트 라인이 백의 포름감을 더욱 강조 되게 하는 스타일 입니다.

PORICA

디자인 분석 설계 구조 그래픽

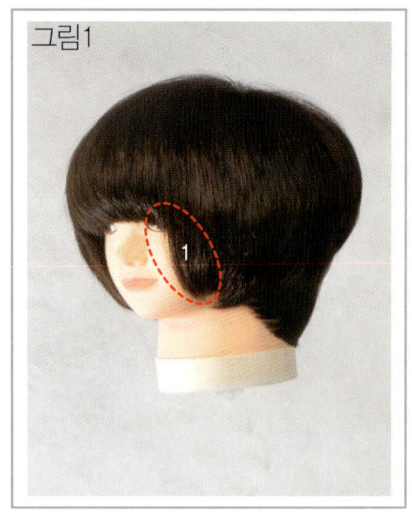
그림1
1) 밀찰된 라인

그림1-1
1) 라운드 무거운 뱅

그림1-2
1) 사이드 무거운 라인

A 커트 시작점
- 사이드의 스퀘어와 백의 웨이트 라인의 입체적 포름감의 형성을 위하여서 E.T.E.P에서 기점을
- 시작하는 것이 연결성이 좋다고 생각합니다.

B 어느부분에 어떤 슬라이스 적용점
- 후대각 슬라이스 백의 웨이트라인과 평행한 라인으로 컷 합니다.
- 가로 슬라이스 스퀘어의 닦닦하고 턱아래로 연결 합니다.
- 세로 슬라이스 골격에 따른 입체적 포름으로 G로 커트 합니다.
- 수평 슬라이스 앞으로 끌어내어 커트 하므로 두상곡면대로 라운드 라인 형성됩니다.

C 디자인 부분에 시술각 적용점
- 후대각 라인의 45°로 무게감이 있으면서 포름감 있는 웨이트라인이 되게 합니다.
- 온핑거 시술각으로 스퀘어라인의 느낌이 되게 합니다.
- 온베이스로 G가 되게 커트 합니다

구조 그래픽

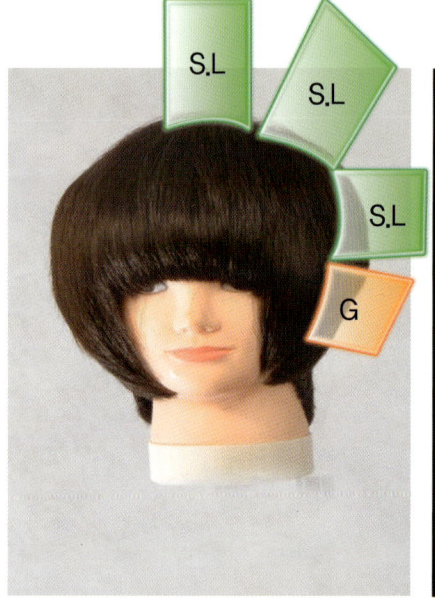

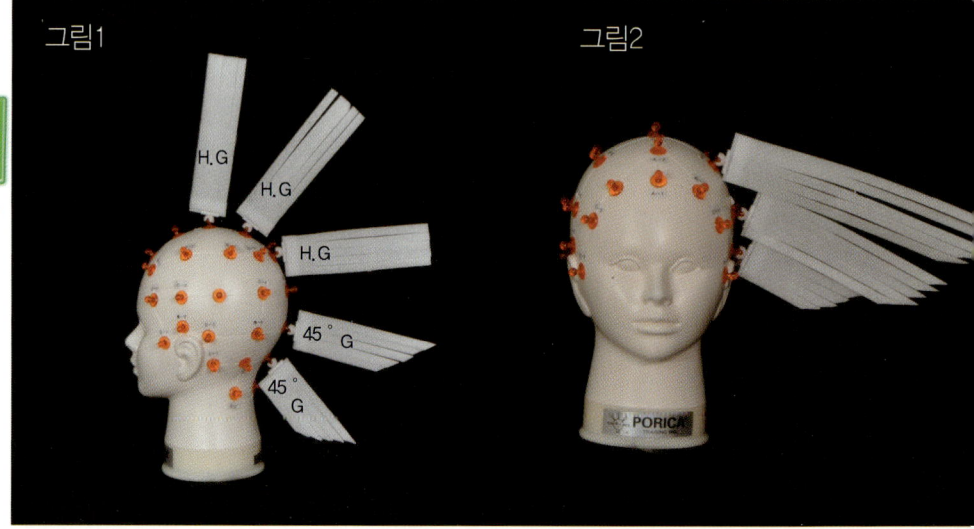

그림1 그림2

디자인 분석 설계 구조 그래픽

그림1

프론트 트라이앵글 E.T.E.P 백사선 후대각 라인으로 슬라이스 나눈다.

그림2

E.T.E.P에서 길이 결정한다.

그림3

사이드를 온핑거 시술각으로 합니다.

그림4

네이프 아웃라인 길이 정리 합니다.

그림5

후두골 부분에서 세로 슬라이스하여 온베이스로 G 컷합니다.

그림6

슬라이스와 평행하게 빗질하여 줍니다.

그림7

백 부분 웨이트 라인 사선 슬라이스와 평행하게 컷 합니다.

그림8

사이드 템풀 부분 가로 가까운 사선 슬라이스로 15° 시술각으로 커트 합니다.

그림9

탑부분은 피봇으로 온 베이스 컷합니다.

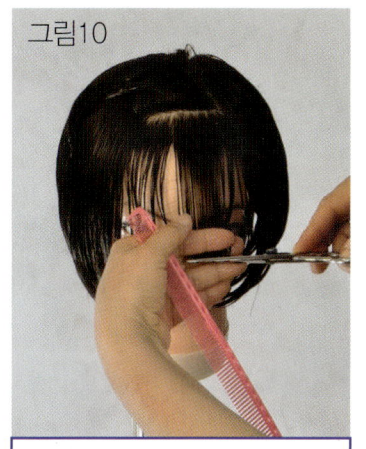

그림10

프론트 라인은 슬라이스와 평행하게 컷합니다.

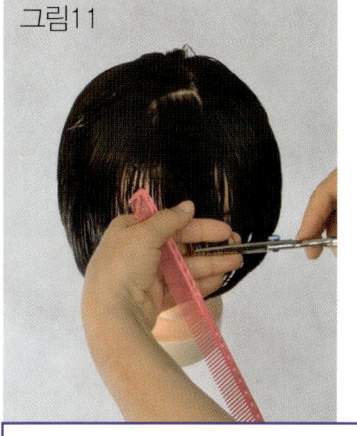

그림11

슬라이스와 평행하게 컷해도 두상곡면 때문에 둥근 아웃라인 형성됩니다.

그림12

Note.

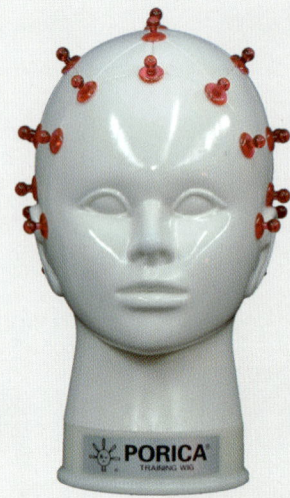 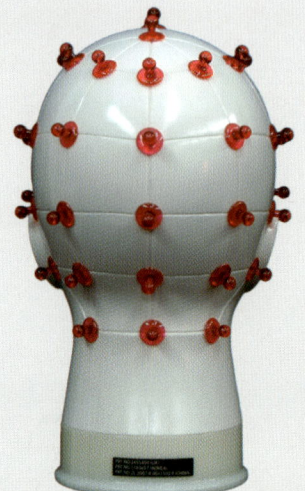

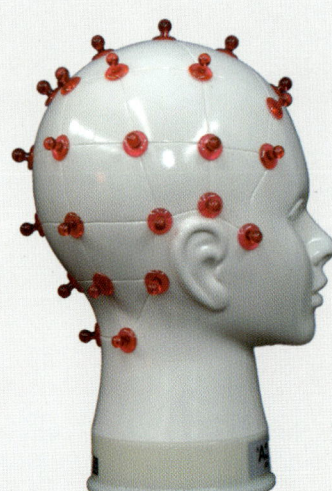 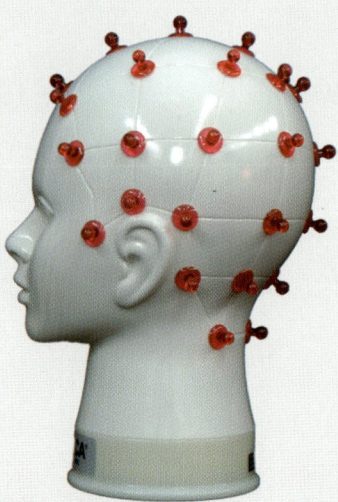

Chapter 29
Disconnection BOB Design1

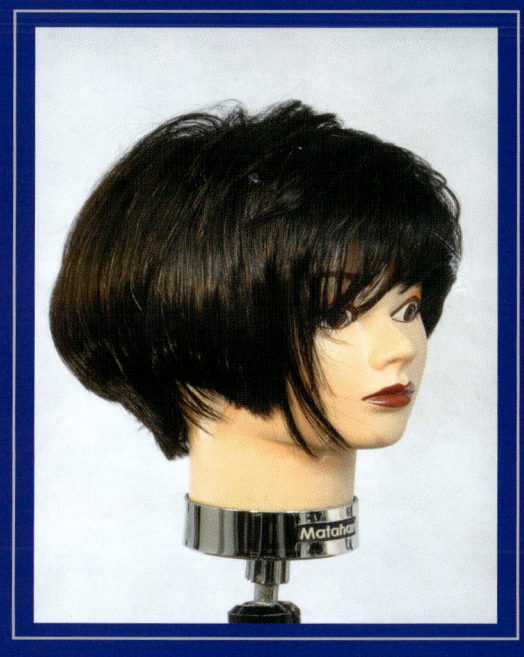
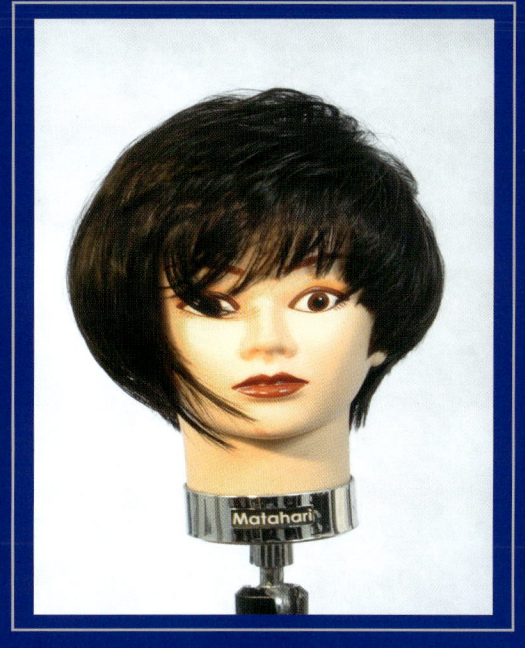

아웃라인이 케주얼하고 샤프하면서 여성스럽고 엘리트한 이미지 스타일 이면서도 오버랩 (디스커넥스) 부분은 경쾌하게 보이며 그러지 않은 부분은 무겁게 보인다.
디스커넥스 길이가 길면 경쾌함과 율동감에 모발은 구부러지는것에 주의하여야 합니다.

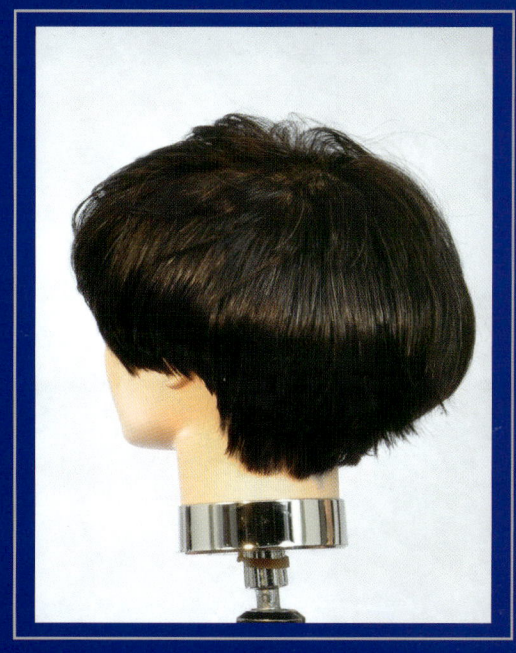

PORICA

디자인 분석 설계 구조 그래픽

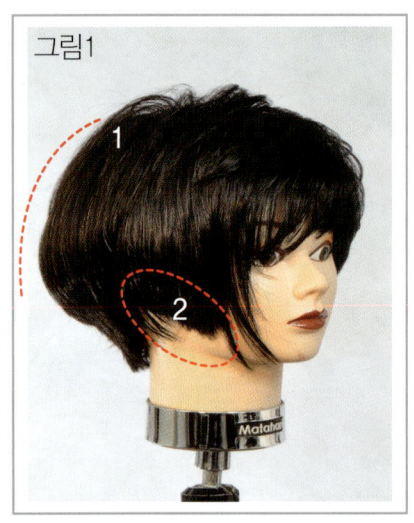

그림1

1) 둥근 포름감
2) 웨전대각 흐름

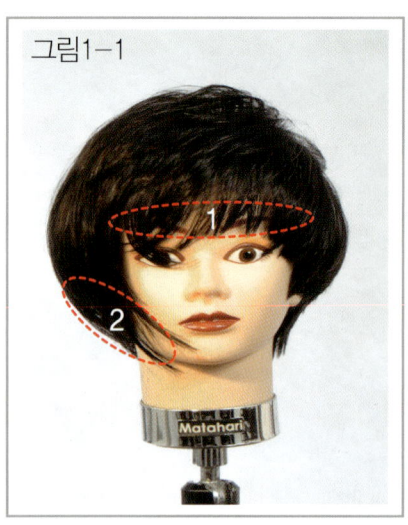

그림1-1

1) 자연스런 흐름
2) 사이드 디스커넥스

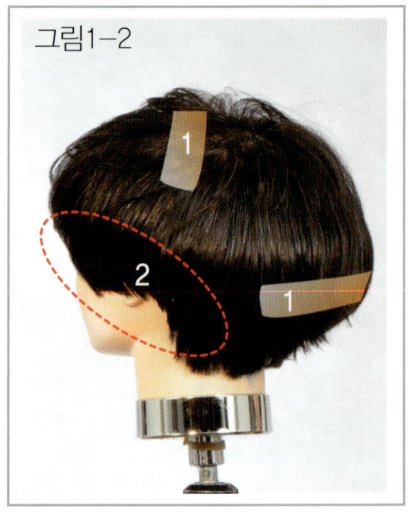

그림1-2

1) 이너시닝
2) 스퀘어라인

A 커트 시작점
☞ 디스커넥스 보브 스타일의 가이드 라인은 E.T.E.P에서 기준점을 잡아 사이드 가이드 라인과 백의 둥근 웨이트 라인을 조금씩 길어지게 컷하여 줍니다.

B 어느부분에 어떤 슬라이스 적용점
☞ 라운드 슬라이스와 평행으로 커트하여 둥근 포름을 형성 시키며 디스커넥 부분은 세로 슬라이스로 가벼운 라인으로 만들어 줍니다.
☞ 가로 슬라이스의 라인을 점점 길어진 전대각 라인으로 커트하여주면 사이드의 무거운 가이드 라인은 프론트 디스커넥스 라인은 가벼운 율동감을 만들어 줍니다.
☞ 세로 슬라이스에 G로 무거움과 입체감을 나타냅니다. 대각 슬라이스로 점점 길어진 프론트 실루엣 라인을 만듭니다.

C 디자인 부분에 시술각 적용점
☞ 라운드 슬라이스에 시술각 45°로 백부분을 라운드 포름감 나타나게 하면 디스커넥스는
☞ 세로 온베이스로 가벼운 율동감을 나타나게 합니다.
☞ 가로 슬라이스에 원핑거 시술각 15로 무거우면서도 입체감있는 전대각 라인을 만들어 주면
☞ 세로 디스커넥스는 세로 슬라이스로 가벼운 사이드 라인을 만들어 줍니다.

구조 그래픽

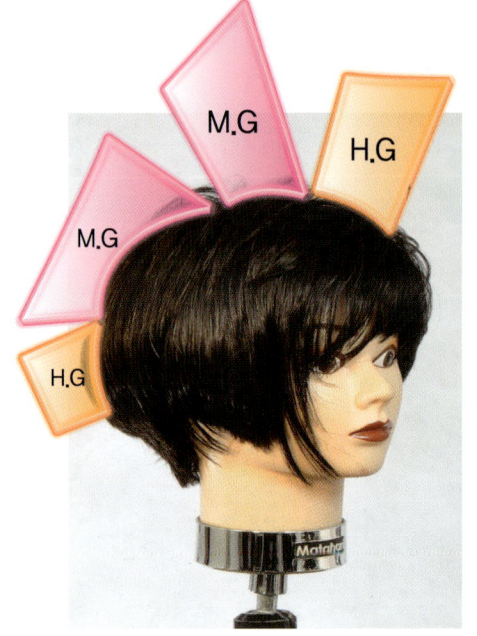

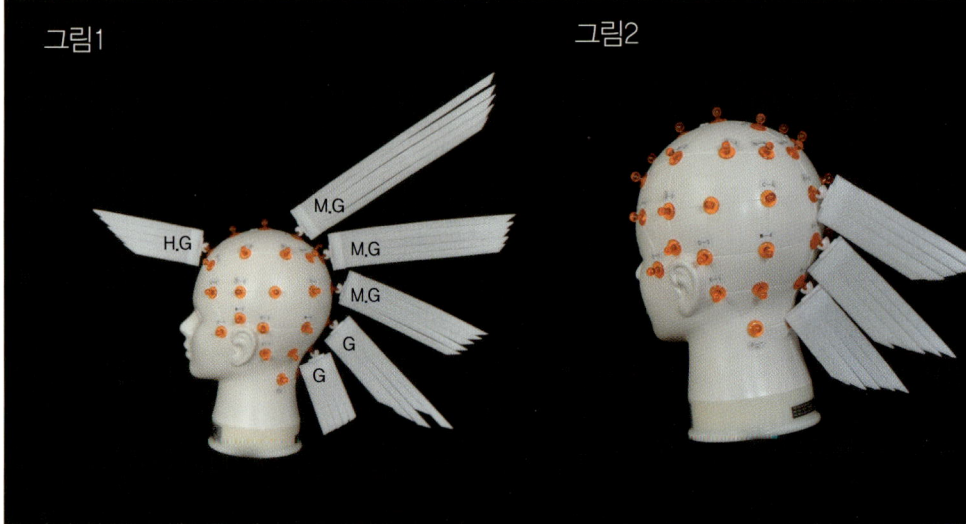

그림1 그림2

디자인 분석 설계 구조 그래픽

그림1

다중섹션으로 나누어주면 백부분과 사이드 부분은 디스커넥 세분화로 나누어 줍니다.

그림2

그림3
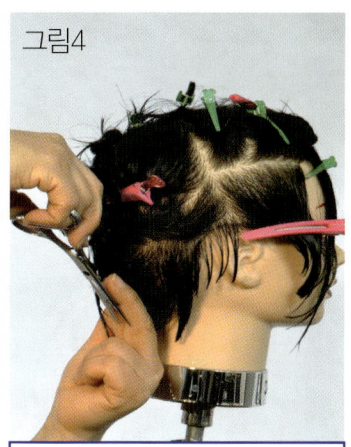
E.T.E에서 가이드 라인 길이를 설정 합니다.

그림4
네이프 세로 슬라이스에 45°G로 컷하여 줍니다.

그림5

사이드 E.T.E가이드라인에 맞춰서 원핑거 시술각으로 컷 합니다.

그림6

전대각 라인으로 커트 합니다.

그림7

백 사이드는 대각슬라이스와 평행하게 컷 합니다.

그림8
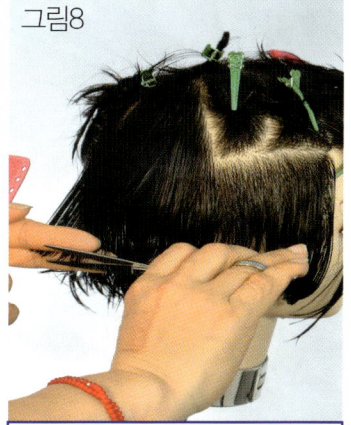
탑부분은 30° 시술각 G로 컷하여 포름감을 형성합니다.

그림9

백부분의 디스커넥스를 커트하여 줍니다.

그림10

사이드 디스커넥스 부분은 사이드 가이드라인보다 2cm 길게 커트 합니다.

그림11
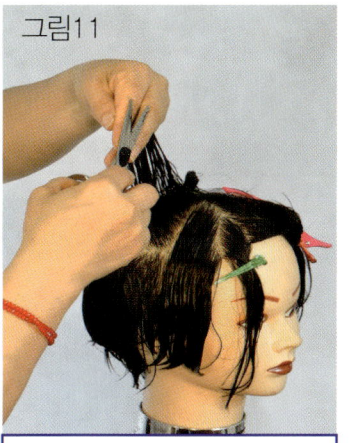
디스커넥스의 무거운 부분을 세로 슬라이스로 가볍게 하여 줍니다.

그림12
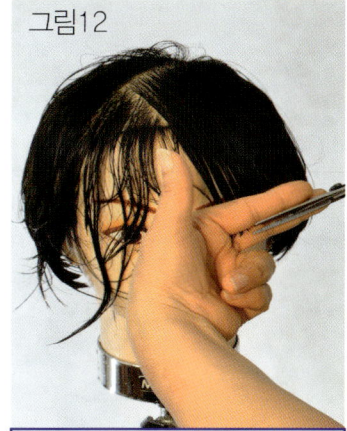
프론트 부분은 대각 슬라이스에 평행하게 가이드를 한곳으로 모아서 커트 함으로 반대쪽으로 점점 길어진 라인이 됩니다.

Note.

 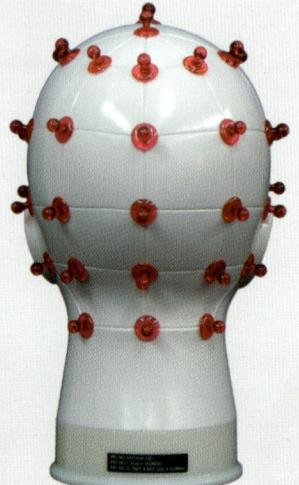

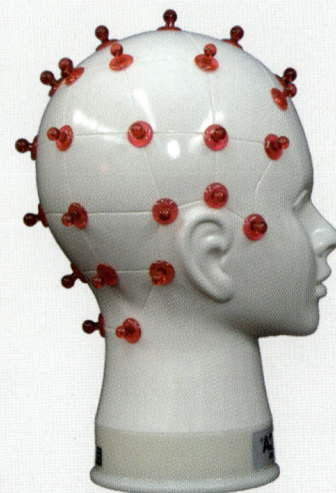 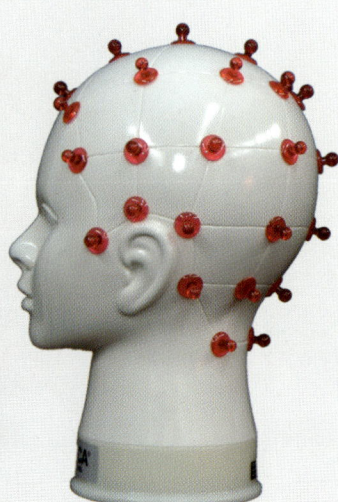

Chapter 30
Disconnection BOB Design2

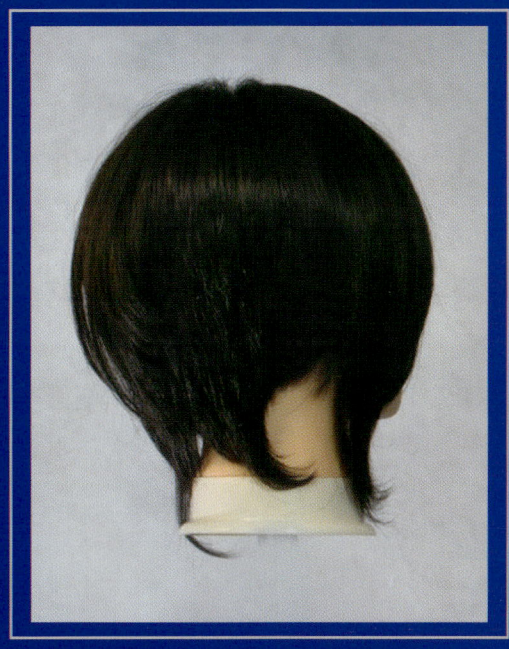

디스커넥션 디자인은 각섹션의 길이 벨런스 조화의 컨트롤이 중요하며 무한대의 세로 겹침이 되면 가로의 율동감과 섹션 분할 디자인 폭이 넓어졌습니다.
이 디자인은 가로 무거움 G와 세로의 가벼움 L의 왼쪽 백사이드와 오른쪽 백사이드 대각선 슬라이스로 무겁고 짧은 라인과 가볍움 라인과의 밸런스를 조화롭게 나타낸 디자인입니다.

PORICA

Chapter 30

디자인 분석 설계 구조 그래픽

그림1

1) 백 웨이트 디스커넥스
2) 사이드와 네이프 디스커넥스

그림1-1

1) 무거운 뱅
2) 아웃라인 점점 길어짐

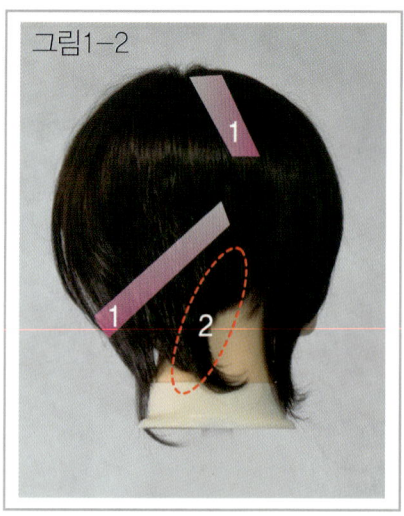

그림1-2

1) 이너시닝
2) 곡선의 커브

A 커트 시작점
☞ 디스커넥션은 각섹션의 길이 벨런스 컨트롤의 조화가 최대 포인트임으로 각섹션의 길이 각도 무게 아웃라인의 벨런스가 중요하다.
☞ 이 디자인 네이프와 사이드가 디스커넥션이기 때문에 후두골 센터가 시작점이 되어야 한다.

B 어느부분에 어떤 슬라이스 적용점
☞ 언벨런스 대각선 슬라이스로 왼쪽은 조금 낮게 오른쪽은 조금 높게 디스커넥션은 긴쪽에 무게감과 율동감을 만들어 줍니다.
☞ 가로 슬라이스로 좌우 디스커넥션의 반대측 벨런스를 의식하여 각섹션의 길이와 무게감을 만들어 갑니다.
☞ 세로슬라이스로 각섹션마다 길이의 어긋나는 벨러스 조화에 주의하여 커트하여야 합니다.
☞ 수평슬라이스에 평행하게 커트 하여 줍니다.

C 디자인 부분에 시술각 적용점
☞ 대각선 슬라이스에 중각 시술각으로 샤프하면서도 무게감이 있게 커트 합니다.
☞ 가로 슬라이스에 15° 시술각으로 짧은 부분은 두꺼움과 긴부분의 율동감으로 벨런스를 취하여 한라인으로 흐름되게 합니다.
☞ 세로슬라이스에 온베이스로 각센션의 어긋난 길이를 입체감과 율동감으로 밀착되게 합니다.

구조 그래픽

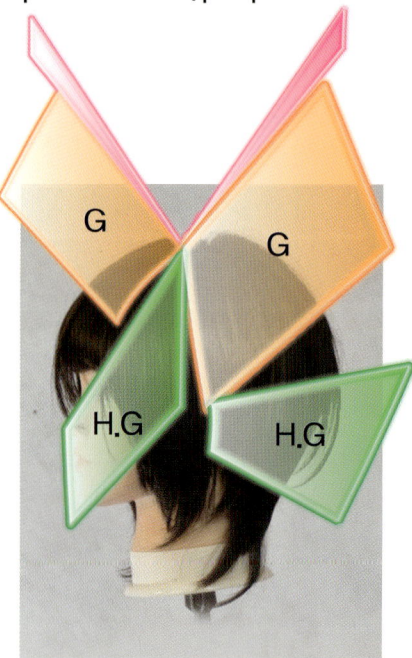

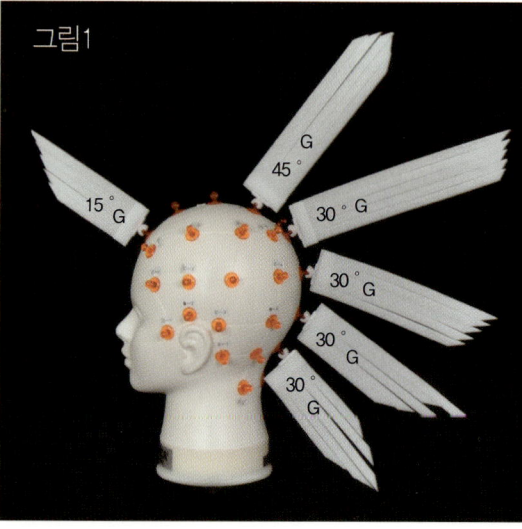

그림1

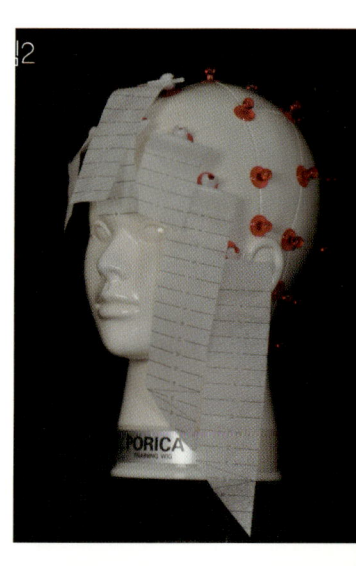

그림2

디자인 분석 설계 구조 그래픽

그림1
프론트 E.T.E T.P으로 섹션을 나누어줍니다.

그림2
백은 왼쪽 낮게 오른쪽은 높은 비대층으로 섹션을 나누어 줍니다.

그림3
아웃라인 길이가 짧고 긴 디스커넥션이기 때문에 후두골 센터 부터 세로 슬라이스로 분할 가이드 길이을 만들어 갑니다.

그림4
귀뒤부분은 정중선 센터까지 당겨와 디스커넥션 길이를 만들어 줍니다.

그림5
E.T.E.P에서 사이드 길이 설정 합니다.

그림6
백사이드 부분은 E.T.E.P 부분과 연결하여 커트 하여 줍니다.

그림7
사이드의 디스커넥션의 가이드라인을 길게 커트 합니다.

그림8
백 사이드 디스커넥션 섹션

그림9
디스 커넥션은 반대측 길이와 무게를 비교하여 밸런스 길이를 결정합니다.

그림10
우측 사이드는 가로 슬라이스로 원핑거 시술각으로 가이드 라인을 좌측보다 길게 컷합니다 세로 슬라이스로 각 섹션의 무게감을 조절하여 줍니다.

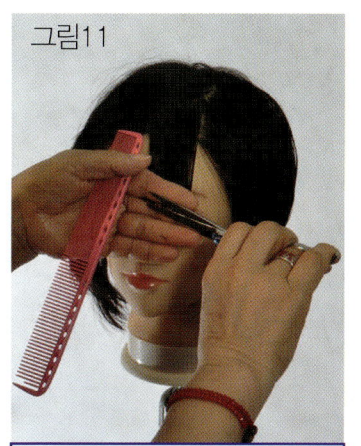
그림11
프론트센터는 수평 슬라이스와 평행되게 원핑거 시술각으로 커트 합니다.

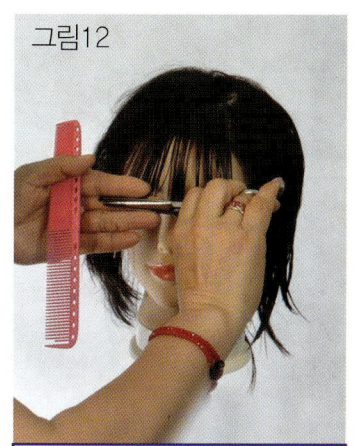
그림12
프론트 사이드 라인은 조금 길게 비대층이 되게 커트해줍니다.

Note.

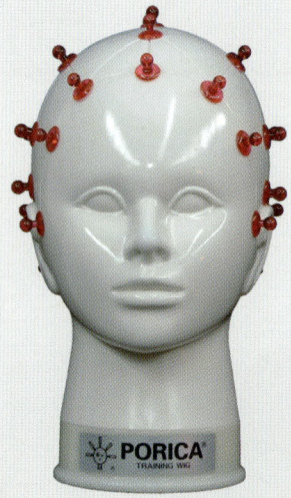

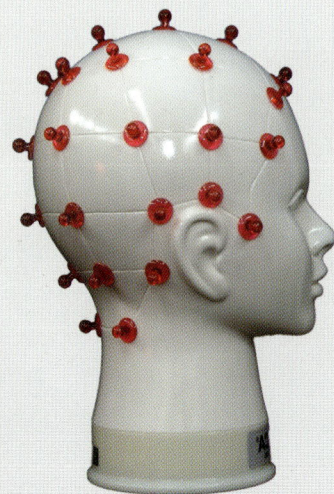

Chapter 31

BoB Design 1

백의 둥근 웨이트라인을 포론트까지 둥근 라인을
연결 시키면 프론트에서 사이드로 점점 내려오는
디스커넥의 웨이트 라인을 만든 스타일 입니다.
코너를 만들기 위해서는 백에서 사이드로 프론트에서
사이드로 내려가는 방향성으로 커트을 하는것이
디자인을 효과적으로 나타냅니다.

PORICA

디자인 분석 설계 구조 그래픽

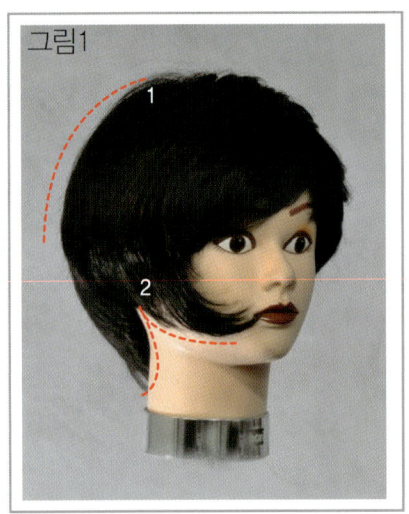

그림1
1) 입체적 포름
2) E.T.E.P에서 점점 내려감

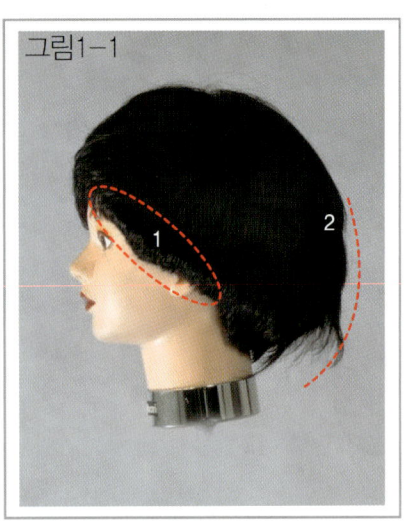

그림1-1
1) 프론트 뱅 점점 내려감
2) 후두골 입체적 디스커넥

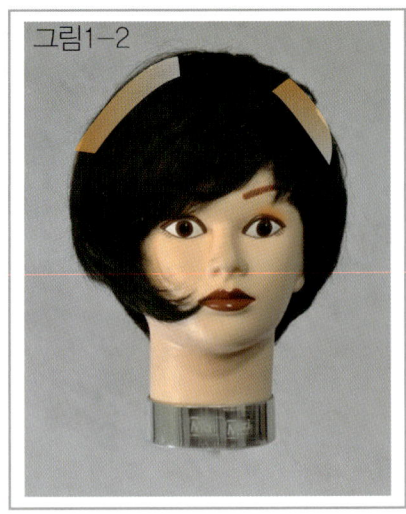

그림1-2
1) 이너시닝

A 컷의 시작점
☞ 페이스 아웃라인 앞부터 커트하면 쉽게 컷트할수 있으냐 내려가는 라인이 나타내는것이 어려워진다.
☞ 네이프의 무거운 라인과 백을 커트하고 사이드로 넘어 오는 것이 라운드 실루엣 라인이 아름답게 나타난다.

B 어느부분에 어떤 슬라이스 적용점
☞ 사선 슬라이스로 웨이트 포인트 라인이 평행하면서도 디스케넥스를 만든다.
☞ 좌사선 우측은 수평 슬라이스로 E.T.E.P에서 앞으로 점점 올라가는 라인을 만들고 내려오는 디스케넥를 만든다.
☞ 수평 슬라이스로 무게감과 입체감을 만듭니다.
☞ 사선 슬라이스를 앞으로 끌어내어 점점 내려오는 실루엣 라인을 만듭니다.

C 디자인 부분이 시술각 적용점
☞ 백센터는 사선 슬라이스에 45° 시술각으로 웨이트 포인트의 가이드 라인을 만듭니다
☞ 사이드에서는 코너를 남기 위해서 15° 시술각으로 E.T.E.P 에서 커트해간다.
☞ 네이프 수평사선 슬라이스로 15° 시술각으로 무거운감 입체감을 형성합니다.
☞ 프론트 15° 시술각으로 프론트 사이드 향해서 점점 올라 가는 아웃라인을 만듭니다.

구조 그래픽

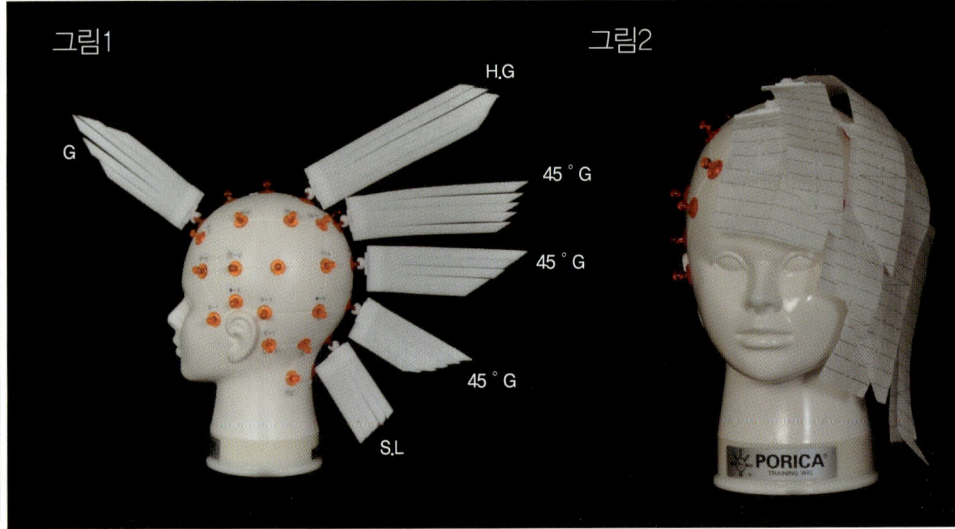

디자인 분석 설계 구조 그래픽

그림1
사이드 가르마 E.T.E.P 귀뒤부분으로 슬라이스 나눈다

그림2
네이프 무게감을 주기 위하여 수평으로 아웃 라인을 만듭니다.

그림3
E.T.E 포인트에서 사이드 아웃라인 커트합니다.

그림4
사이드 코너 포인트는 손은 비평형으로 커트 합니다.

그림5
자연시술각을 손가락 포지션 시술각으로 커트합니다.

그림6
백부분의 둥근 포름을 형성하기 위하여 라운드 슬라이스 취합니다.

그림7
라운드 슬라이스에 평행하게 커트 합니다.

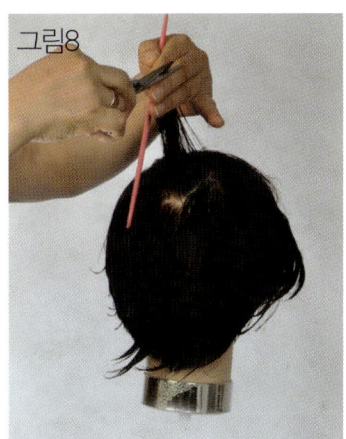

그림8
피봇으로 온베이스 체크 커트 합니다.

그림9
사이드 우측 사이드 라인은 E.T.E.P 부분으로 당겨와 커트 합니다

그림10
사이드 우측 탬폴지역에서는 수평에 가까운 사선 슬라이스로 커트합니다.

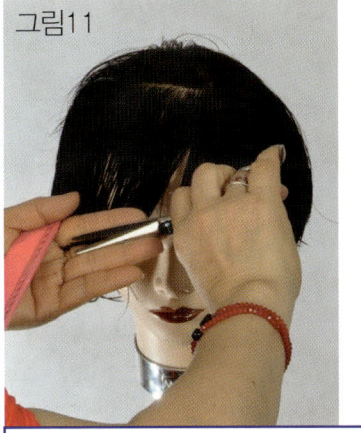

그림11 그림12
사이드 좌측은 사선 슬라이스로 평행하게 커트하여 주면 라운드 실루엣 라인이 형성되게 합니다.

Note.

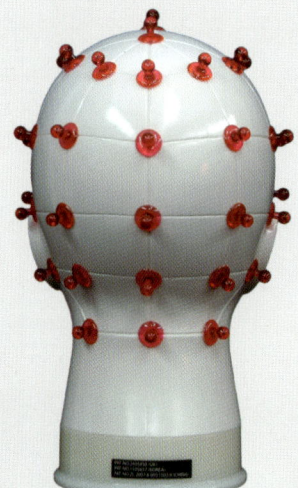
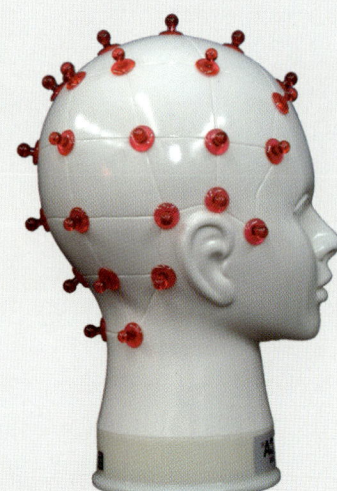
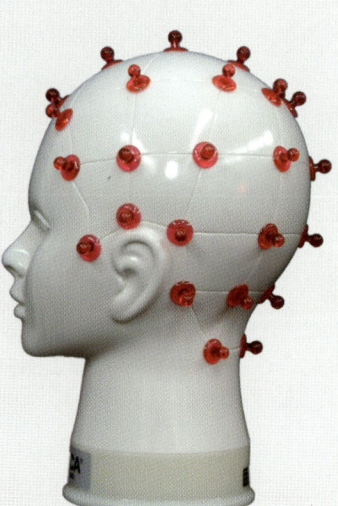

Chapter 32

BoB Design 2

베이스 가로 세로 슬라이스의 변화로 탑 부분에
레이어가 들어갈수록 입체적 효과와 율동감과
질감의 변화게 됩니다.
백은 경쾌하고 앞은 무거워지면서 점점 내려가는
보브 이미지로 경쾌함과 율동감을 형성된
보브 스타일 입니다.

PORICA

디자인 분석 설계 구조 그래픽

그림1

1) 이너시닝

그림1-1

1) 사이드 디스커넥션

그림1-2

1) 페이스 자연스런 실루엣
2) 백의 입체적 포름

A 커트 시작점
- 레이어 보브 디자인이기 때문에 네이프 가이드 라인부터 시작점을하여 위쪽으로 연결하여줌으로 네이프의 밀착과 백 웨이트의 포름감이 잘 형성 됩니다.

B 어느부분에 어떤 슬라이스 적용점
- 세로 슬라이스 적용으로 플랫하면서도 웨이트라인의 포름감 형성을 위하여가로 슬라이스로 적용 하였습니다.
- 가로 슬라이스로 백센터보다 길이가 길고 무거운 느낌과 경쾌함이 형성되게 합니다.
- 가로슬라이스와 사선 슬라이스로 네이프의 밀착을 되게 하였습니다.
- 사선 슬라이스로 오른쪽은 짧게 왼쪽을 조금 긴 라인을 만들어 자연스런 흐름이 되게 하였습니다.

C 디자인 부분에 시술각 적용점
- 웨이트 부분은 가로 슬라이스로 45° 시술각에 크러스트 부분 세로 슬라이스에 온 베이스 컷으로 연결 하였습니다.
- 가로 슬라이스에 15° 시술각에 가이드라인 올라갈수록 30° 40° 시술각을 적용하여서 자연스런 단차를 주었습니다.
- 가로 슬라이스에 15° 시술각으로 가이드라인을 만들고 세로 슬라이스 45° 시술각에 G로 밀착과 경쾌함을 주었습니다.
- 대각 슬라이스에 오른쪽으로 끌고와서 왼쪽으로 점점 길어진 라인형성이 됩니다.

구조 그래픽

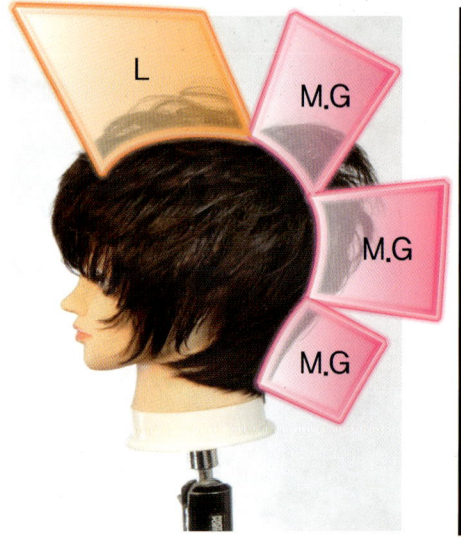

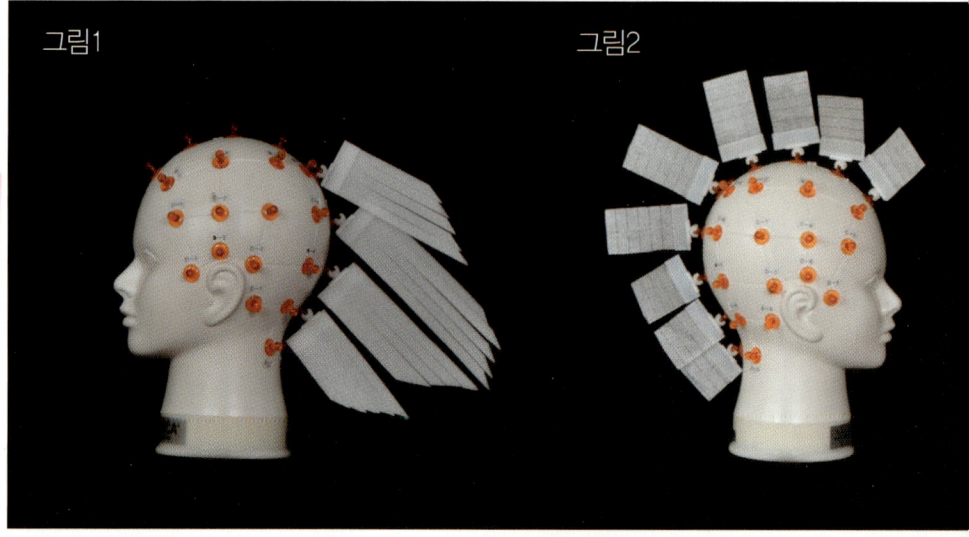

그림1   그림2

디자인 분석 설계 구조 그래픽

그림1 — 프론트 나누고 E.T.E.P와 백부분을 나누어 줍니다.

그림2

그림3 — 네이프 가이드 라인을 포인트로 설정 합니다.

그림4 — 네이프 시술각은 15°, 손가락 한개 30°, 손가락 두개 45° 손가락셋의 시술각으로 커트하여 줍니다.

그림5 — 사이드 E.T.E.P 부분은 가로 슬라이스에 시술각은 손가락 한개의 가이드 라인으로 설정합니다.

그림6 — 손가락 두개 세개 30°~45° 시술각을 들어주면서 커트합니다.

그림7

그림8 — 탑 부분은 피봇 슬라이스로 자연스럽게 연결 합니다.

그림9

그림10 — 프론는 대각 슬라이스로 손가락 하나의 시술각으로 커트 합니다.

그림11

그림12 — 프론트 아웃라인의 무거운 라인을 사선 슬라이스로 무거운 코너를 제거 합니다.

Note.

 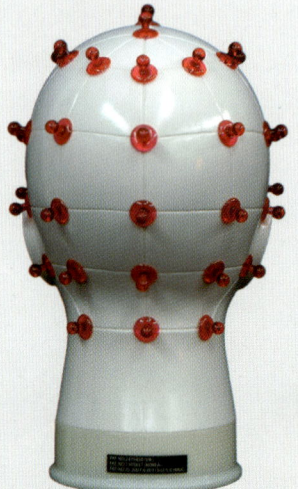

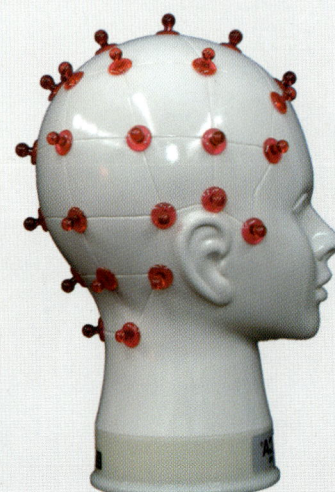 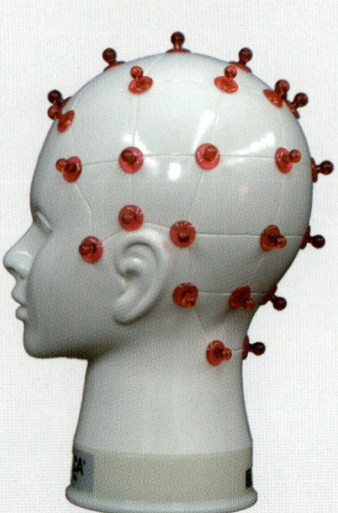

Chapter 33
Medium BOB Design 1

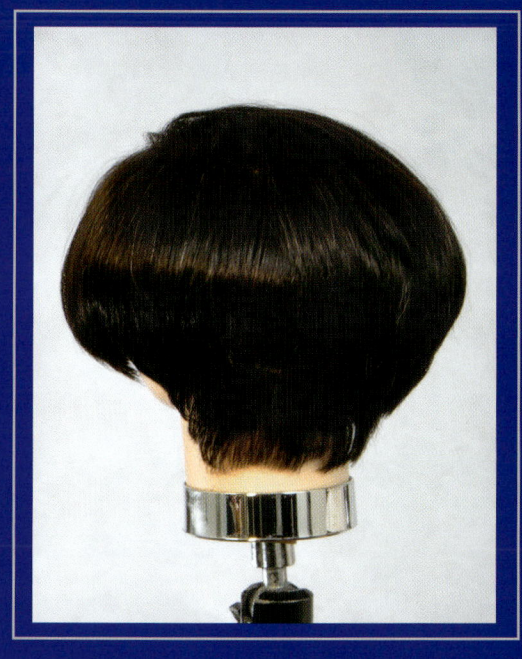
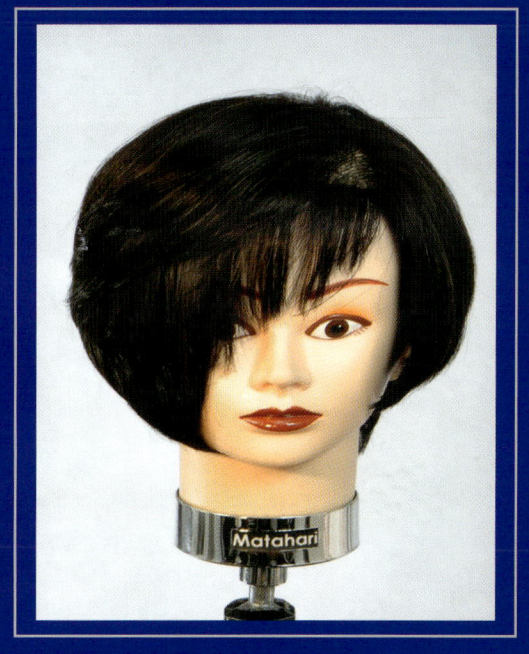

헤어 디자인의 모류 모량과 섹션에 따라서 디자인의
이미지는 달라지므로 백의 절벽의 경우는
오버다이렉션으로 웨이트의 양감 위치와 사이드 가르마에
페이스 라인의 디스커넥션으로 자연스럽게 흐르는
스타일을 나타냅니다.

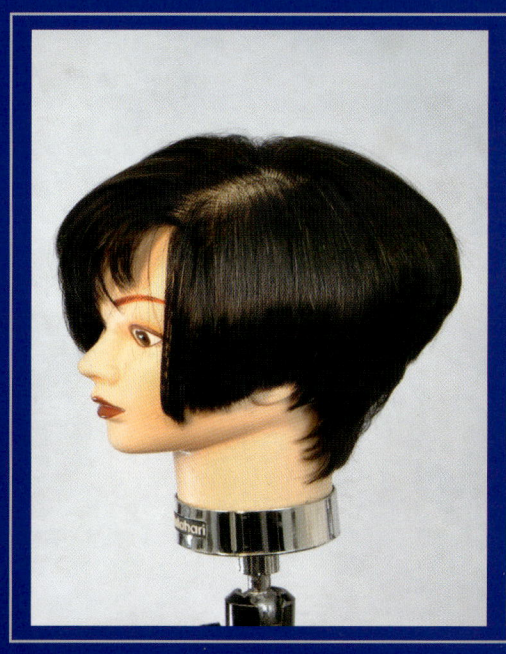

PORICA

Chapter 33

디자인 분석 설계 구조 그래픽

그림1

1) 이너시닝

그림1-1

1) 수직라인
2) 페이스 라인 자연스런 비대층

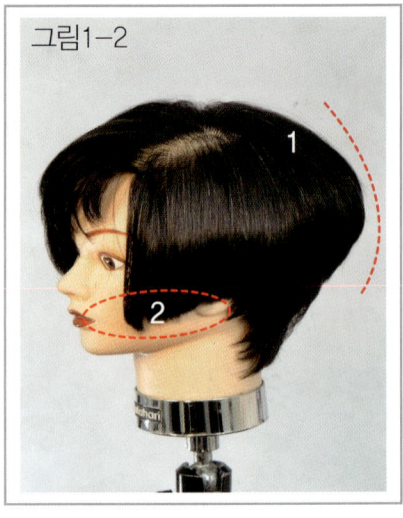

그림1-2

1) 입체적 포름감
2) 스퀘어라인

A 커트 시작점
☞ 사이드 좌우 디스커넥 디자인 임으로 E.T.EP 에서 시작점으로 가이드 설정하여 사이드 가이드와 백가이드로 연결 함으로서 사이드 전대각 백의 라운드 형성이 자연스런 라인으로 형성되겠습니다.

B 어느부분에 어떤 슬라이스 적용점
☞ 백, 골든, 탑, 부분은 피봇 슬라이스로 나누어 커트하여 주며 사선 슬라이스로 나누어 커트하는 것 보다 웨이트 라인의 볼륨감과 이어백은 슬림하게 밀착되어 형성 됩니다.
☞ 가로 슬라이스로 좌측은 전대각 라인은 조금 부드런 라인이고 우측은 점점 길어지는 전대각 라인으로 좌우 디스커넥라인을 조화롭게 만들어 줍니다.
☞ 가로 가이드 라인과 세로 슬라이스로 무거우면서도 가벼운 입체감을 형성시킵니다.
☞ 대각 슬라이스로 반대쪽으로 당겨서 오른쪽이 점점 길어지게 커트합니다.

C 디자인 부분에 시술각 적용점
☞ 백, 골든, 탑부분은 피봇 슬라이스에 시술각 45°로 커트하여 주면 떨어진 가이드 라인은 성장패턴으로
☞ 백부분은 포름감이 형성되면 헤어라인 부분은 슬림하게 밀착됩니다.
☞ 가로 슬라이스에 아웃라인은 15°시술각으로 30°40°로 시술각 들어 커트하여 자연스런 단차 형성이 나타납니다.
☞ 가로 슬라이스에 15°원핑거 시술각에 세로슬라이스는 온베이스 60°G로 커트하여 백의 포름감이더 나타나게 합니다.
☞ 대각 슬라이스에 반대로 당겨 15°시술각으로 한곳으로 모아서 커트해주면 비대층라인이 나타납니다.

구조 그래픽

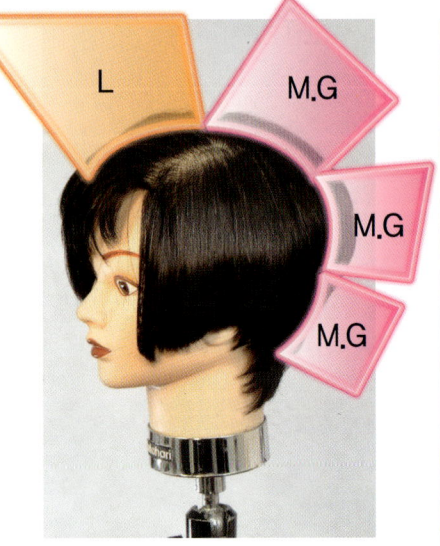

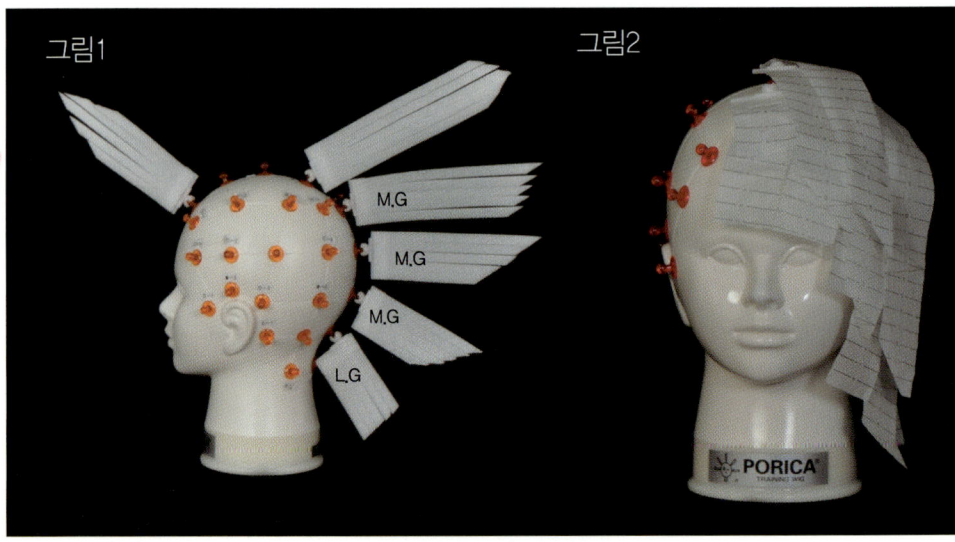

그림1 그림2

디자인 분석 설계 구조 그래픽

그림1 — 가르마는 사이드로 나누고 E.T.E.P와 백 네이프 부분으로 나누어 줍니다.

그림2

그림3 — 네이프는 가로 슬라이스로 15° 시술각으로 가이드 라인을 커트 합니다.

그림4 — 가이드 라인 정리후 콤 컨트롤 노텐션으로 라인을 정리하여 자연스런 라인을 만듭니다.

그림5 — 가이드 정리후 무거운 부분을 세로 슬라이스로 슬림하고 밀착되게 시술합니다.

그림6 — 백 부분에서 피봇 슬라이스로 나누어 컷트하면 성장패턴으로 내려오면서 전대각라인이 자연스럽게 나타납니다.

그림7 — 사이드부분은 15° 시술각으로 가이드를 설정하고 시술각을 점점 들어주면 전대각 라인이 되게 커트 합니다.

그림8 — 탑부분은 볼륨감을 형성되게 G로 컷트하여 줍니다.

그림9 — 탑 피봇 섹션으로 사이드와 연결 슬라이스로 전대각 라인 형성되게 커트하여 줍니다.

그림10 — 프론트 사이드 부분도 길게 커트 하여 줍니다.

그림11 — 프론트 부분은 대각 슬라이스로 반대쪽으로 끌어와 슬라이스와 평행하게 커트하여 줍니다.

그림12

Note.

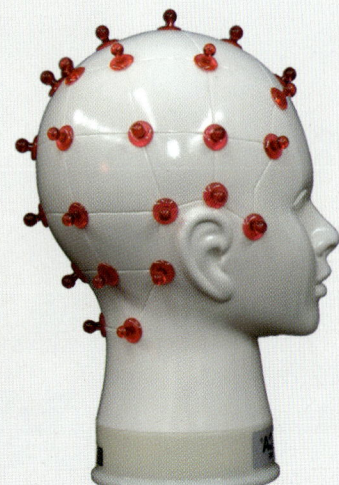
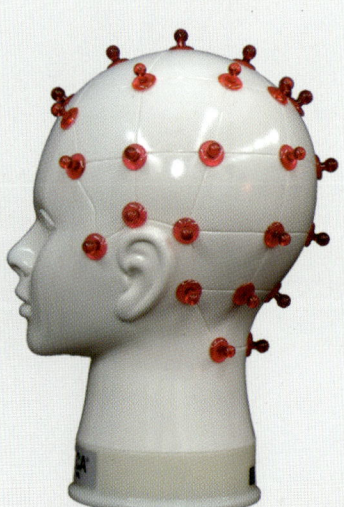

Chapter 34
Medium BOB Design 2

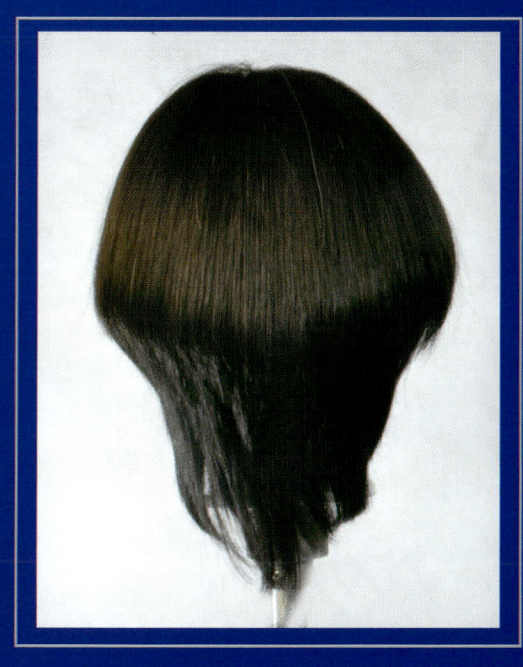

단차의 방향성을 뒤로 처지게 하면 얼굴윤곽 보정을 할수 없기 때문에 E.T.E.P에서 얼굴 주변으로 내려온 라인을 스퀘어나 전대각으로 아웃라인을 접목시킴 필요가 있습니다.
이스타일을 네이프의 디스커넥션의 가벼움과 율동감에 사이드의 무거움과 샤프함을 스퀘어로 나타낸 디자인 입니다.

PORICA

디자인 분석 설계 구조 그래픽

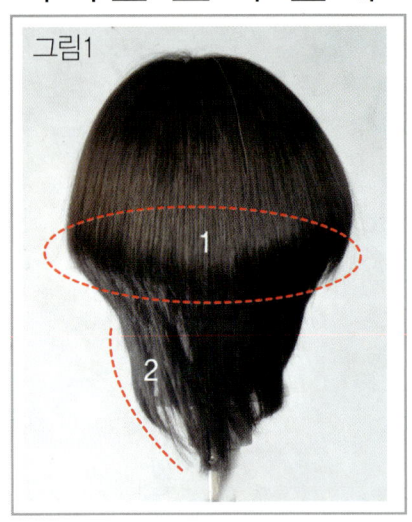

그림1

1) 웨이트 라인 둥근 입체감
2) 세로 긴 입체감 포름

그림1-1

1) 스퀘어 아웃라인

그림1-2

1) 이너시닝
2) 디스커넥 단차

A 커트 시작점
☞ 투섹션의 둥근라인과 네이프 부분의 디스커넥스 레이어의 조합으로 네이프의 디스커넥스부터 시작점을 잡은것이 좋습니다.

B 어느부분에 어떤 슬라이스 적용점
☞ 피봇 슬라이스에 귀뒤로 흐르는 선이 밀착되어서 웨이트 라인의 포름감을 나타나게 합니다.
☞ 가로에 가까운 사선으로 스퀘어 라인이 형성되게 합니다.
☞ 세로 슬라이스에 사이드와 오픈 베이스로 당겨야 디스커넥 라인이 형성 되어 뒤가 점점 길어지게 합니다.

C 디자인 부분에 시술각 적용점
☞ 가로에 가까운 사선으로 15° 시술각으로 스퀘어 라인을 백과 연결되어 입체감을 나타냅니다.
☞ 세로 슬라이스에 온베이스를 적용하여 무게감과 입체감을 나타냅니다.

구조 그래픽

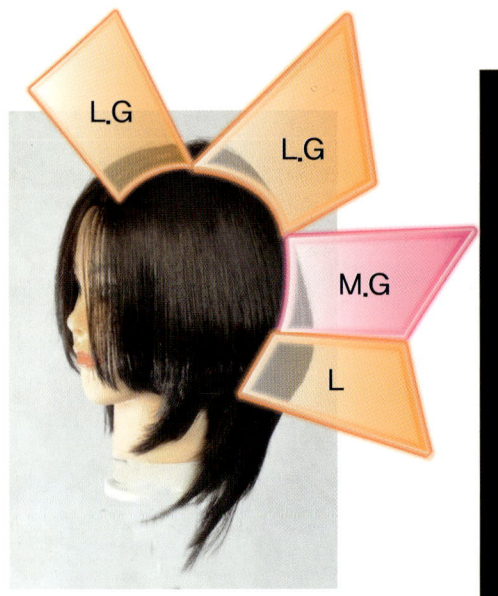

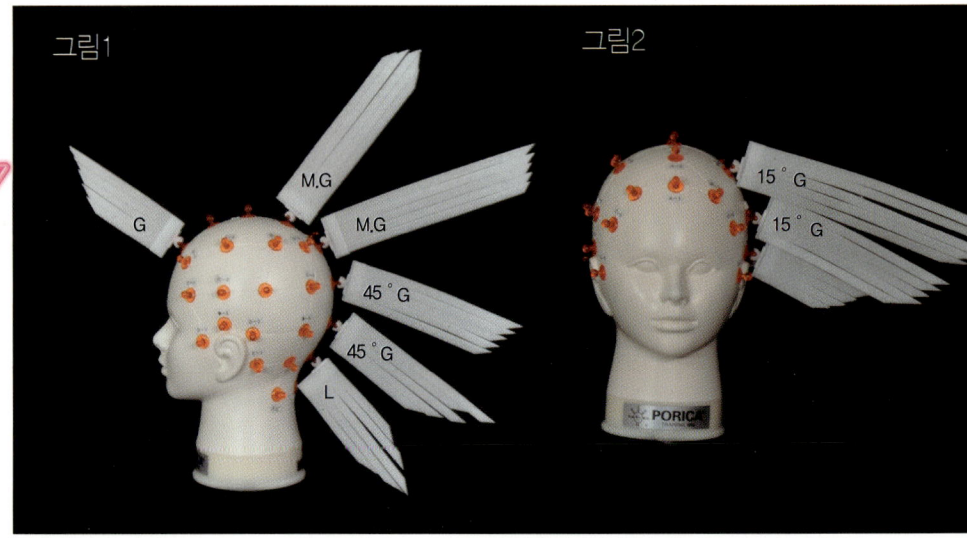

그림1　　　그림2

디자인 분석 설계 구조 그래픽

그림1

E.T.E.P와 가로에 가까운 사선으로 투섹션과 귀뒤 슬라이스선으로 나누어줍니다.

그림2

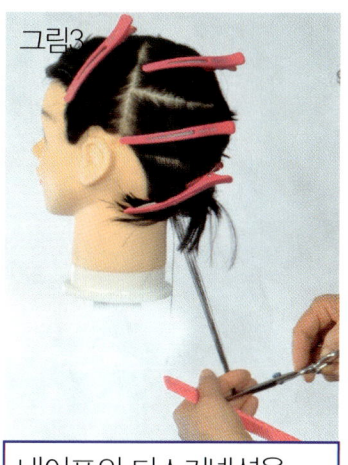

그림3

네이프의 디스커넥션을 가이드로 커트 합니다.

그림4

세로 슬라이스에 사이드로 당겨서 가이드 를 디스커넥션 라인으로 커트 합니다.

그림5

백센터 웨이트 라인은 피봇 슬라이스로 커트하여 뒤백의 입체적 포름을 형성 되게 합니다.

그림6

귀뒤라인 피봇으로 밀착되게 합니다.

그림7

사이드는 가로에 가까운 사선으로 스퀘어 라인으로 커트 합니다.

그림8

E.T.E.P은 둥근곡면 이므로 빗질을 잘하여야 아웃라인이 어긋나지 않습니다.

그림9

두개골의 곡면은 관찰하고 빗질하여 커트하여야 합니다.

그림10

백의 센터는 가로에 가까운 사선 슬라이스와 평행하게 커트 하여야 사이드의 무게감과 백의 입체적 포름의 웨이트 라인이 형성됩니다.

그림11

T.P는 성장 패턴으로 빗질하여 주워야 떨어진 라인은 자연스러운 형태가 형성됩니다.

그림12

Note.

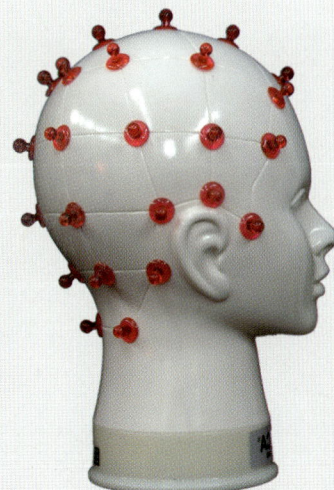
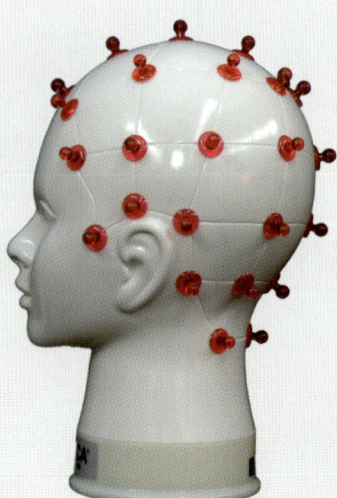

Chapter 35
BoB Short
Design 1

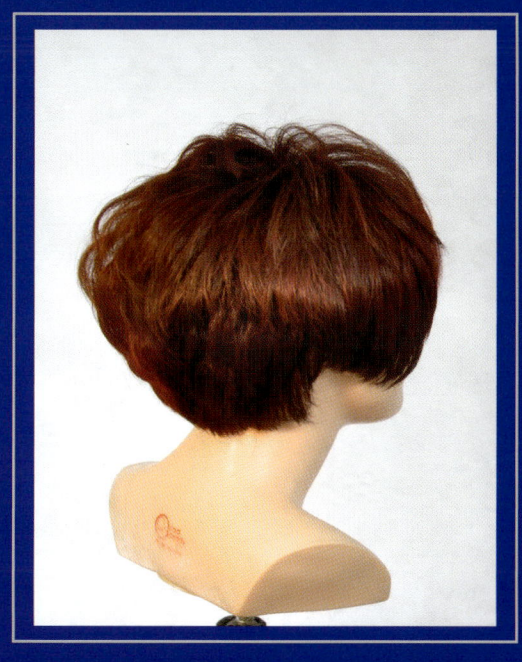
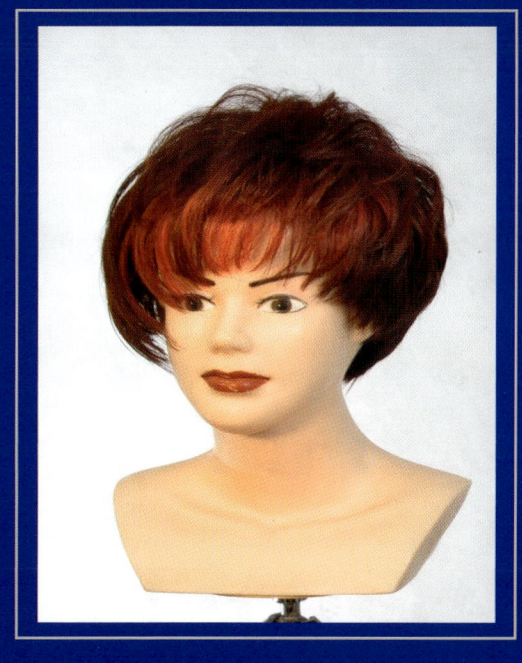

무게 중심이 낮고 경쾌하며 율동감있는 현대적인
머시룸에 전체적 포름에 영향을 주는 스타일 입니다.

PORICA®

디자인 분석 설계 구조 그래픽

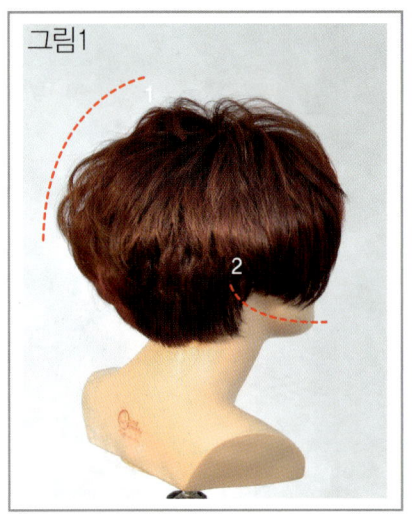

그림1
1) 입체적 포름
2) 사이드 조금 길어짐

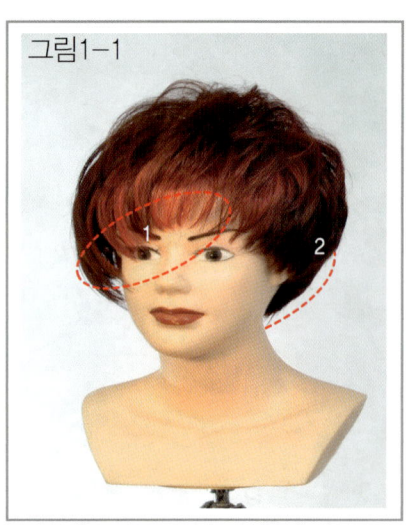

그림1-1
1) 자연스런 비대층
2) 세로 길어짐

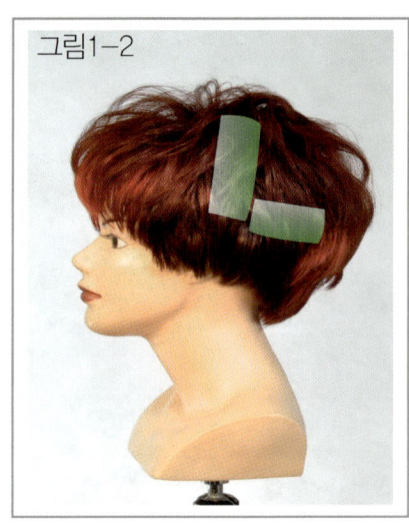

그림1-2
1) 이너시닝

A 컷의 시작점
☞ BoB Short의 무게감있는 디자인에 네이프 길이의 짧고 무거움 있으므로 네이프 가이드라인에서 시작점을 커트하여 줍니다.

B 어느부분에 어떤 슬라이스 적용점
☞ 백부분의 웨이트 라인의 무게감을 위하여 가로 슬라이스로 커트하여 줍니다.
☞ 가로 슬라이스로 백 슬라이스와 연결하여 자연스런 연결이 형성되게 커트하여 갑니다.
☞ 가로 슬라이스에 가이드라인을 설정하고 콤컨트롤 기법으로 자연스럽게 라인형성하고 세로 슬라이스에 G로 체크하여 슬림하게 만들어 줍니다.
☞ 사선 슬라이스에 평행하게 커트하여주면 사이드는 세로슬라이스로 연결하여 줍니다.

C 디자인 부분이 시술각 적용점
☞ 가로 슬라이스에 무거운 포름감 형성과 입체감이 있는 60°시술각으로 커트하여 줍니다.
☞ 가로 슬라이스에 원핑거 시술각에서 30°,45°,60°로 올라가면서 단차를 형성 시킵니다.
☞ 가로 슬라이스에 원핑거 시술각 세로슬라이스에 60°G로 커트하여 네이프가 밀착되어 백의 포름을 형성 시킵니다.
☞ 사선슬라이스에 원핑거 시술각에 세로 슬라이스에 온베이스 컷으로 체크 합니다.

구조 그래픽

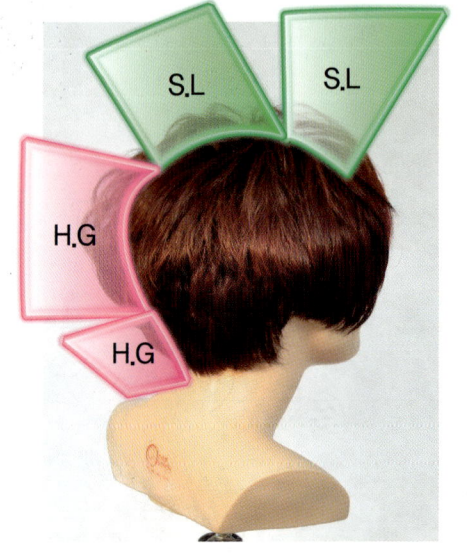

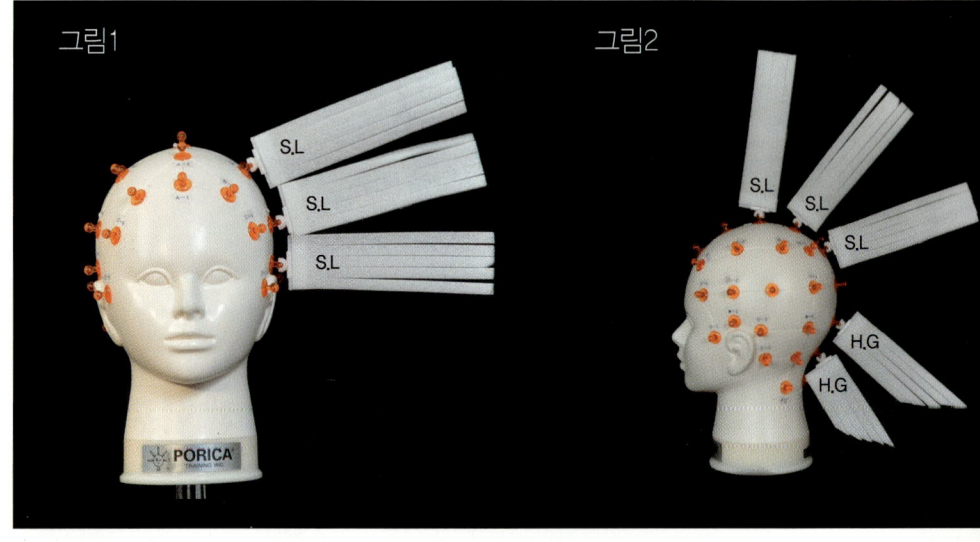

디자인 분석 설계 구조 그래픽

그림1

프론트부분을 나누고 사이드와 네이프부분을 나누어 줍니다.

그림2

그림3

네이프 가로 슬라이스에 원핑거 시술각으로 가이드 라인을 설정하여주고 콤컨트롤로 시술각을 들어주면서 라인을 체크하여 줍니다.

그림4

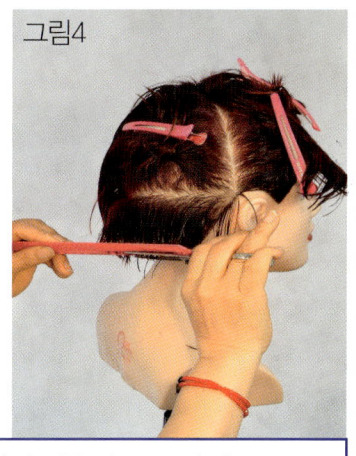

그림5

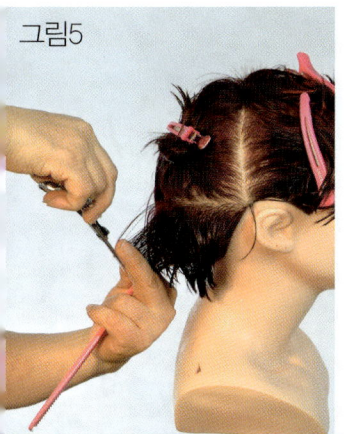

세로 슬라이스로 시술각 60°G로 입체감있는 네이프 라인을 만들어 줍니다.

그림6

사이드 가로 슬라이스에 원핑거 시술로 E.T.E.P에서 가이드 설정하여 사이드로 커트하여 갑니다.

그림7

E.T.E.P에 맞쳐서 백사이드 라인 커트하여 줍니다.

그림8

백 사이드도 같은 시술각으로 둥근 포름을 만들어 갑니다.

그림9

프론트 사선 슬라이스로 평행하게 컷 합니다.

그림10

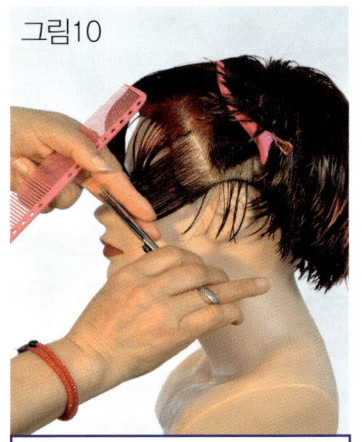

프론트와 사이드 온베이스로 연결 하여 줍니다.

그림11

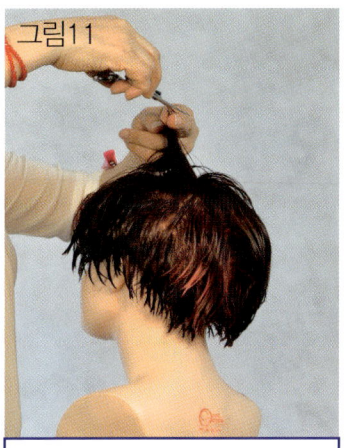

프론트 온베이스 S.L로 커트 합니다.

그림12

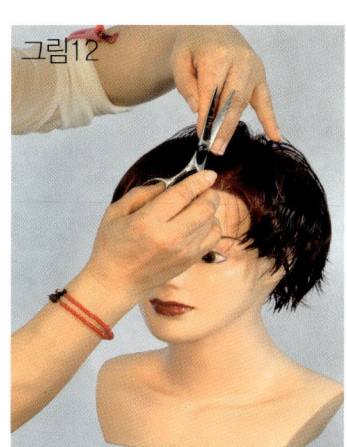

Porint
프론트 세로 슬라이스로 체크 합니다.

Note.

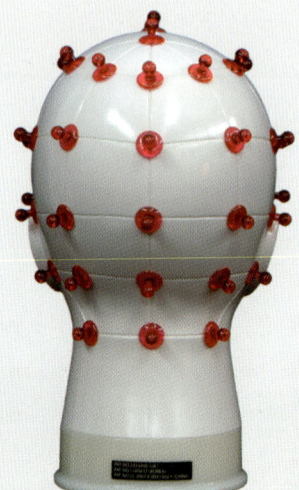
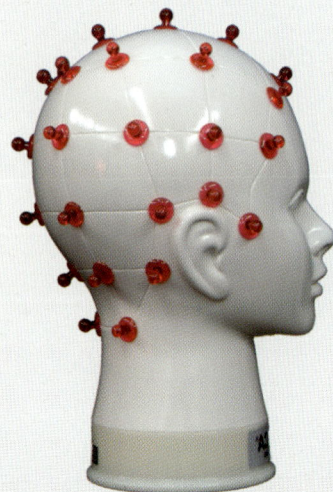
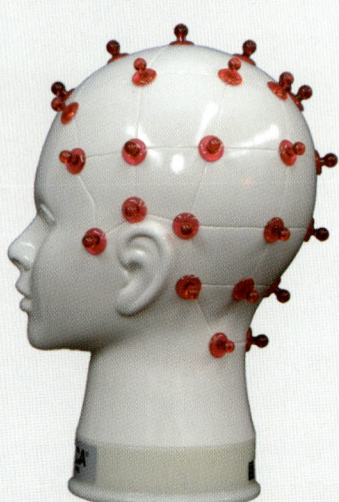

Chapter 36
BoB Short Design2

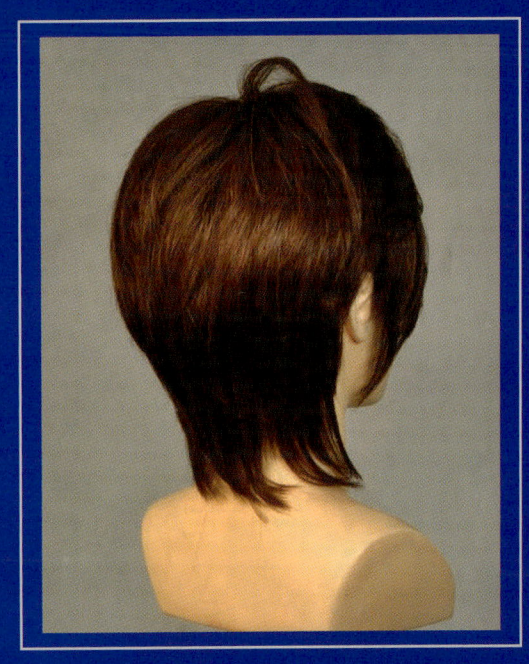

살롱에서 숏 스타일의 변화는 롱L 스타일과 다르게 골격의 영향을 받기가 쉬워 포름이 둥글어지는 영향이 있어 웨이트라인의 변화와 경사도의 변화 디스커넥션의 단차는 숏 스타일을 더욱 예술성 디자인으로 이끌어가고 있습니다.

PORICA

Chapter 36

디자인 분석 설계 구조 그래픽

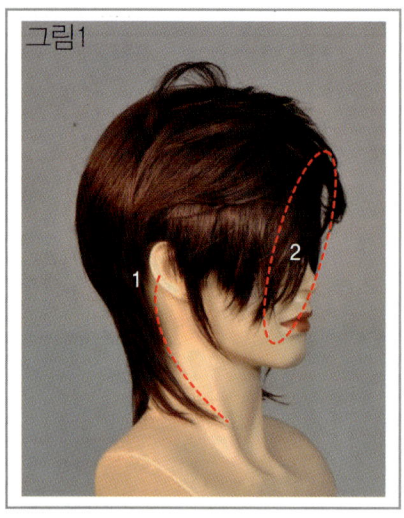

그림1
1) 플랫한 긴 커브 곡선
2) 실루엣 라인 단차의 흐름

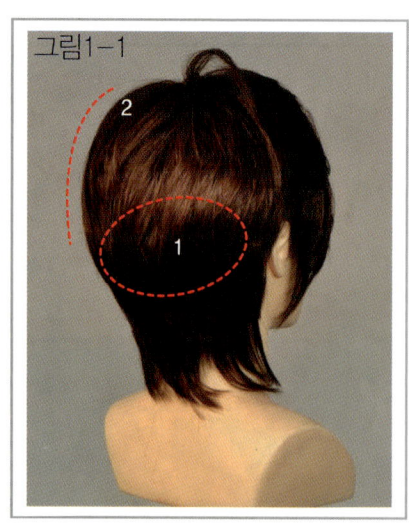

그림1-1
1) 웨이트 라인 둥근 입체감
2) 실루엣 라인 단차의 흐름

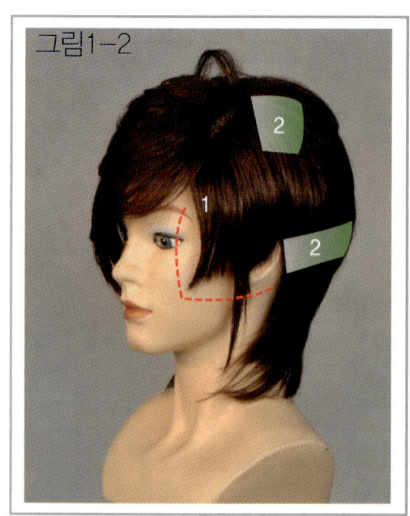

그림1-2
1) 스퀘어 라인
2) 이너시닝

A 커트 시작점
☞ Short Same Layer은 E.T.E.P에서 기준점을 잡아 가이드 라인을 설정함으로 사이드 라인과 백 라인으로 연결선이 자연스럽게 흐르는 가이드 라인을 나타냅니다.

B 어느부분에 어떤 슬라이스 적용점
☞ 라운드, 세로, 피붓 슬라이스를 사용하여 딱딱한 라인의 양감을 약간 둥글게 나타나게 합니다.
☞ 왼쪽 가로 슬라이스로 스퀘어 느낌의 무거움과 오른쪽 왼쪽의 디스커넥션이 율동감을 자연스러운 실루엣 라인을 나타내어 딱딱한 라인을 입체적으로 만들었습니다.
☞ 가로 슬라이스의 무거움에 세로 슬라이스의 플랫함과 밀착성으로 백 웨이트 라인의 볼륨감을 나타나게 합니다.
☞ 가로,세로 슬라이스에 프론트에서 사이드 부분으로 점점 내려가는 Layer로 연결되게 합니다.

C 디자인 부분에 시술각 적용점
☞ 라운드 슬라이스는 45°와 세로 G 슬라이스 45° 피붓 슬라이스의 온베이스로 딱딱한 라인을 샤프하고 율동감있는 라인으로 나타나게 합니다.
☞ 왼쪽은 온핑거 시술각으로 스퀘어를 나타냈으면 오른쪽 사이드는 온베이스 시술각으로 자연스런 단차와 디스커넥션이 나타나게 합니다.
☞ 세로 슬라이스와 Layer의 온베이스로 모속감과 율동감있게 연결라인으로 흐르게 하였습니다.

구조 그래픽

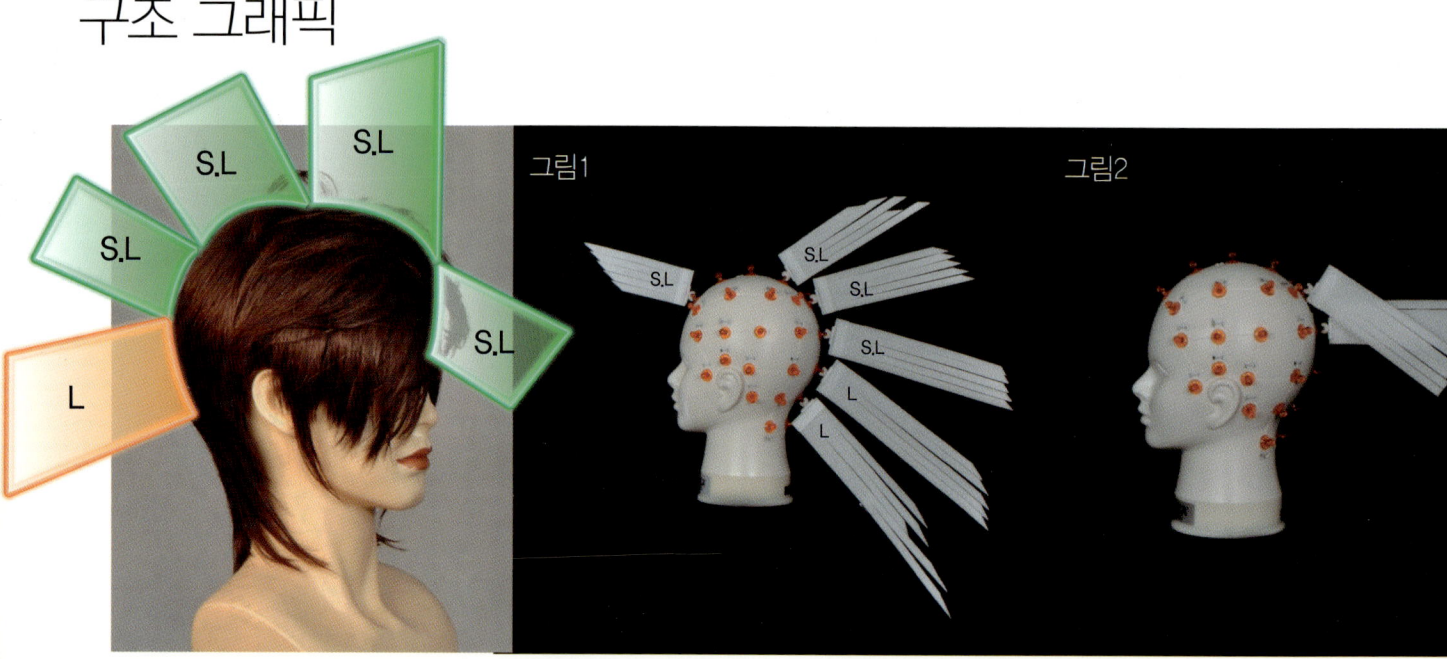

디자인 분석 설계 구조 그래픽

그림1

프론트 트라이앵글 사이드 E.T.E.P에서 투섹션 으로 나눕니다.

그림2

네이프 코너 포인트의 긴 디스커넥션 라인으로 커트 합니다.

그림3

네이프 가이드 라인 가로 슬라이스로 설정 합니다.

그림4

가이드 라인을 잡고 네이프 센터에서 세로 슬라이스로 다시 한번 체크 커트하여 플랫하게 합니다.

그림5

사이드 가이드 라인은 가로 슬라이스로 E.T.E.P 부분에서 설정하여 줍니다.

그림6
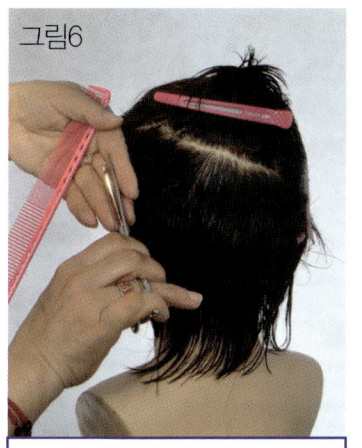
백부분은 라운드 섹션에서 평행하게 컷하여 웨이트 라인을 만들어 줍니다.

그림7

백부분으로 점점 라운드가 되게 커트하여 줍니다.

그림8
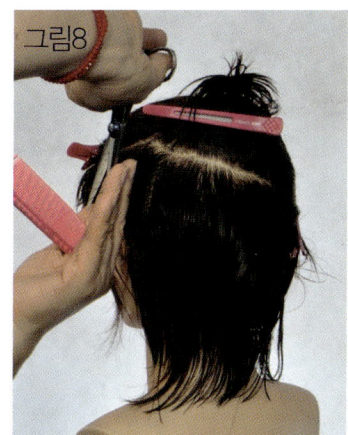
라운드 웨이트 라인에 자연스런 둥근 포름을 만들기 위해 세로 커트하여 줍니다.

그림9

백센터 세로 G컷하여 풍성한 모속감을 만들어 줍니다.

그림10

탑 부분은 피봇 슬라이스에 성장 패턴으로 컷하여 줍니다 두개골 부분은 곡면이 튀어나와 있으므로 돌아가는 슬라이스 라인을 주의하여 컷하여야 길이가 짧아지지 않습니다.

그림11

이부분은 앞으로 들어갈때 곡면때문에 짧아지지 않게끔 조심하여야 합니다.

그림12
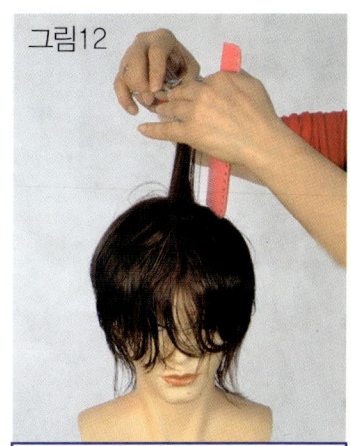
프론트 부분은 세로 슬라이스에 L로 다시 체크하여 줍니다.

Note.

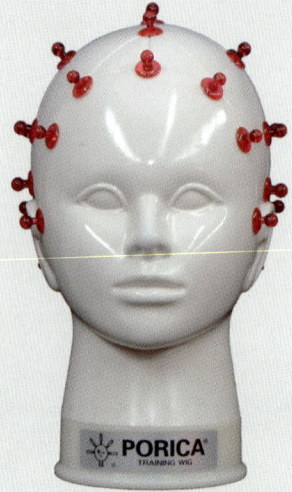
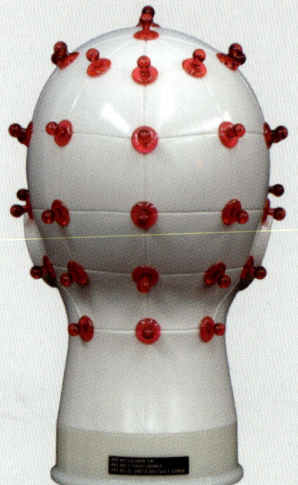
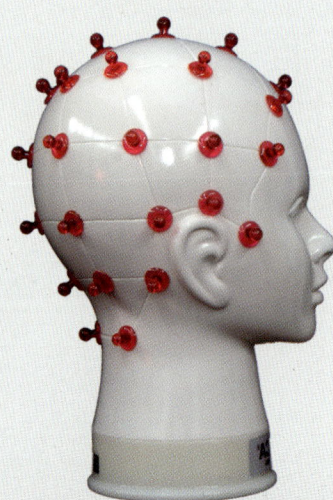
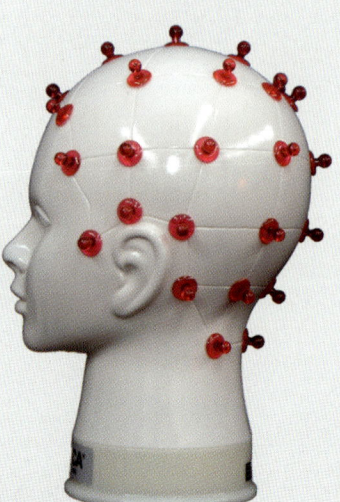

Chapter 37
Mushroom BOB Design

페이스 라인은 디자인 전체에 영향을 주는것이다.
백의 포름이 페이스 라인에 영향을 미치므로 백의
정중선의 둥글게 하기 위하여 라운드 섹션으로 취한다.
백 정중선에 가까울수록 너무 내려오지 않게끔 섹션을
취해야 백부분이 너무 무거워지지 않습니다.

PORICA

디자인 분석 설계 구조 그래픽

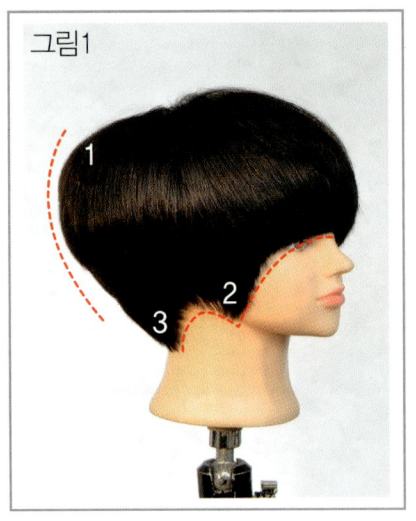

그림1

1) 입체적 포름
2) 사선라인
3) 수직라인

그림1-1

1) 둥근 프론트 라인
2) 사선라인

그림1-2

1) 이너시닝 두개골 모양 제거

A 커트 시작점
☞ 네이프 무거움과 뱅의 무거운 연결을 위하여 프론트부터 시작점을 잡을수 있으나 머쉬룸이 아니고 네이프의 단차가 있기 때문에 네이프부터 시작점을 잡았습니다.

B 어느부분에 어떤 슬라이스 적용점
☞ 라운드 슬라이스로 백부분의 포름감을 형성 시킵니다.
☞ 프론트와 연결된 라운드 섹션으로 곡선의 실루엣 라인을 만들어 갑니다.
☞ 가로 슬라이스로 프리핸드로 가이드를 만들고 세로 슬라이스로 밀착성을 만들어 갑니다
☞ 라운드 슬라이스로 햄라인을 형태에서 점점 올라가는 라운드 곡선의 아웃라인을 만들어 갑니다.

C 디자인 부분에 시술각 적용점
☞ 라운드 슬라이스에 15°시술각으로 라운드 웨이트 라인의 포름감을 만들어 갑니다.
☞ 프론트와 연결 라운드 슬라이스로 원핑거 시술각으로 라운드 아웃라인에 포름감을 만들어 갑니다.
☞ 가로 슬라이스에 15°시술각으로 무거운 가이드을 만들어 세로 슬라이스에 온베이스로 경쾌하고 밀착되게 만듭니다.
☞ 라운드 슬라이스로 원핑거 시술각으로 무거우면서도 상쾌한 아웃라인을 형성 합니다.

구조 그래픽

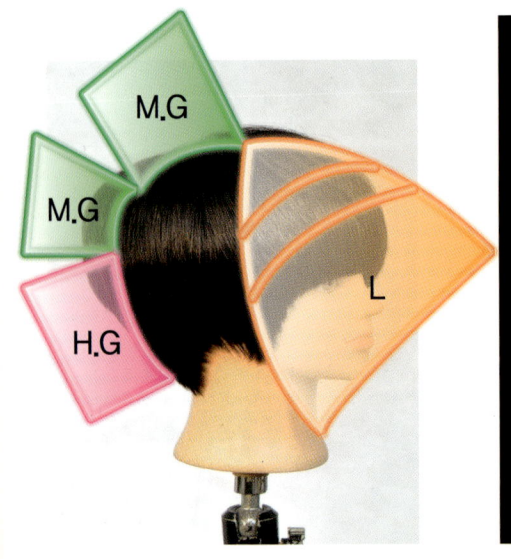

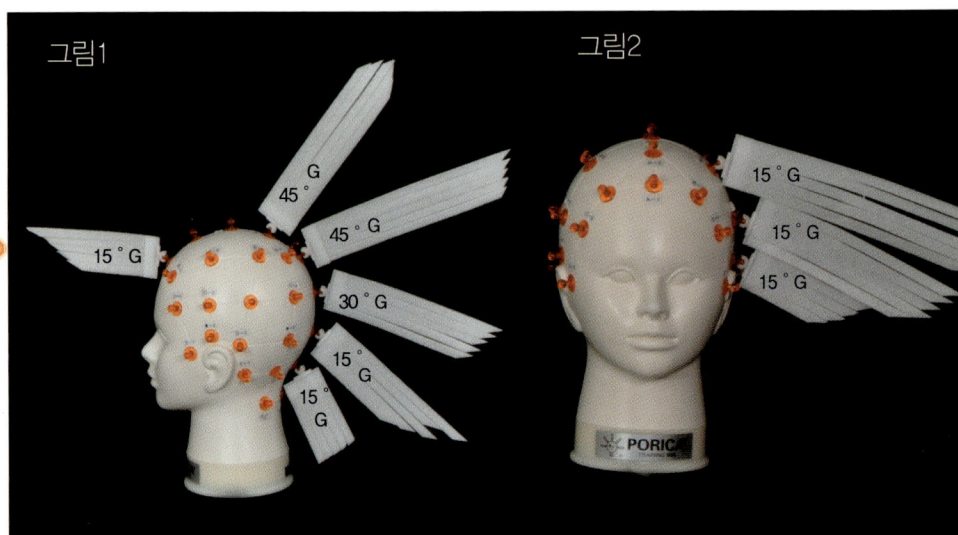

그림1   그림2

디자인 분석 설계 구조 그래픽

그림1

프론트와 사이드 연결 라운드 섹션과 네이프의 가로 세로 섹션으로 나누어 줍니다.

그림2

그림3

네이프 프리핸드 가이드 라인을 커트 합니다.

그림4
네이프의 밀착을 위하여 세로 슬라이스로 온베이스 커트 합니다.

그림5

백부분과 연결하여서 점점 길어지게 커트하여 갑니다.

그림6

프론트센터 가이드라인을 원핑거 시술각으로 커트 합니다.

그림7

프론트 사이드라인을 곡선 라인으로 연결하여 줍니다.

그림8

사이드 가이드 라인 프론트와 원핑거 시술각으로 연결하여 줍니다.

그림9

크레스트 지역은 두상이 둥글게 튀어나와 있기 때문에 너무 시술각을 들어주면 길이가 짧아 짐으로 주의하여야 합니다.

그림10
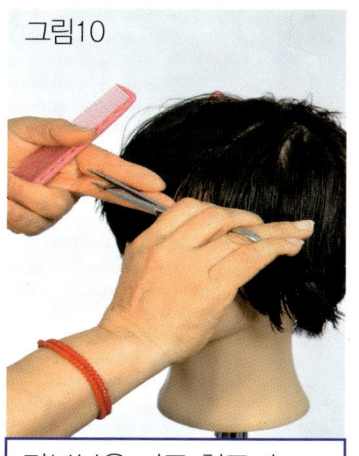
탑부분은 너무 힘주지 않게 빗질을 하여야 무거운 라인 형성이 되지 않습니다.

그림11
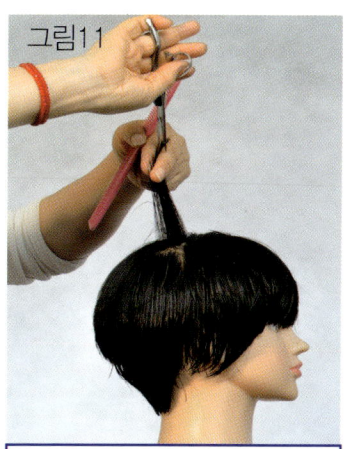
탑부분을 포인로 정리 하여 줍니다.

그림12

프론트 부분은 세로 슬라이스로 포인트 커트로 무게감을 정리하여 줍니다.

Note.

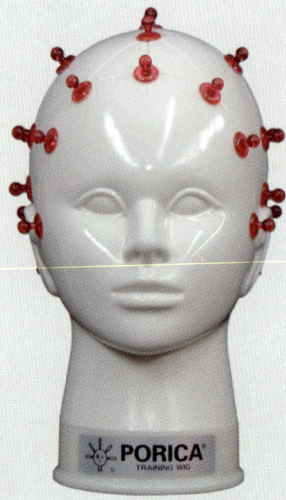
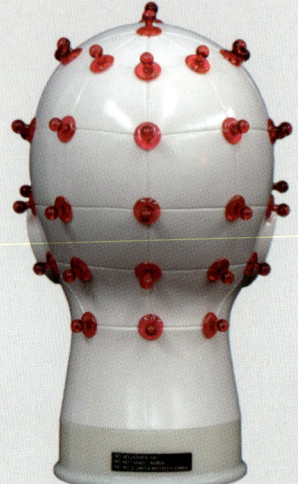
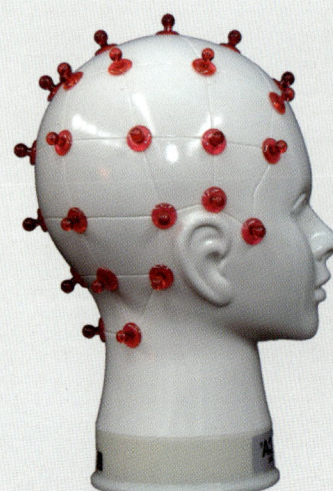
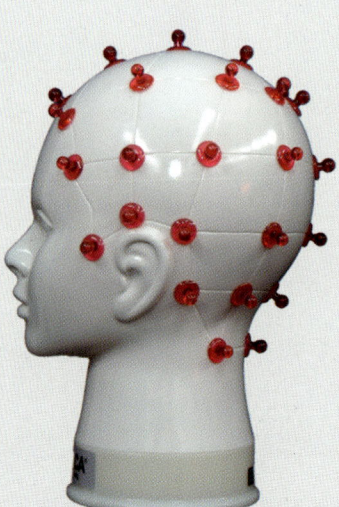

Chapter 38
BOB & Layer Discus Design

우측 G의 백부터 사이드로 점점 올라가는 라인과 프론트 쪽에서 점점 내려오는 라인의 코너를 만들고 있습니다. 좌측의 L의 언벨런스의 아웃라인의 조합은 엑티브한 강한 이미지 스타일 입니다.

PORICA®

Chapter 38

디자인 분석 설계 구조 그래픽

그림1

1) 레이어 흐름

그림1-1

1) 웨이트라인 둥근 입체감
2) 뱅 라인 점점 내려가는 포름

그림1-2

1) 이너시닝
   두개골과 후두골 아래 레이어 시닝

A 커트 시작점
☞ 우측의 G 보브 백 센터에서 시작점으로 컷하여 사이드로 내려오는지 흐르는 곡선을 나타냅니다.

B 어느부분에 어떤 슬라이스 적용점
☞ 햄 아웃라인 2cm을 자연시술각으로 커트하여서 자연스런 아웃라인이 형성되게 합니다.
☞ 우측 백센터 사이드는 둥근 라운드 슬라이스와 평행하게 커트하여 곡선의 흐르는 라인을 나타나게 합니다.
☞ 좌측 백센터와 사이드는 세로 슬라이스 플랫한 L이 형성되게 합니다.
☞ 네이프 사선 슬라이스로 웨이트 라인과 같이 흐르는 곡선이 되게합니다.

C 디자인 부분에 시술각 적용점
☞ 우측 백센터와 사이드는 30°시술각으로 웨이트 라인 포름감이 나타나게 커트 합니다.
☞ 좌측 백센터와 사이드는 온베이스로 커트하여 플랫하면서 율동감을 나타냅니다.
☞ 네이프 15°시술각으로 샤프하게 나타냅니다.

구조 그래픽

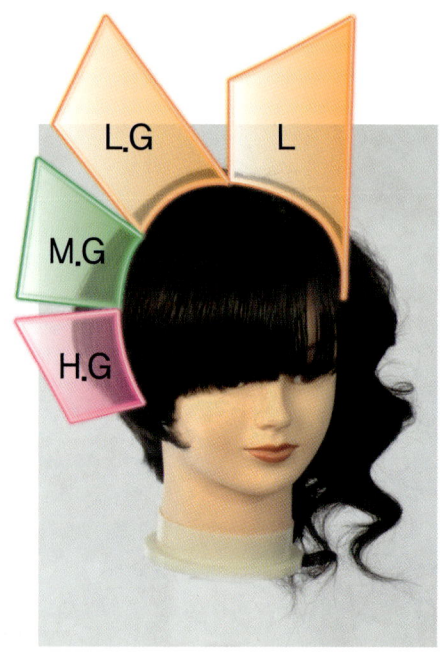

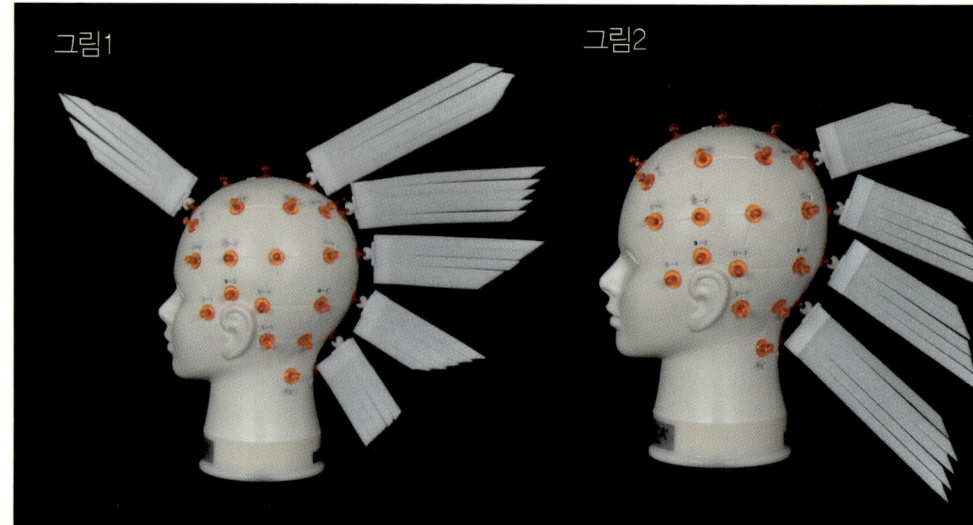

그림1 그림2

디자인 분석 설계 구조 그래픽

그림1

라운드 슬라이스와 햄라인 슬라이스로 나누어 줍니다.

그림2

햄라인 E.T.E.P에서 가리드 라인을 정합니다.

그림3

자연 시술각으로 가이드 라인을 커트 하여 줍니다.

그림4

프론트 센터는 온핑거 시술각으로 아웃라인을 정하여 밑으로 내려갑니다.

그림5

프론트 사이드 라운드로 내려옴으로 자연시술각으로 커트 합니다.

그림6

사이드는 코너가 있으므로 손은 조금 비평행 해줍니다.

그림7

E.T.E.P에서는 곡면이 둥글어서 빗질을 주의하여야 단차가 생기지 않습니다.

그림8

자연시술각으로 컷트하여 무거운 라운드 포름감 라인을 되게 합니다.

그림9

탑의 부분의 무거운 라인을 정리하기 위하여 피봇 슬라이스로 컷트하여 줍니다.

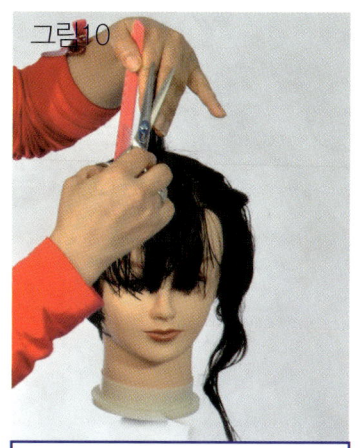

그림10

프론트 부분도 탑부분과 연결하여 줍니다.

그림11

왼쪽세로 슬라이스로 온베이스 커트하여 자연스런 단차가 생기게 합니다.

그림12

T.P에서는 피봇 슬라이스로 온베이스 컷트하여 줌으로서 좌측과 연결 포름을 만들어 줍니다.

Note.

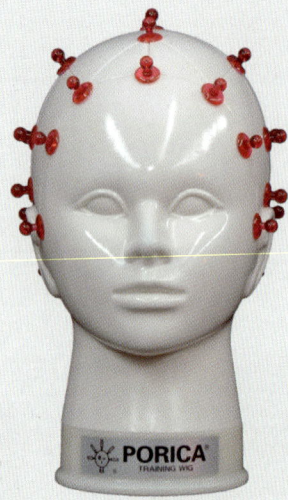
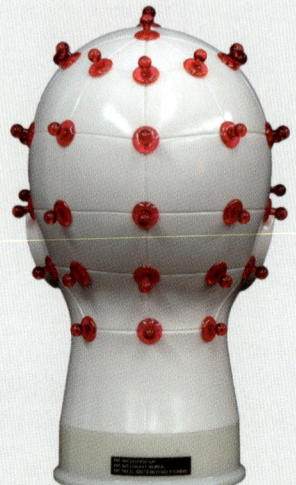
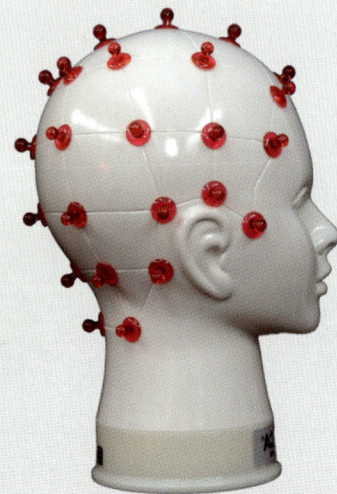
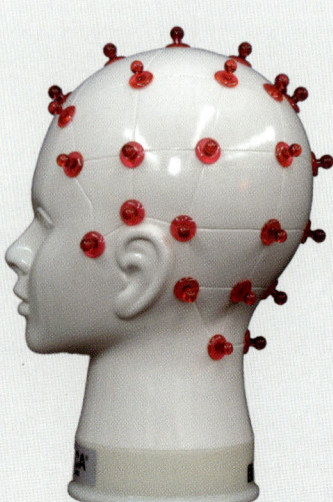

Chapter 39

Same Layer on HG Gradution Short Design

세임레이어와 레이어는 여성스럽고 네츄럴한 커트이다. 가벼움과 율동감 표현의 디테일한 벨런스로 사이드 귀부분은디스커넥션으로 백사이드와 연결성은 샤프한 모속으로 잘룩한 웨이트 라인이 형성되었고 네이프 아웃라인은 세로로 길어졌으며 양감이 가벼워진 이미지 스타일 입니다.

PORICA®

Chapter 39

디자인 분석 설계 구조 그래픽

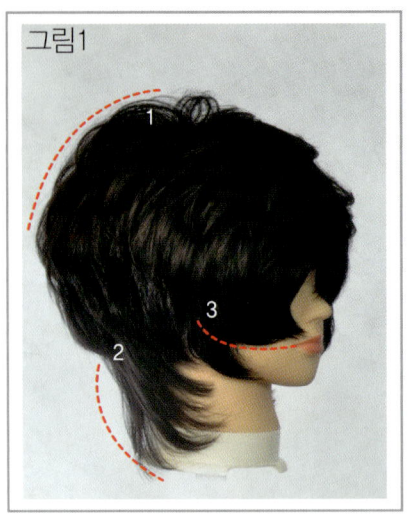

그림1
1) 둥근 입체적 포름
2) 네이프 골격에 다른 입체적 밀착
3) 사이드 코너가 낮다

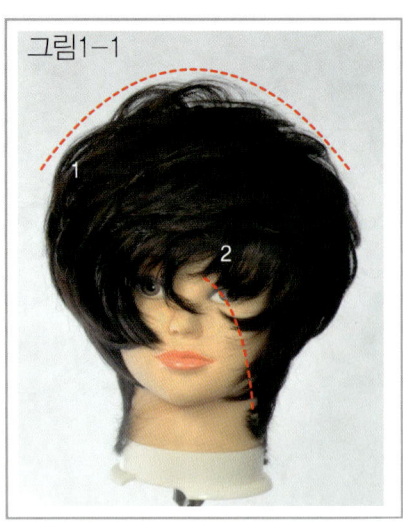

그림1-1
1) 마름모 형태 포름
2) 프론트 사이드 디스케넥스

그림1-2
1) 이너시닝

A 컷의 시작점
☞ S.L CUT은 곡면의 둥근 형태를 나타내면 사이드와 백의 연결성의 흐르는 곡선 라인 형태를 컨트롤 할수 있는 E.T.E.P 시작점이어야 합니다.

B 어느부분에 어떤 슬라이스 적용점
☞ 사선 슬라이스로 약간 둥근 형태를 나타낼수 있는 웨이트 라인을 형성 시키고 탑부분에는 피봇 슬라이스로 풍성한 모속 라인을 되게 하였습니다.
☞ 가로 슬라이스의 딱딱한 라인에 세로 슬라이스로 샤프하고 찰랑한 모속으로 커트 하였습니다.
☞ 가로 슬라이스로 아웃라인 가이드 설정하고 세로 슬라이스로 입체감과 밀찰을 주었습니다.
☞ 사선 슬라이스에 점점 길어진 라인에 세로슬라이스로 입체감 있게 커트 하였습니다.

C 디자인 부분이 시술각 적용점
☞ 사선 슬라이스에 45° 시술각으로 포름감 웨이트 라인에 탑부분은 피봇 슬라이스에 온베이스에 입체감과 율동감을 나타냅니다.
☞ 가로 슬라이스 15° 시술각으로 딱딱한 라인에 세로 슬라이스에 온베이스로 입체감과 질감 표현을 나타내게 하였습니다.
☞ 세로슬라이스 온베이스로 플랫하고 샤프한 모속감을 나타내게 하였습니다.
☞ 사선 슬라이스에 15° 시술각과 세로의 온베이스 L로 비대층의 연결성실루엣 라인을 형성하였습니다.

구조 그래픽

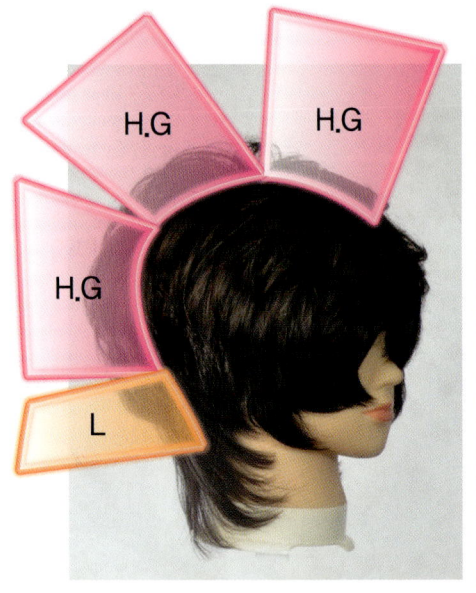

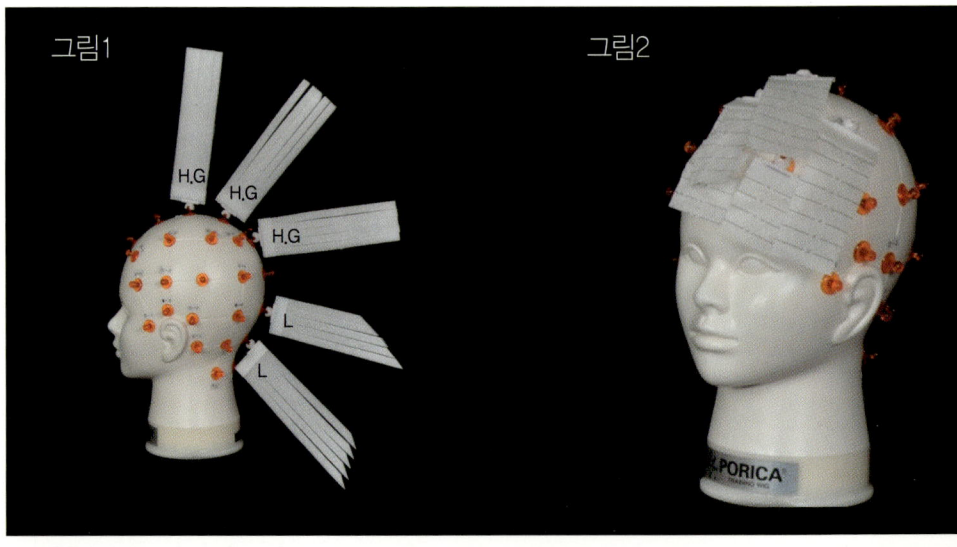

디자인 분석 설계 구조 그래픽

그림1

프론트 삼각섹션

그림2

사이드 E.T.E.P섹션 템플지역 섹션 두 섹션으로 나누어 줍니다.

그림3

사이드 E.T.E.P부분을 가이드라인으로설정하여 사이드와 네이프의 자연스런 연결 라인으로 커트합니다.

그림4

귀뒤부분의 긴 길이는 귀쪽으로 당겨서 컷하여 자연스런 후대각 라인을 나타나게 합니다.

그림5

네이프 센터까지는 귀뒤쪽으로 당겨야 아웃라인이 점점 길어진 후대각이 되게 커트하여 줍니다.

그림6

네이프 아웃라인을 설정하여 세로 슬라이스로 입체감과밀착 형태로 만들어 줍니다.

그림7

사이드 부분은 E.T.E.P위에 두개골 부분은 곡면이 튀어나왔음으로 빗질을 주의하여 아래 라인과 어긋나지않게 커트 합니다.

그림8

탑부분은 피봇 슬라이스에 온베이스로 풍속한 모속의 약간 둥근 느낌이 나타나게 커트 합니다.

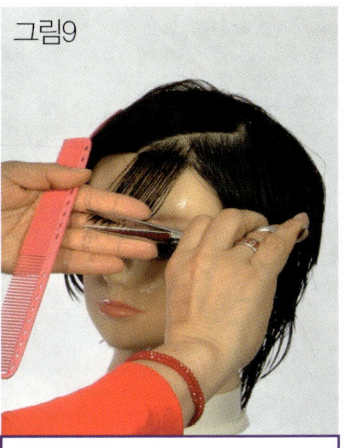

그림9

프론트 라인은 3cm 정도로 슬라이스를 하여 수평으로 컷하여 짧은 뱅을 만들어 줍니다

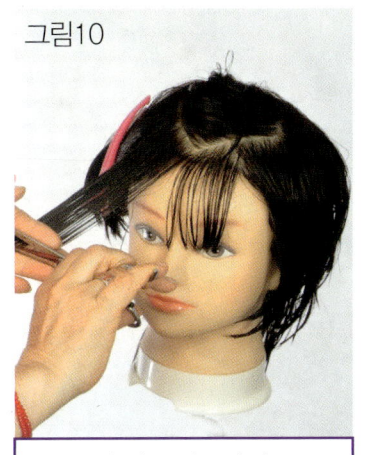

그림10

프론트형 옆으로는 사선 슬라이스로 평행하게 컷하여 프론트 라인의 긴 길이를 만들어 갑니다.

그림11

프론트는 사선 슬라이스로 평행하게 시술하여 사이드 길이는 점점 길어지게 커트 합니다.

그림12

프론트 라인 완성후 탑부분과 연결성을 위하여 사선 슬라이스로 온베이스 L로 체크하여 줍니다.

Note.

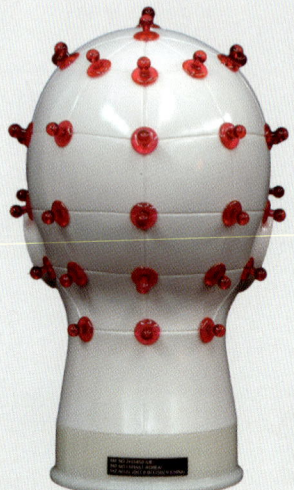
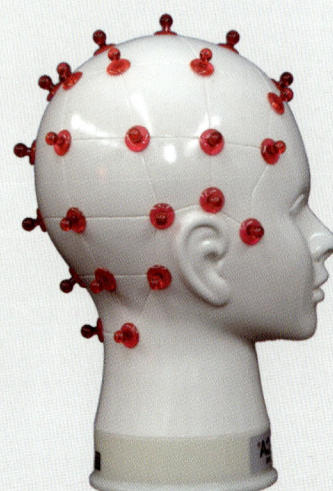
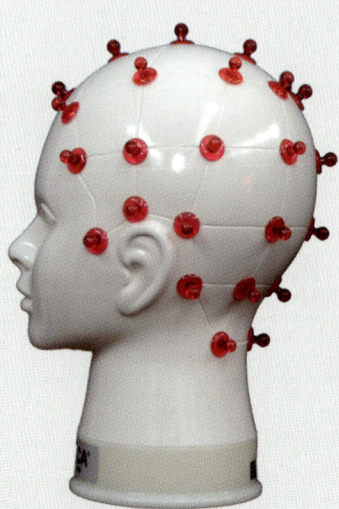

Chapter 40
Same Layer Short Design 1

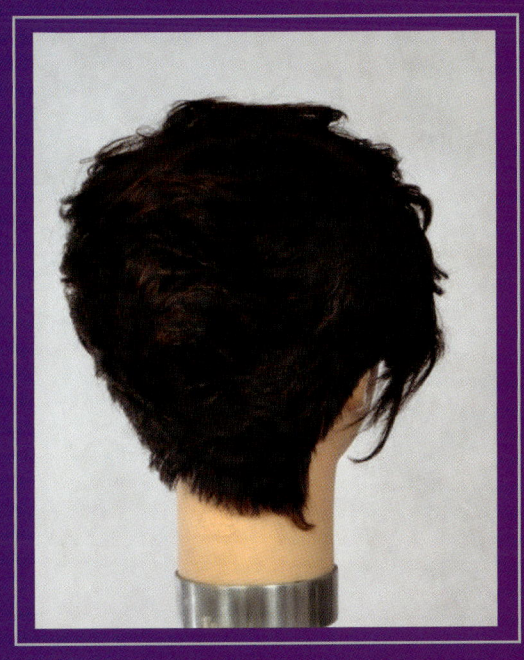

숏 스타일은 골격의 영향을 받기 쉽다.
두상의 원리대로 포름은 라운드로 흐르면 네이프의
경사도에 의해서 세로로 길어진 백의 포름감이 형성되면
네이프의 양감은 가벼워 진다.
Short Layer은 짧으면서도 프론트와 사이드 흐르는
디스커넥션의 실루엣 라인과 네이프는 짧으면서도 조끔식
비대칭 아웃라인으로 경쾌하고 섹시하게 표현한
디자인입니다.

PORICA®

Chapter 40

디자인 분석 설계 구조 그래픽

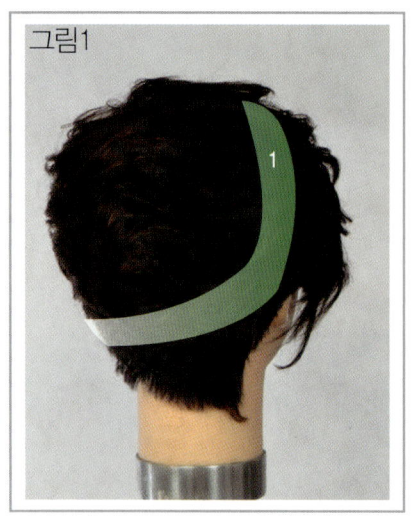

그림1

1) 두개골 사이드와 후두골 밑은
Layer Ear sining

그림1-1

1) 뱅에서 좌우 비대칭 라인

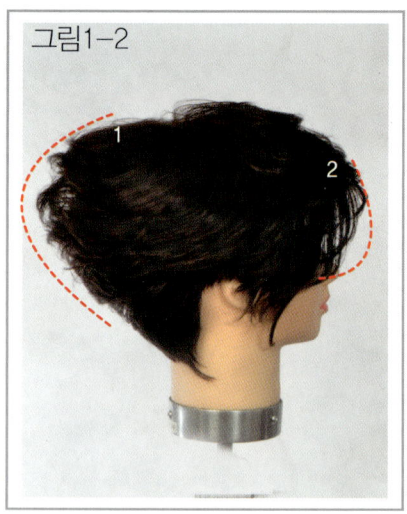

그림1-2

1) 둥근 입체적 포름
2) 뱅 자연스런 흐름

A 커트 시작점
☞ 사이드는 좌우 디스커넥션으로 좌측의 짧은 쪽에서 우측 비대층으로 흐르고 있다.
 네이프도 좌측에서 우측 비대층으로 흐르기 때문에 좌측 사이드 E.T.E.P에서 시작점으로 커트하여 줍니다.

B 어느부분에 어떤 슬라이스 적용점
☞ 두상의 원리는 대각 수평 슬라이스 라도 라운드 형태로 흐르지만 짧은 머리의 백 부분은 입체적
 포름을 나타나기 위하여 대각선 라인으로 커트 합니다.
☞ 가로 슬라이스로 좌측 우측 귀위부분은 짧게 우측 사이드도 점점 길어진 비대층으로 포인트를 주었습니다.
☞ 사선 슬라이스로 좌측에서 우측으로 조금씩 내려가는 비대층 아웃라인으로 커트하여갑니다.
☞ 사선 슬라이스로 오른쪽 사이드는 점점 길어진 비대층 라인으로 컷하고 탑부분과 연결성으로 세로 슬라이스로 체크하여 연결해 줍니다.

C 디자인 부분에 시술각 적용점
☞ 대각선 슬라이스에 시술각 45° 커트하여줌으로 웨이트라인이 풍성한 포름감이 되게 커트 합니다.
☞ 가로 슬라이스에 온베이스로 아웃라인을 만들어주고 세로슬라이스로 프론트 라인과 체크하여 연결성으로 흐르게 합니다.
☞ 사선 슬라이스에 온베이스 시술각은 가이드 라인이 짧기 때문에 콤컨트롤로 입체감 있는 비대층 라인으로 커트합니다.
☞ 사선 슬라이스에 15° 시술각을 적용하여 점점 길어진 비대층 라인으로 시술하여 주면 탑부분과 연결성되게
 세로 슬라이스를 L되게 체크하여 줍니다.

구조 그래픽

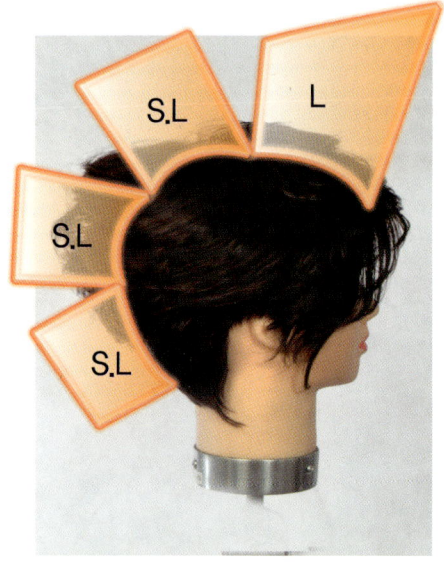

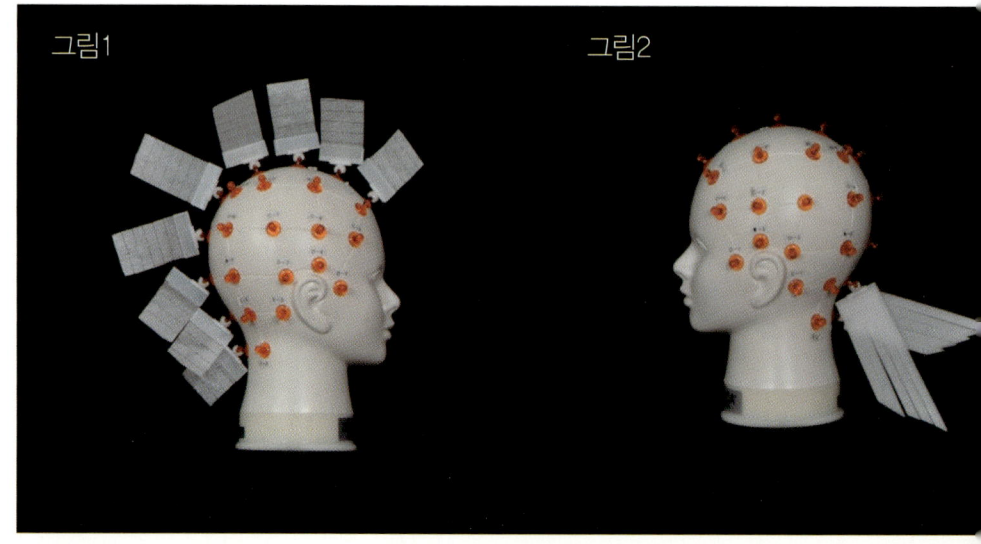

그림1   그림2

디자인 분석 설계 구조 그래픽

그림1

프론트 삼각섹션 투섹션 템플 부분에서 백 부분은 대각선 섹션으로 나누어 줍니다.

그림2

우측 사이드의 짧은 길이는 콤 컨트롤로 가이드 만들어 줍니다.

그림3

네이프 좌측 가이드 라인은 짧기 때문에 콤 컨트롤 테크닉으로 E.T.E.P 부분에서 점점 사선으로 내려가 비대층 아웃라인을 만들어 갑니다.

그림4

사이드 섹션은 가로 슬라이스에 온베이스로 커트 합니다.

그림5

좌측 백 사이드는 대각 슬라이스에 중간 시술각 45°로 점점 내려가면서 웨이트 라인을 만들어 갑니다.

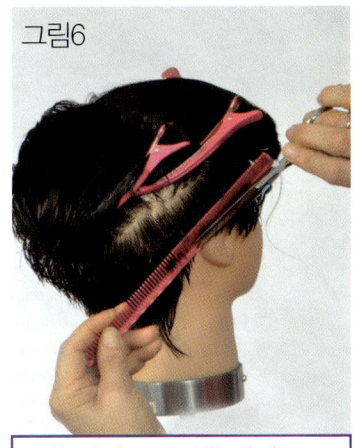

그림6

우측 사이드도 같은 방법으로 커트하여 갑니다.

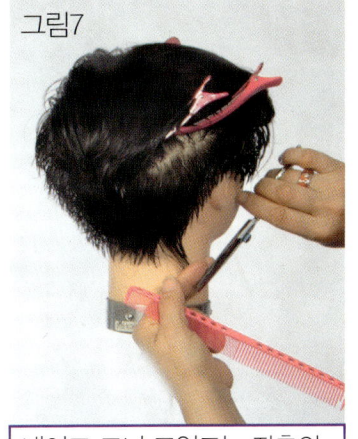

그림7

네이프 코너 포인트는 좌측의 비대층과 만나는 지점은 조금 길게 커트 합니다.

그림8

우측 백 사이드도 같은 방법으로 가이드 라인을 만들어 갑니다.

그림9

탑 부분은 피봇 슬라이스에 온베이스로 풍성한 모발의 포름감과 율동감을 만들어 갑니다.

그림10

프론트는 사선 슬라이스와 평행하게 하여 15° 시술각으로 첫 판넬을 당겨와 커트하여 줍니다.

그림11

그림12

세로 슬라이스로 탑 부분과 연결 흐름이 되게 Layer로 체크하여 줍니다.

Note.

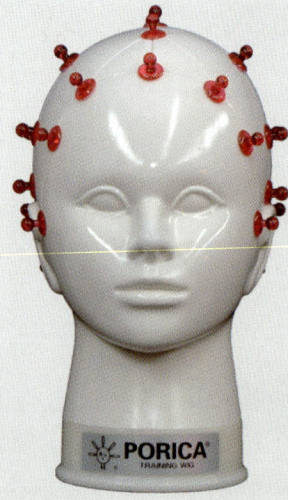

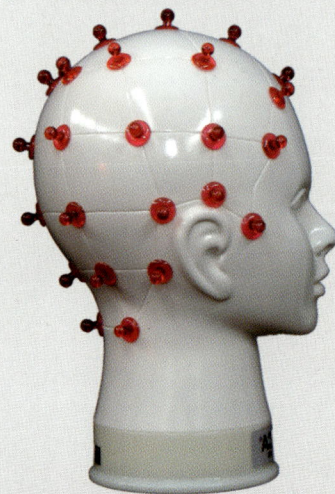
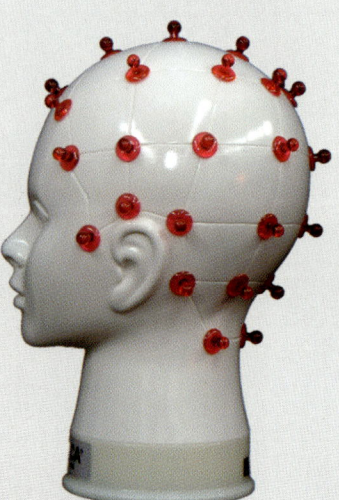

Chapter 41
Same Layer Short Design2

세임 레이어로 얼굴 주변의 가벼운 움직임을 주며 적당한 무거움과 가로폭의 가벼움으로 자연스럽고 차분함을 나타내는 스타일 입니다.

디자인 분석 설계 구조 그래픽

그림1

1) 이너시닝

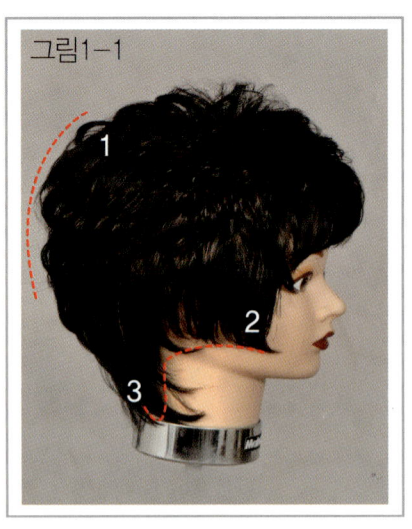

그림1-1

1) 백의 입체적 포름
2) 웨이드 평행
3) 세로 긴 둥근 느낌

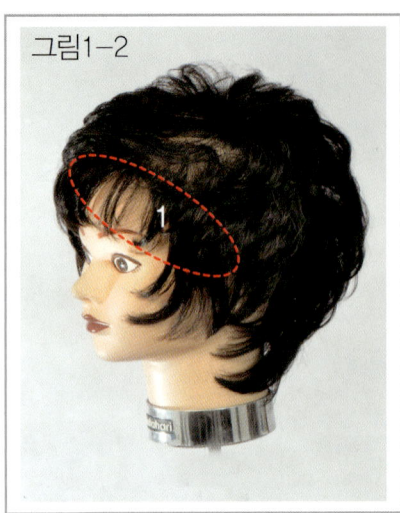

그림1-2

1) 자연스런 라운드 페이스 실루엣

A 커트 시작점
☞ 숏 세임레이어 디자인은 네이프에서 백센터에서 시작점이 될수도 있지만 사이드 라인선이 짧을때는 E.T.E.P에서 기준점을 잡아 백의 웨이트의 포인트와 연결라인으로 형성되면 입체감이 형성된다.

B 어느부분에 어떤 슬라이스 적용점
☞ T.P – 피봇은 슬라이스 자연스럽게 떨어진 포름감을 만들었습니다.
☞ 사이드 – 세로 슬라이스로 플랫한 느낌의 형성감.
☞ 네이프 – 세로 슬라이스로 무거움 포름감으로 밀착 시켰습니다.
☞ 프론트 – 가로 사선 슬라이스로 끌어올려 커트함으로 짧은 층을 형성시켜 포름감의 단차를 만들었다.

C 디자인 부분에 시술각 적용점
☞ 백센터 – 피봇 슬라이스에 온 베이스로 컷하여 포름감과 율동감을 형성 합니다.
☞ 사이드 – 세로 슬라이스에 세임레이어 컷하여 플랫한 층을 나타내게 합니다
☞ 네이프 – 세로 슬라이스 온베이스 G로 컷합니다.
☞ 프론트 – 수평 슬라이스 세임 레이어로 컷하여 사선으로 체크하여 줍니다.

구조 그래픽

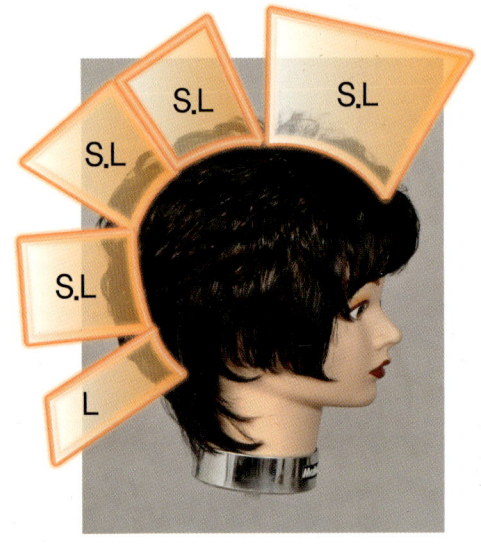

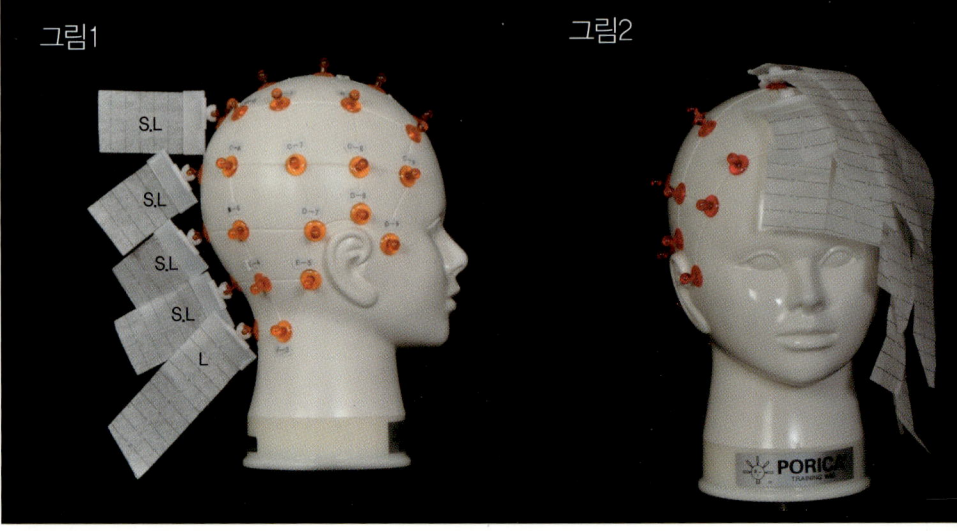

그림1 그림2

디자인 분석 설계 구조 그래픽

그림1
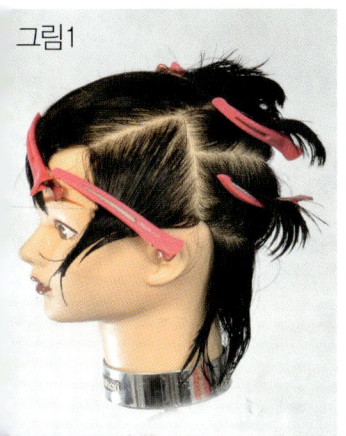
프론트 사이드 백 슬라이스로 나눈다

그림2

아웃라인 길이는 E.T.P 에서 정합니다.

그림3

사이드의 햄라인을 커트 합니다.

그림4

귀뒤 햄라인의 길이가 짧아지기 쉬움으로 귀윗선으로 당겨서 커트 합니다.

그림5

네이프 자연스러움을 위하여 사선 슬라이스 커트 합니다.

그림6
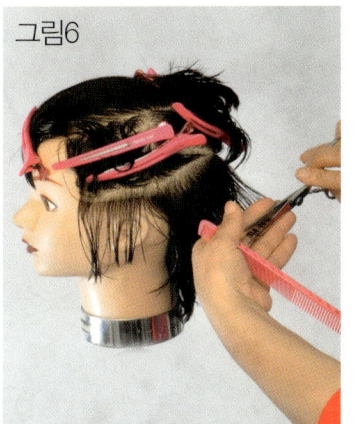
귀뒤 라인 사선 슬라이스를 밀착시킵니다.

그림7

백 후두골 부분은 포름감을 주기 위해서 사선 슬라이스에 수평 커트을 합니다.

그림8

탑의 U라인 부분은 밑에서 위로 피봇 슬라이스 하여 커트하여 줍니다.

그림9
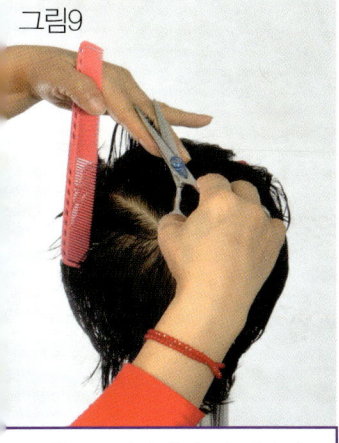
크레스트지역에서 탑부분의 피봇 슬라이스는 포름감이 더 형성 시킵니다.

그림10
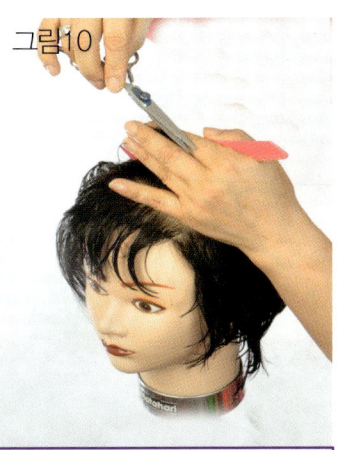
프론트 부분은 수평 슬라이스로 세임레이어로 층을 내어줍니다.

그림11

사이드 부분도 세로 슬라이스로 세임레이어로 컷하여 사이드를 플랫하게 하여줍니다.

그림12

컷 마무리하고 페이지 실루엣 라인을 15° 다운 시켜 정리 합니다.

Note.

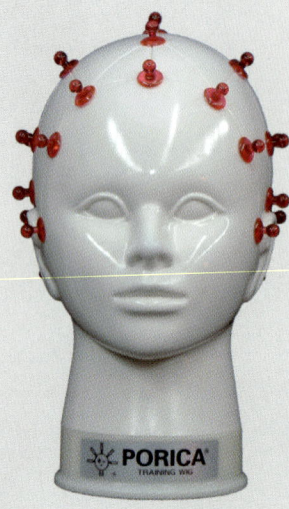
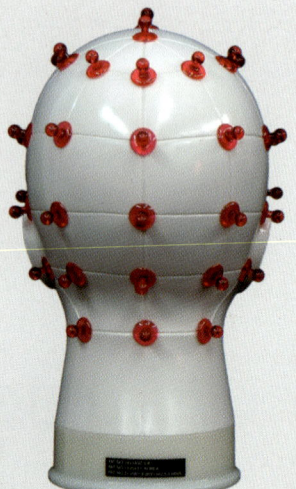
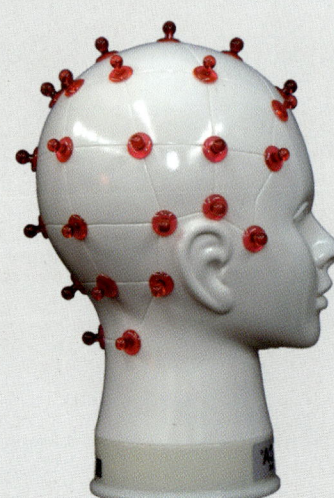
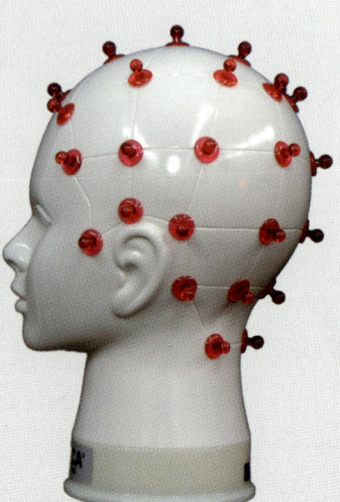

Chapter 42
Same Layer Short Design3

페이스의 짧은 라운드 라인 사이드의 비대칭 프론트 뱅의 짧은 세임 레이어 층의 흐름과 백부분의 둥글고 타이트한 포름이 형성 되어있는 스타일 입니다.

PORICA

Chapter 42

디자인 분석 설계 구조 그래픽

그림1
1) 백 입체적 포름
2) 사이드 라인 올라감 디스커넥스

그림1-1
1) 페이스 라인 둥근 라인

그림1-2
1) 이너시닝으로 두개골라 네이프 정리

A 커트 시작점
☞ 페이스의 둥근 아웃라인 앞부터 커트하면 사이드의 웨이트 라인과 연결 부분이 매끄럽지 못하므로 사이드 부터 컷하여서 프론트 쪽으로 올라가야 라인이 매끄럽다.

B 어느부분에 어떤 슬라이스 적용점
☞ 백센터 – 라운드 슬라이스로 타이트하고 입체적 포름을 만들어 줍니다.
☞ 사이드 – 가로 슬라이스로 좌측은 둥근 라인 우측은 사이드로 내려오면서 디스케넥스로 만듭니다.
☞ 네이프 – 세로 슬라이스로 긴 느낌의 높이와 포름감이 나타납니다.
☞ 프론트 – 수평과 세로 슬라이스로 햄라인을 프론트에서 백을 향해서 라운드 웨이트 라인을 만든다.

C 디자인 부분에 시술각 적용점
☞ 백센터 – 라운드 슬라이스와 평행하게 45°시술각으로 둥근 포름이 형성되게 합니다.
☞ 사이드 – 30°시술각으로 좌측 직선과 둥근 라운드와 우측으로 점점내려오는 디스케넥스가 조화롭게 형성 합니다
☞ 네이프 – 온베이스로 타이트하게 밀착 시켜서 백 부분의 포름감이 나타납니다.
☞ 프론트 – 온베이스로 커트하여 짧은 단차를 형성합니다.

구조 그래픽

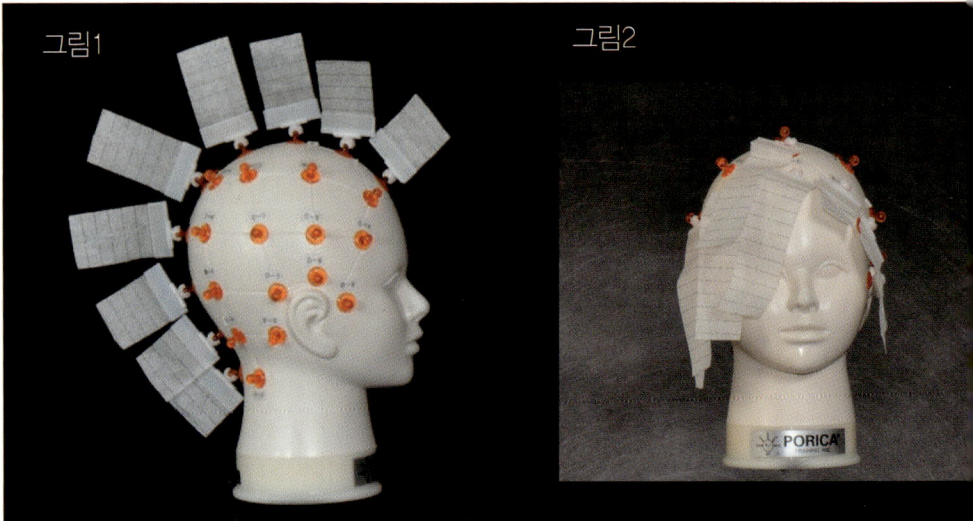

그림1 그림2

디자인 분석 설계 구조 그래픽

그림1
프론트와 사이드 E.T.E.P와 라운드 슬라이스로 나누어준다.

그림2
백 웨이트 라인과 연결선으로 가로 슬라이스로 온핑거 시술각으로 커트한다.

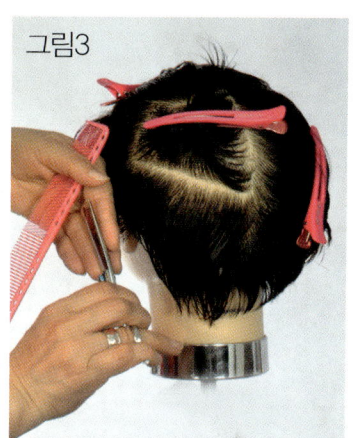

그림3
가로 슬라이스로 온 핑거 시술각으로 콤 컨트롤로 커트한다.

그림4
백 웨이트 라인을 사이드와 연결 라인을 만들어 주고 있다.

그림5
네이프는 백 웨이트 라인의 높은 위치 후두골까지 세로 슬라이스로 높은 시술각 G로 커트한다.

그림6
라운드 슬라이스와 평행하게 컷하여줌으로 둥근 포름 웨이트 라인이 형성됩니다.

그림7
탑 포인트는 피봇으로 커트 하여줌으로 자연스런 라인이 형성됩니다.

그림8
우측 사이드 가로 슬라이스에 중간 시술각으로 커트하여 줍니다.

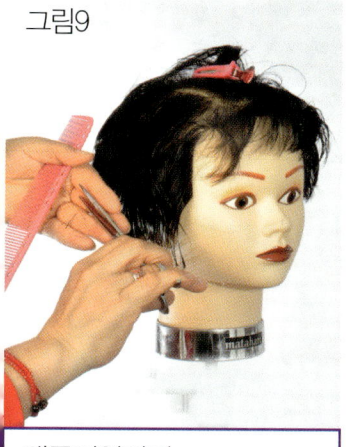

그림9
탬폴지역까지 가로 슬라이스로 커트 합니다.

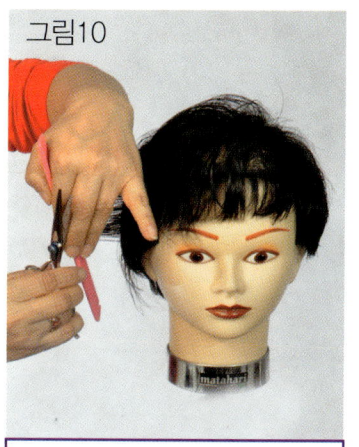

그림10
사이드 무거움의 제거를 위해 세로 슬라이스로 온베이스 컷하여 줍니다.

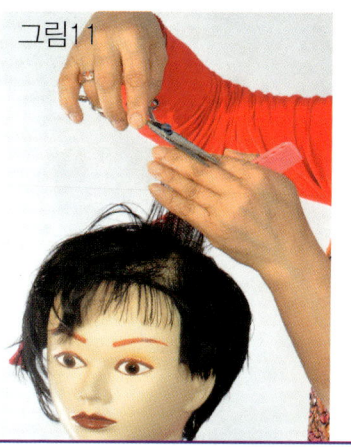

그림11
프론트의 자연스런 포름감의 단차를 위하여 수평 슬라이스에 세임레이어로 커트하여서 사이드와 연결라인을 형성되게 하여 줍니다.

그림12

Note.

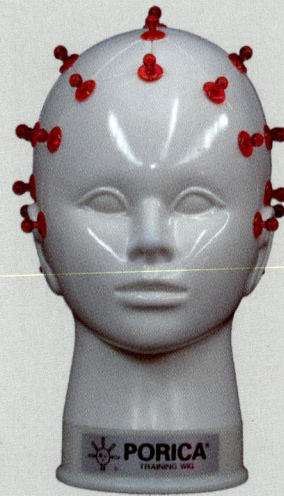

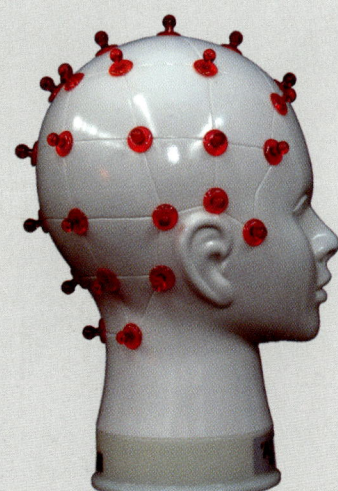
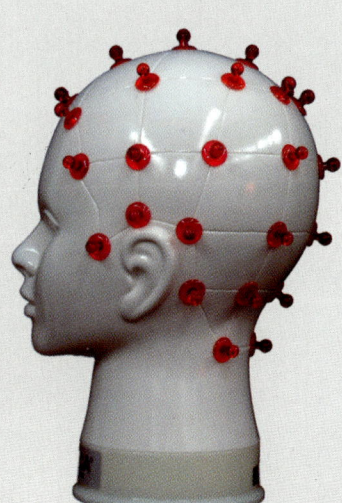

Chapter 43
Same Layer Short Design4

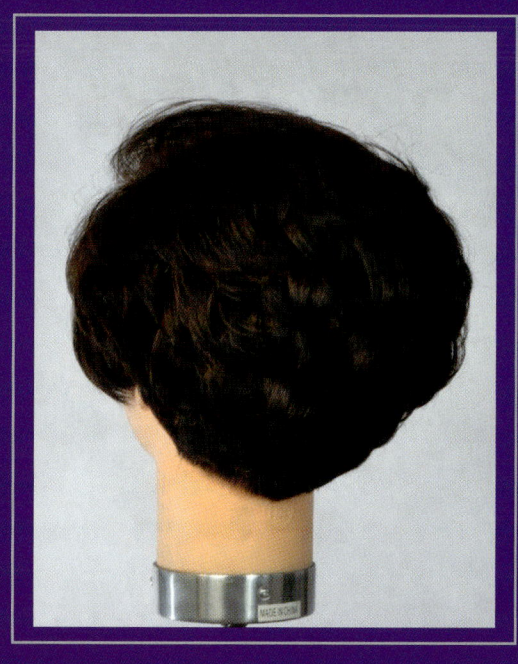

Same Layer는 가로, 세로 사선 슬라이스를 이용하여 무거움과 경쾌한 라인의 효과와 변화를 자유 자재로 구사할수 있는 원리를 이해하여야 얼굴 윤곽을 축소 할수 있는 테크닉을 구사할수 있다는 겁니다.
Same Layer은 질감과 율동감 표현이지만 이 디자인은 가로 슬라이스의 포름감은 보브풍의 가로로 펴지는 둥근 이미지가 된 스타일 입니다.

PORICA

디자인 분석 설계 구조 그래픽

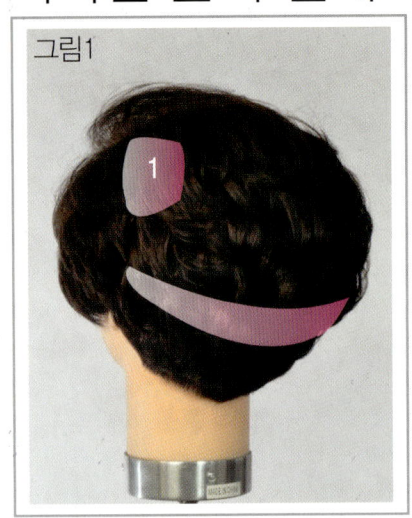

그림1

1) 두개골라 후두골 아래 Layer 이너시닝

그림1-1

1) 자연스런 뱅라인
2) 점점 올라간 라인

그림1-2

1) 둥근입체감 웨이트 라인
2) 입체감있는 무거운감

A 커트 시작점
☞ Same Layer은 슬라이스의 변화에 따라서 포름의 차이는 무거움과 플랫함의 변화 차이가 있으나 판넬의 시술각에 의한 단차가웨이트 라인을 다르게 형성됨으로 컷의 시작점은 E.T.E에서 사이드와 백의 연결성 라인을 자연스런 흐름 되게 하였습니다.

B 어느부분에 어떤 슬라이스 적용점
☞ 사선 슬라이스로 짧은 머리의 플랫함을 포름감 있는 라운드 웨이트 라인 이미지로 형성하게 시술합니다.
☞ 가로 슬라이스로 사이드 가이드 라인 무거움과 샤프함이 나타날수 있게 합니다.
☞ 가로 슬라이스로 라운드의 무거움과 경쾌함을 나타나게 시술을 합니다.
☞ 세로 슬라이스로 가벼움과 율동감 표현으로 연계성 있는 가이드라인 길이를 설정하여 커트하여 줍니다.

C 디자인 부분에 시술각 적용점
☞ 사선 슬라이스에 60° 시술각으로 샤프한 모속으로 조금 무거운 웨이트 라인으로 커트 합니다.
☞ 가로 슬라이스 원 핑거 시술각으로 무거움과 샤프하고 경쾌한 연계성으로 흐르게 하였습니다.
☞ 가로 슬라이스 원핑거 시술각으로 무거우면서도 입체감있는 라운드 라인으로 흐르게 하였습니다.
☞ 세로 슬라이스로 온베이스 Layer로 샤프한 모속으로 율동감있게 시술합니다.

구조 그래픽

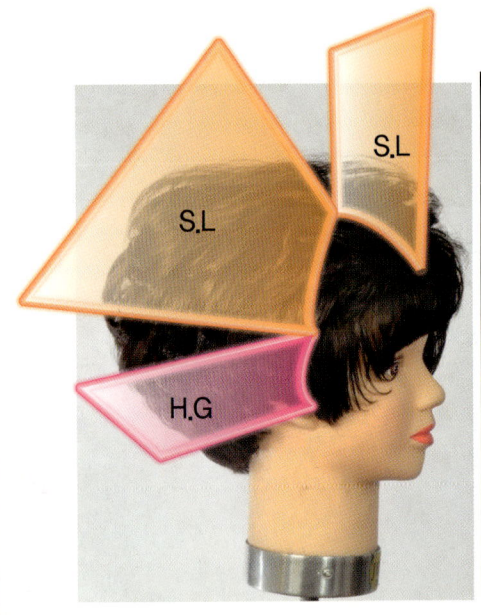

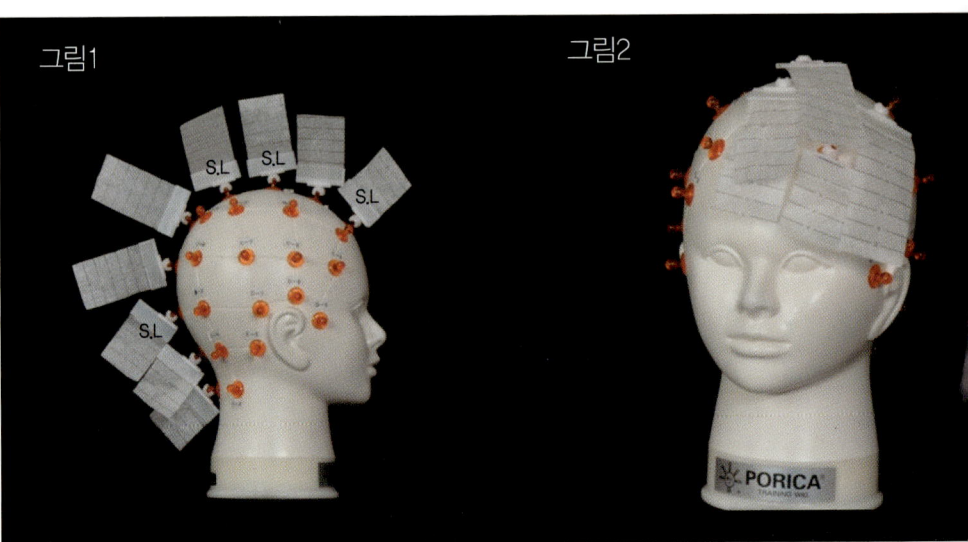

그림1 그림2

디자인 분석 설계 구조 그래픽

그림1

프론트 섹션 사이드 E.T.E.P 백섹션으로 나누어 줍니다.

그림2

그림3

E.T.E.P에서 가이드라인이 짧기 때문에 콤 컨트롤로 점점 내려가게 한다.

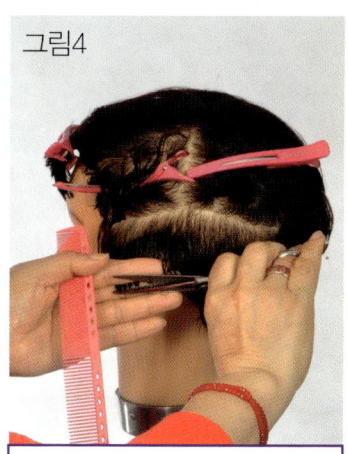

그림4

E.T.E.P부분에서 사이드 가이드 라인을 설정하여 커트 합니다.

그림5

사이드 코너 포인트 원핑거 시술각으로 조금 길게 커트 해줍니다.

그림6

사이드 백 부분은 귀쪽으로 비스듬하게 끌어와 커트하여주면 귀뒤로 흐르는 라인이 짧아지지 않습니다.

그림7

사이드 가로 슬라이스에 60° 시술각으로 커트하여 줍니다.

그림8

두개골 부분은 곡면이 튀어나와있으므로 판넬의 시술각이 비틀어지지않게 주의하여야 합니다.

그림9

백 사이드는 곡면이 둥글기 때문에 빗질을 주의하여야 라인선이 어긋나지 않습니다.

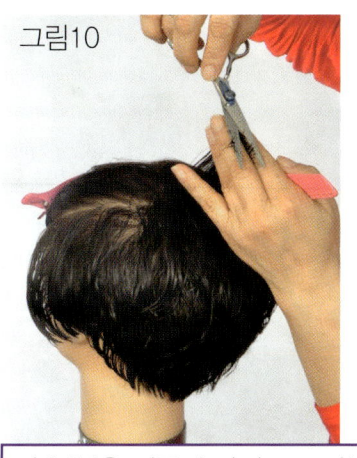

그림10

탑 부분은 피봇 슬라이스로 나누어서 골격에 따라 약간 둥글게 나타난 라인을 시술각으로 풍성한 모속의 포름감을 나타나게 합니다.

그림11

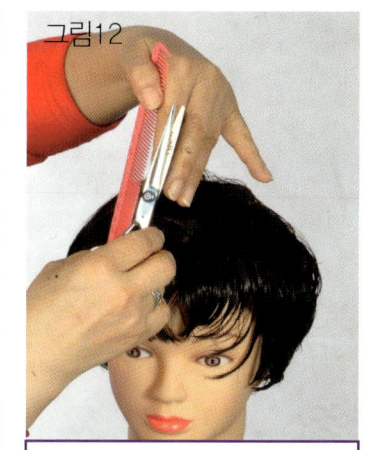

그림12

프론트 세로에 가까운 사선 슬라이스로 두상의 곡면을 커버하면서 온베이스 Layer로 벨런스와 샤프한 모속으로 율동감있게 커트하여 줍니다.

✦ 참고문헌 ✦

Base Cut Bible Gradation Bob	TAKAHIROUEMURA & TAKASHIKOJO
デザインサークルとカットの 原理	井上和英
仕事が大好きな美容の基礎技術	久保義明
カクト展開図超入門	西田斉著
F+F+D 3 ステップの似合わせカット	塚本繁
マッチング 法則	ARITA SHOJI
PIVOT POINT Hair Scuipture	
PIVOT POINT Design Forme	
Cosmoiogy of Zone & Section	株式会社髪書房
Zone & Section	井上和英
Zone & Section Academy	井上和英
노진태 Cut Section	
毛量調整のカットをマスターする　西田斉	
매칭 법칙　ARITA 쇼지	

커트디자인 원리 매칭

2014년 4월 22일 인쇄
2014년 4월 24일 발행

지 은 이 : 김남희(김영숙)
펴 낸 이 : 신연종
펴 낸 곳 : 뷰티신문 수
주   소 : 135-726 서울특별시 강남구 논현동 203-1 거평타운 413호
등   록 : 2012년 4월 16일 제 2012-000142호
전화(代) : 02-542-5470
팩   스 : 02-542-7403
홈페이지 : www.beautysu.com
I S B N : 978-89-968900-2-7   93590

정   가 : 60,000원

* 불법복사는 지적재산을 훔치는 범죄행위입니다.
  저작권법 제97조의 5(권리의 침해죄)에 따라 위반자는
  5년 이하의 징역 또는 5천만원 이하의 벌금에 처하거나
  이를 병과할 수 있습니다.